BIBLIOTECA • **EÓN**

DIRECTOR DE COLECCIÓN
Arash Arjomandi

El romance de la realidad

BIBLIOTECA · **EÓN**

Bobby Azarian

El romance de la realidad

Cómo el universo se organiza para crear vida, conciencia y complejidad cósmica

ERASMUS

BIBLIOTECA • **EÓN**

FILOSOFÍA Y PENSAMIENTO

ERASMUS EDICIONES

Primera edición: octubre de 2024

Título original: *The Romance of Reality*

Agencia: International Editors & Yáñez Co' S.L.

Dirección editorial: Raúl López López
Traducción y corrección: Marta Marne Fernández y Equipo Erasmus
Diseño de cubierta: estudiodavinci
Diseño de colección: Alberto R. Torices
Maquetación: JesMart
Imprime y encuaderna: Liberdúplex

www.erasmuslibros.com editorialalmuzara.com
pedidos@almuzaralibros.com info@almuzaralibros.com

Parque Logístico de Córdoba. Ctra. Palma del Río, km 4 C/8, Nave 12, no 3.
14005 – Córdoba

ISBN: 978-84-10199-71-2
Depósito legal: CO-1504-2024

Hecho e impreso en España Made and printed in Spain

Para Julien Amir Azarian

ÍNDICE

Introducción 11
1 Un nuevo comienzo 21
2 Energía, entropía y la paradoja de la vida 29
3 Desentrañar el misterio de la vida 43
4 La aparición de la vida en la Tierra 57
5 Información biológica y computación 73
6 Selección natural y creación de conocimiento 89
7 Una teoría unificadora de la realidad 121
8 La síntesis evolutiva integrada 139
9 Emergencia jerárquica 165
10 El misterio mente-cuerpo 201
11 Emergencia causal y libre albedrío 221
12 El extraño bucle que genera el yo 239
13 Trascendencia e iluminación 261
Agradecimientos 297
Notas 299
Índice 305

INTRODUCCIÓN

Somos un medio para que el cosmos se conozca a sí mismo.
CARL SAGAN

Es un momento emocionante para estar vivo, quizá más que en cualquier otro momento de la historia de la humanidad. Ahora mismo, estamos empezando a experimentar un cambio de paradigma, y es un cambio profundo. Un *paradigma* es una visión científica general del mundo, y un cambio de paradigma se produce cuando la nueva ciencia nos obliga a adoptar un marco general y una perspectiva diferentes. Este cambio se produjo cuando la humanidad descubrió que la Tierra no era el centro del universo, sino un planeta aparentemente insignificante entre otros innumerables. Otro cambio importante se produjo cuando la teoría de la evolución por selección natural de Charles Darwin explicó que toda la vida en la biosfera evolucionó a partir de un único ancestro común, es decir, un organismo unicelular.

Aunque los paradigmas que introdujeron estos descubrimientos nos enseñaron mucho sobre el universo y nuestros orígenes, contribuyeron a conformar una visión del mundo que describía la vida en el cosmos como accidental y totalmente insignificante en el gran esquema de las cosas. Esta visión, que resonó entre los críticos de la religión y los enemigos de la superstición, se vio reforzada por los posteriores avances científicos y las interpretaciones filosóficas populares de estas nuevas leyes y procesos.

Por ejemplo, más o menos al mismo tiempo que Darwin escribía *El origen de las especies*, los científicos formulaban la segunda ley de la termodinámica, un principio que creaba una narrativa cósmica abrumadoramente sombría. No solo se agotaba constantemente la energía útil del universo —como un gran motor que se queda sin combustible—, sino que la nueva interpretación estadística de la ley parecía implicar que el mundo se volvía cada vez más desordenado y aleatorio. De ser cierto, significaría que todas las formas de complejidad y organización, incluida la vida inteligente, están condenadas a una existencia transitoria y, en última instancia, insignificante, cósmicamente hablando.

El significado de la vida recibió otro golpe a mediados del siglo XX. El descubrimiento de la molécula de ADN confirmó la gran idea de Darwin: todas las formas de vida de la biosfera, desde el hámster hasta el ser humano, se producían por un proceso mecánico ciego y sin sentido que podía reducirse a la replicación con mutación genética, que inevitablemente conduce a la especiación. Aunque el propio Darwin tuvo cuidado de no asumir que este era el único mecanismo evolutivo de la naturaleza, muchos defensores de su teoría hicieron exactamente eso. Como para ellos la creación de formas complejas requería evolución biológica, la *aparición* de la vida pasó a describirse como el resultado de una improbable colisión molecular y no como un proceso evolutivo legal, como la autoorganización. En otras palabras, la vida era una casualidad estadística, un "accidente cósmico" tan improbable que no deberíamos esperarlo en ningún otro lugar del universo.

Este sentimiento general estaba en consonancia con la ideología científica dominante de los siglos XIX y XX, conocida como *reduccionismo*, que proponía que la realidad podía comprenderse mejor descomponiendo todos los fenómenos físicos en sus partes y procesos más simples, de modo que pudiéramos observar el comportamiento básico de los constituyentes fundamentales de la naturaleza de forma aislada. Según el evangelio del reduccionismo, siempre que sea posible, las ciencias sociales y la psicología deben reducirse a la biología, la biología a la química y la química a la física fundamental. Aunque el enfoque reduccionista ha tenido un gran éxito y nos ha proporcionado la mayoría de nuestras mejores teorías físicas, ha creado la impresión de que todas las formas de vida, incluidos los seres humanos, no son más que conjuntos de átomos que siguen obligatoriamente trayectorias mecánicas fijas y arbitrarias, determinadas únicamente por las matemáticas y no por la mente.

Como resultado, el enfoque reduccionista de la ciencia ayudó a popularizar la postura filosófica conocida como materialismo, que sostiene que la realidad solo consiste en lo que es físico. Aunque este punto de vista ayudó a liberar a la ciencia de conceptos sobrenaturales como almas y espíritus, el materialismo clásico negaba la existencia de cosas aparentemente inmateriales, como la conciencia, e ignoraba en gran medida los conceptos de energía e información. De este modo, el materialismo nos reducía a máquinas de carne como zombis sin voluntad, sentimientos ni experiencia interior. Para la mayoría de los materialistas, la vida y la mente se consideran "epifenómenos", si es que se reconocen, lo que significa esencialmente que no importan; simplemente están ahí. Cualquier sensación de libre albedrío que podamos tener al tomar una decisión no es más que una ilusión. No somos autores de nuestros actos, sino observadores pasivos a los que el cerebro engaña constantemente haciéndonos creer que no somos causalmente impotentes.

En conjunto, estos avances intelectuales formaron lo que los filósofos llaman la *visión reduccionista* del mundo. Este paradigma no se contentaba con eliminar a Dios y al alma de la imagen física, sino que también quería purgar la naturaleza de todo rastro de propósito o progreso. A preguntas existenciales tan importantes como "¿cómo hemos llegado hasta aquí?" y "¿adónde vamos?", la cosmovisión reduccionista responde "suerte" y "probablemente a ninguna parte". Fue supremamente racional adoptar esta cosmovisión, ya que así es como aparecen las cosas en un primer momento para quienes han abandonado con razón las explicaciones de los fenómenos naturales que invocan lo sobrenatural. Pero el paradigma que se vislumbra en el horizonte nos lleva a una conclusión muy distinta, que transformará radicalmente la forma en que pensamos sobre el universo y nuestro lugar en él. En particular, se demostrará que los fenómenos que llamamos vida, conciencia e inteligencia tienen un profundo significado cósmico.

Estas ideas surgen de considerar el papel que desempeñan la energía y la información en la aparición y el crecimiento de la complejidad. Estas consideraciones son el ámbito de una disciplina académica relativamente nueva conocida como *ciencia de la complejidad*, una unificación de las principales ciencias de nuestro tiempo que incluye, entre otras, la física, la biología, la neurociencia, la informática, la teoría evolutiva y la estadística. Estas ciencias y sus métodos han sido combinados por investigadores con formación interdisciplinar para formar un enfoque integrado, teórico y experimental a partes iguales, destinado a comprender cómo surgen y evolucionan con el tiempo los sistemas dinámicos de la naturaleza. Un *sistema dinámico* es un término general para cualquier sistema formado por un conjunto de componentes interactuantes que pueden explorar una variedad de estados estructurales o funcionales, y pueden ser físicos, químicos, biológicos, cognitivos, sociales o tecnológicos. La ciencia de la complejidad estudia los sistemas dinámicos a todas las escalas, desde la imperceptiblemente pequeña a la inconcebiblemente grande, incluido el mayor sistema dinámico de todos, el propio universo.

Los métodos empleados por los científicos de la complejidad —los hijastros de los cibernéticos y los teóricos del caos del siglo XX— consiguen algo que el enfoque reduccionista es fundamentalmente incapaz de lograr: Nos permiten comprender cómo los componentes básicos de la naturaleza se autoensamblan espontáneamente mediante una danza sinérgica que crea fenómenos emergentes maravillosos, como la vida, la mente y la civilización. Resulta que el comportamiento colectivo de las partes que interactúan, y no simplemente su funcionamiento aislado, es clave para entender la aparición y evolución de todos los fascinantes organismos y ecosistemas que componen la biosfera. Este tipo de sistemas dinámicos son especiales por su capacidad de adaptarse a un entorno cambiante, y han sido convenientemente bautizados como *sistemas adaptativos complejos*. En general, podemos pensar en la vida como una forma de *complejidad adaptativa*, para distinguirla de las formas no adaptativas de complejidad, como el orden que vemos en estructuras como cristales y copos de nieve, que es fijo y no funcional. La complejidad adaptativa es un término flexible que nos permite hablar de toda la biosfera como una red integrada e interconectada de sistemas adaptativos complejos.

A menudo se ha descrito la complejidad adaptativa como algo que existe en la frontera entre el orden y el caos —el "borde del caos"— y es en esta coyuntura donde la estructura y la aleatoriedad conspiran para crear sistemas óptimamente resistentes, flexibles e innovadores. Debido a la naturaleza intrincada y enrevesada de los sistemas adaptativos complejos, desde las células hasta las comunidades, su dinámica no pudo comprenderse ni predecirse adecuadamente hasta que la modelización informática alcanzó un cierto nivel de sofisticación. Reconociendo este hecho, el físico teórico Stephen Hawking declaró célebremente que el siglo XXI sería "el siglo de la complejidad".

A partir de una comprensión más profunda de cómo surge la complejidad en la naturaleza, se está revelando una nueva narrativa cósmica que cambiará nuestra comprensión de nuestros orígenes y nuestro futuro. Lo llamo nuevo, pero los paradigmas no surgen de la noche a la mañana. Suelen extenderse gradualmente al principio, impregnando poco a poco los círculos científicos, filosóficos e intelectuales hasta que se alcanza un punto de inflexión que desencadena un repentino ascenso a la prominencia. Pues bien, ese punto de inflexión está a nuestras puertas. Aunque es probable que este nuevo "panorama general" sorprenda a la mayoría de la gente, puede parecer lógico, si no obvio, a aquellas mentes curiosas que han tratado de imaginar el futuro que implica el ritmo exponencial del progreso tecnológico. Tanto si el paradigma del que hablo confirma sus intuiciones como si le sorprende o le provoca una reacción escéptica, es probable que le entusiasme, porque en un sentido fuerte, se trata de usted.

A través de argumentos científicos rigurosos y explicaciones mecanicistas, *El romance de la realidad* dilucidará por qué no es solo la biosfera sino todo el universo el que está experimentando una transformación adaptativa. La suposición de que nuestro mundo deriva gradualmente hacia un estado más desordenado, aleatorio y sin vida es totalmente errónea y el resultado de un malentendido fundamental de la ley termodinámica. Si es correcto considerar el cosmos como una enorme máquina de computación, no se trata de una máquina que se esté apagando. En términos de complejidad adaptativa, parece estar empezando. A través de una serie de emergencias jerárquicas —una secuencia anidada de partes que se unen para formar conjuntos cada vez mayores— el universo está experimentando un grandioso y majestuoso proceso de autoorganización, y en este momento, en este rincón del universo, nosotros somos las estrellas del espectáculo.

A medida que avanza la evolución cósmica, el mundo se vuelve cada vez más organizado, más funcional y, puesto que la vida y la conciencia surgen de una complejidad y una integración de la información suficientes, cada vez más sensible. A través de la evolución y eventual expansión hacia el exterior de seres conscientes de sí mismos como nosotros, y de sus esfuerzos por organizar la materia de forma que soporte el procesamiento de la información y la computación, el universo está, en un sentido muy real y literal, despertando. No está despertando independientemente de nosotros, como en un sentido panpsíquico, sino *a través de* nosotros, ya que toda la materia que compone la vida fue una vez inanimada. Como dijo el cosmólogo y divulgador científico Carl Sagan: "Somos una forma de que el cosmos se conozca a sí mismo." En lugar de considerarla una mera metáfora poética, este libro se toma en serio la afirmación de Sagan y la sitúa en el contexto de la evolución cósmica. Al hacerlo, vemos que la complejidad adaptativa ha iniciado un proceso de despertar cósmico que no ha hecho más que empezar. Dónde termina está por determinar. Curiosamente, el desarrollo exacto de la historia parece depender de forma crucial de las acciones de la vida inteligente. De hecho, podría depender de alguna manera significativa *de ti*, y *de nosotros*, colectivamente.

Aunque las leyes y constantes de la física parecen haber esculpido esta trayectoria evolutiva para la vida en el universo —descrita por futuristas como Ray Kurzweil, de Google, como un "destino cósmico", determinado no en detalle sino a grandes rasgos—, la dura verdad es que el éxito existencial no está en modo alguno garantizado para el *Homo sapiens*. No hay ninguna ley o fuerza de la naturaleza que impida el fracaso de nuestra civilización. El progreso no se produce porque lo impulse una fuerza mística, sino porque la vida aprende de los continuos fracasos. La selección natural es el algoritmo de la naturaleza para corregir errores. Si no somos sabios, podríamos ser nosotros los errores que se corrijan. En ese caso, la siguiente civilización o especie tendrá su oportunidad y, si no repite nuestros errores, avanzará más allá de donde estábamos nosotros en el apogeo de nuestra gloria. Este libro pretende demostrar que el conocimiento en la biosfera se acumulará en cualquiera de los dos escenarios.

Pero no tenemos por qué fracasar. El hecho de que los humanos seamos realmente, como se argumentará en este libro, agentes autónomos con *libre albedrío* —formalizado como *poder causal*— significa que depende de nosotros decidir entre la extinción y la trascendencia. Tenemos todos los incentivos para trabajar hacia la segunda y alejarnos de la primera. Mediante el esfuerzo colectivo de la humanidad, a través de nuestro progreso intelectual, cultural y tecnológico, podemos seguir ayudando al cosmos en su gran proceso de despertar. Promover la conciencia de nuestro propósito cósmico emergente podría facilitar un progreso social, económico y tecnológico exponencial, permitiéndonos trascender nuestras limitaciones intrínsecas y a la biosfera extenderse hacia los cielos.

Por supuesto, la nueva narrativa cósmica no debe tomarse por fe. Cualquier afirmación tan magnífica debe ser recibida, por regla general, con un escepticismo profundo. Un cambio de paradigma de esta magnitud requiere una explicación física satisfactoria de las pruebas que apoyan una desviación tan radical del consenso científico general. Pero esa explicación existe, y en las páginas que siguen se describirán las nuevas y apasionantes teorías, los descubrimientos experimentales y los procesos físicos que sustentan estas extraordinarias afirmaciones.

Las grandes emergencias de la autoorganización del universo se explicarán de forma mecanicista, para que podamos ver con precisión cómo y por qué la complejidad adaptativa y el conocimiento que encarna crecen inevitablemente y sin límites, como consecuencia de las leyes de la física y de la dinámica evolutiva que surge de las restricciones que estas imponen a la materia en movimiento. En nuestro afán por comprender la evolución cósmica, llegaremos a una “teoría del todo” que podríamos denominar *teoría unificadora de la realidad*.

Esta ambiciosa teoría trata de resolver los mayores misterios que le quedan a la ciencia. El infame "problema difícil de la conciencia", el enigma del libre albedrío y el misterio de la creciente complejidad cósmica en un universo cada vez más entrópico comienzan a desvelarse a medida que la teoría unificadora disuelve las paradojas creadas por los supuestos injustificados de la visión reduccionista del mundo y expone las trampas del lenguaje que nos han impedido progresar intelectualmente durante tanto tiempo. Al introducir una nueva síntesis evolutiva *–la síntesis evolutiva integrada–*, la teoría unificadora de la realidad tiende un puente entre lo cuántico y lo cosmológico con principios de la biología evolutiva.

Este libro es una invitación a un viaje cósmico dedicado a comprender el universo, cómo está despertando y qué significa eso para nosotros como seres humanos. La primera parte de este libro, "Orígenes", trata de la aparición de la vida en la Tierra. Para entender este acontecimiento, debemos familiarizarnos con los conceptos básicos de la ciencia de la complejidad y la cibernética, como la autoorganización, las transiciones de fase, los atractores y los bucles de retroalimentación. La segunda parte, "Evolución", trata de la aparición y evolución de la vida inteligente en el cosmos. La epistemología evolutiva, el darwinismo universal y un paradigma emergente denominado *bayesianismo universal* nos permitirán integrar los conceptos de la primera parte en una teoría unificada de los sistemas. La tercera parte, "Trascendencia", trata de la conciencia, el libre albedrío y el destino último de la vida en el universo.

Al final del viaje, habremos llegado a una nueva cosmovisión científica y espiritual —denominada *metanaturalismo poético*— que cuestiona todo lo que creíamos saber sobre el mundo. Según esta filosofía, la realidad es intrínsecamente creativa porque siempre está produciendo patrones novedosos que son "rimas" sobre los patrones del pasado. El conocimiento que esta nueva visión del mundo ofrece sobre el poder del conocimiento puede ser lo único que salve a nuestra civilización concreta de la autodestrucción. El reloj del juego existencial está en marcha, así que empecemos.

PRIMERA PARTE

ORÍGENES

Curiosamente nos encontramos en un universo provida pero ese universo no es consciente, al menos no al principio

1

UN NUEVO COMIENZO

El origen de la vida debe ser un asunto muy probable. En cuanto las condiciones lo permitan, ¡surgirá!
CARL SAGAN

El gran biólogo inglés del siglo XIX Thomas Huxley, conocido como "el bulldog de Darwin" por su defensa de la teoría evolutiva, creía que "la cuestión de las cuestiones para la humanidad –el problema que subyace a todos los demás, y que es más profundamente interesante que cualquier otro– es la averiguación del lugar que ocupa el hombre en la naturaleza y de sus relaciones con el universo de las cosas."[1]

En otras palabras, ¿cómo encajamos en el gran cuadro cósmico? El objetivo de este libro es responder a esta pregunta fundamental. La tesis general es que vivimos en un universo computacional que evoluciona continuamente hacia un estado cada vez más complejo, funcional y sensible. Esto significa que los humanos no somos ni un accidente cósmico ni el objetivo final de la evolución. Por el contrario, somos un peldaño intermedio en la escala evolutiva cósmica del devenir.

Este punto de vista emergente se ve respaldado por los recientes avances en la investigación sobre el origen de la vida, que sugieren que la aparición de sistemas biológicos en la Tierra hace aproximadamente cuatro mil millones de años no fue un hecho improbable, como se pensaba anteriormente, sino *inevitable.* El nuevo consenso marca el inicio de un cambio radical desde la visión reduccionista del mundo, que ve la vida como algo accidental, frágil, raro y transitorio, hacia un modelo evolutivo del mundo en el que el crecimiento sin fin del orden, la complejidad y el conocimiento se produce inevitablemente como resultado de procesos mecanicistas naturales.

A primera vista, discutir si la vida en el universo fue un accidente o algo inevitable puede parecer un ejercicio semántico sin sentido. Uno se siente tentado a decir que la vida ocurrió o no ocurrió y punto. Pero la cuestión tiene más matices. Recordemos que la vida es un sistema adaptativo complejo. Si la aparición de la complejidad adaptativa fue improbable o inevitable es una cuestión científica que tiene una respuesta precisa y descubrible. Calificar algo de accidental implica que el acontecimiento fue determinado únicamente por el azar. Esto significa que cabría esperar que una cadena de acontecimientos ligeramente distinta produjera un resultado diferente. Estos resultados basados en el azar se denominan "contingencias" y son imposibles de predecir con antelación. Por otro lado, podemos decir que la vida era inevitable si las leyes de la física crean dinámicas que limitan el movimiento aleatorio y caótico de las partículas de forma que garantizan la aparición de sistemas biológicos cuando las condiciones lo permiten.

La cuestión es tan práctica como filosófica, ya que los dos puntos de vista distintos hacen predicciones científicas incompatibles. Por ejemplo, llegan a conclusiones muy diferentes sobre la prevalencia de la vida extraterrestre, un tema de gran interés público. Si la vida es altamente improbable, es probable que estemos solos en el universo. Si la aparición de la vida es inevitable dado un cierto conjunto de condiciones físicas comunes, entonces es probable que tengamos muchos compañeros cósmicos repartidos por el espacio en planetas de "zonas habitables". Si es probable que sean inteligentes es una cuestión aparte, pero igualmente importante para la nueva narrativa cósmica, por lo que volveremos a ella en la segunda parte.

El proceso por el que la vida surgió de la no vida se conoce como *abiogénesis*. En los próximos capítulos se nos presentará un nuevo modelo de abiogénesis que sugiere que esta extraordinaria aparición fue el comienzo inevitable de un proceso de despertar cósmico preordenado, determinado no en perfecto detalle sino a grandes rasgos. El origen de la vida es la historia de cómo se pone en marcha la complejidad adaptativa. Pero para apreciar plenamente cómo sucede esto desde el punto de vista mecánico y por qué esta versión de la abiogénesis es tan diferente de la antigua, se necesita algo de contexto histórico.

Como hemos aprendido, la visión reduccionista del mundo suele presentar la vida en la Tierra como un accidente cósmico. Si pudiéramos rebobinar la cinta del tiempo y reproducirla de nuevo con el más mínimo cambio, es poco probable que la vida hubiera surgido en nuestro planeta, o para el caso, en todo el universo.

El biólogo francés Jacques Monod, Premio Nobel, escéptico acérrimo y enemigo a ultranza de la religión organizada, resumió poéticamente esta visión del mundo en su influyente libro *El azar y la necesidad*, publicado en 1970, cuando dijo: "El antiguo pacto está hecho pedazos; el hombre sabe por fin que está solo en la inmensidad insensible del universo, del que solo ha salido por casualidad. Su destino no está escrito en ninguna parte, ni tampoco su deber." Monod creía apasionada e inflexiblemente que "el universo no estaba preñado de vida".

Dados sus conocimientos sobre la inmensidad de nuestro universo, ¿qué hacía que científicos del siglo XX como Monod estuvieran tan seguros de que la vida era una anomalía estadística? La verdad es que no era más que una suposición. En aquella época se creía que la evolución biológica era el único mecanismo de la naturaleza para generar complejidad y que cualquier sistema anterior a ese proceso tenía que ser producto del azar. Así, el origen de la vida se describía como el resultado de un "ensamblaje fortuito", que no es más que un término elegante para referirse a la suerte cósmica.

Darwin explicó cómo evoluciona la vida, no cómo surgió

A pesar de su capacidad para explicar tanto sobre la asombrosa diversidad de la biosfera, hay algunas cosas que la teoría original de Darwin simplemente no puede explicar sobre la complejidad adaptativa que vemos a nuestro alrededor, como su origen.

La evolución biológica a través de la selección natural es un concepto elegante que puede resumirse con bastante facilidad, gracias a nuestra moderna comprensión de la genética. Los organismos vivos son sistemas autorreplicantes que utilizan un conjunto de instrucciones incorporadas (codificadas en el ADN) para hacer copias de sí mismos. Las células se dividen y los organismos se reproducen. Así es como la vida persiste en la Tierra a escalas de tiempo increíblemente largas, aunque los organismos individuales aparezcan y desaparezcan rápidamente. La vida, entre otras cosas, es una maquinaria para hacer copias.

Sin embargo, el proceso de copia nunca se produce a la perfección y los errores son inevitables. Estos errores dan lugar a mutaciones genéticas que generan un conjunto maravillosamente diverso de organismos nuevos y modificados, diferentes de los progenitores y diferentes entre sí, con rasgos físicos, formas, funciones y comportamientos similares pero variables.

Para replicarse y transmitir nuevas características a la siguiente generación, un organismo debe primero ser capaz de sobrevivir el tiempo suficiente para hacerlo en un entorno competitivo y a menudo duro. Los rasgos y funciones que mejor permiten a los organismos sobrevivir y reproducirse son los que persistirán en la población, mientras que los demás, y los organismos a los que pertenecen, se extinguen. De este modo, las presiones ambientales podan la diversidad creada por la mutación genética, de forma parecida a como un jardinero poda un bonsái. Esto es lo que se entiende por "selección natural". La naturaleza selecciona los rasgos de supervivencia más "aptos" entre las posibilidades que ofrece el juego de la lotería genética. Al ser esculpidos por las fuerzas de la naturaleza, con el tiempo los organismos se adaptan mejor al entorno que habitan. Los nichos sencillos tienden a producir organismos relativamente simples, mientras que los nichos que presentan un conjunto de retos más complejos tienden a producir organismos más complejos.

Para muchos, la teoría de la evolución biológica parecía haber resuelto por completo el misterio de la complejidad. Esencialmente, todo el orden viviente, desde los narcisos hasta los delfines, puede reducirse a un mecanismo general: la selección natural que actúa sobre la mutación genética. El problema de esta historia es que plantea una pregunta: ¿cómo surgió el primer organismo vivo, un sistema autorreplicante? Incluso el ARN, el primo más simple de la molécula de ADN, es una estructura extremadamente complicada, rica en información y complejidad química. Y no solo eso, la autorreplicación es un proceso mecánico que debe ser alimentado por energía. Así que, además de material genético, un sistema biológico requiere un elaborado proceso químico llamado *metabolismo*, que depende de una red química estructurada que lleva a cabo un complejo conjunto de reacciones. La evolución biológica solo puede explicar cómo evolucionan estas características, no cómo surgieron al principio.

Al no existir ningún mecanismo concebible que explicara cómo un conjunto de partículas inanimadas podía haberse ensamblado para formar una célula funcional, los científicos de la época se vieron obligados a atribuir la abiogénesis a un gigantesco golpe de suerte estadístico, en lugar de a un proceso evolutivo protodarwiniano aún por descubrir. Este punto de vista, basado en la idea del ensamblaje fortuito, se conoció como *hipótesis de la casualidad*.

La vida no es una casualidad

Según la hipótesis del azar, contra todo pronóstico, a través de una improbable colisión en una "sopa primordial" en la antigua Tierra, las moléculas adecuadas se juntaron de la forma necesaria para crear un organismo vivo: un gran "accidente congelado", se le ha llamado. Aunque quienes formularon esta hipótesis —entre ellos el codescubridor del ADN, Francis Crick— solo tenían una vaga idea de lo complicado que tendría que ser el sistema más simple capaz de autorreplicarse y metabolizar, incluso ellos sabían que un suceso así sería increíblemente raro. Pero al no disponer de otra teoría mecanicista para explicar la abiogénesis, optaron por el azar.

Aunque Crick calificó juguetonamente la vida de "feliz accidente" al principio de su carrera, era plenamente consciente de los problemas que planteaba tal teoría. A este respecto, afirmó en una ocasión: "Un hombre honesto, armado con todos los conocimientos de que disponemos actualmente, solo podría afirmar que, en cierto sentido, el origen de la vida parece en este momento casi un milagro, ya que son muchas las condiciones que deberían haberse cumplido para que se pusiera en marcha."[2]

Para que esta hipotética colisión molecular hubiera tenido lugar, dados los tipos de moléculas de la supuesta sopa primordial, la naturaleza habría tenido que desafiar las probabilidades. Varios científicos, desconcertados por el problema, intentaron calcular la probabilidad de que se produjera un acontecimiento de este tipo y llegaron a la conclusión de que era improbable que ocurriera en la vida proyectada del cosmos. Fred Hoyle, un famoso astrofísico británico al que le costó tragarse la historia, expresó su escepticismo en su libro *The Intelligent Universe* con una analogía devastadora: "La posibilidad de que hayan surgido así formas de vida superiores es comparable a la de que un tornado que arrasa un depósito de chatarra ensamble un Boeing 747 con los materiales que hay en él."

Pero esa no es la única razón para cuestionar la historia del origen del "accidente cósmico". La vida parece haber surgido en la Tierra tan pronto como las condiciones lo permitieron, lo que sería una enorme coincidencia si su aparición fuera de hecho improbable y producto de la pura casualidad. Si esto último fuera así, cabría esperar que la vida hubiera aparecido al cabo de un tiempo arbitrario una vez que el planeta se hizo habitable, literalmente cualquier otro momento aparte de casi inmediatamente. Los creacionistas cristianos se apresuraron a sacar partido de este hecho. En su opinión, dado que el azar no podía explicar adecuadamente la aparición de la vida, debía ser un acto sobrenatural. Mientras que esta teoría es insatisfactoria porque atribuye la vida a un milagro literal, la hipótesis del azar es insatisfactoria porque se basa en un milagro estadístico.

Afortunadamente, en el siglo XX surgió una tercera opción, que cada vez más científicos consideran más atractiva que la hipótesis del azar o la intervención divina. ¿Y si la aparición de la vida fuera el resultado inevitable de un universo que genera complejidad e información de forma natural e incesante? Si así fuera, sería más exacto describir la vida como una regularidad que como una anomalía, no como una casualidad sino como un imperativo.

Sagan fue uno de los primeros defensores de este punto de vista, que dio a los astrónomos y a los entusiastas de los alienígenas nuevas esperanzas de encontrar vida extraterrestre. "El origen de la vida debe ser un asunto muy probable", exclamó, "tan pronto como las condiciones lo permitan, ¡aparecerá!"[3] Christian de Duve, bioquímico belga galardonado con el Premio Nobel en 1974, articuló aún más esta postura. En su opinión, Monod se equivocaba: "Si se equipara la probabilidad de que nazca una sola célula bacteriana al ensamblaje fortuito de sus átomos, la eternidad no bastará para producir una... Ante la enorme suma de 'suertes' que hay detrás del éxito del juego evolutivo, cabe preguntarse legítimamente hasta qué punto este éxito está realmente inscrito en el tejido del universo."[4]

En su convincente libro *Polvo vital*, de Duve respondió a la afirmación de Monod de que el universo no estaba preñado de vida, ni la biosfera de hombres, con la sencilla refutación: "Se equivoca. Lo estaban." Por supuesto, de Duve no quería decir que el *Homo sapiens en particular* estuviera destinado a surgir. La contingencia tiene ciertamente su papel en biología, lo que él reconocía en todos sus escritos. Pero sí creía que las leyes de la física y la dinámica evolutiva que surge de ellas generan formas cada vez más sofisticadas de organización y complejidad biológicas. Esto, a su vez, produce inevitablemente vida y mente en el cosmos.

De ser cierta, supondría un cambio de rumbo filosófico, con implicaciones que podrían calificarse de espirituales. Stuart Kauffman, un científico de la complejidad del Instituto de Santa Fe que posiblemente sea el que más ha contribuido a introducir la teoría de la "vida inevitable" en la corriente principal de la ciencia, lo expresa de forma romántica en su ya clásico libro de 1996, *At Home in the Universe*: "Si somos, en formas que aún no vemos, expresiones naturales de materia y energía acopladas en sistemas no equilibrados, si la vida en su abundancia estaba destinada a surgir, no como un accidente incalculablemente improbable, sino como una realización esperada del orden natural, entonces estamos realmente en casa en el universo."

Pero la afirmación de que la vida estaba inscrita en las leyes de la naturaleza desde el principio es extraordinaria y, como dijo Sagan: "Las afirmaciones extraordinarias requieren pruebas extraordinarias." Si la vida estaba inscrita en las leyes de la naturaleza desde el principio, ¿por qué la Tierra es el único planeta en el que hemos observado esta supuesta regularidad? ¿Cómo podemos decir algo sobre la probabilidad de vida en otros lugares si nos limitamos a una mísera muestra de uno?

Además, si la vida no se formó por casualidad, ¿cuál es el mecanismo físico que explica cómo un grupo de partículas inanimadas puede transformarse sistemáticamente en un sistema biológico funcional, y en qué condiciones naturales cabe esperar que ocurra? ¿Es realmente posible demostrar que la vida estaba, en un sentido físico y estadístico, *destinada* a surgir en el universo, en planetas como la Tierra? Cada vez son más abrumadoras las pruebas de que el universo produce biología de forma innata.

La energía como organizador fundamental

Cuando nos preguntamos cómo surgió la vida, lo que realmente estamos preguntando es cómo la materia desorganizada se organizó de repente. En nuestra experiencia cotidiana, la organización espontánea no surge de la nada. Las cosas no se organizan solas y, a menos que alguien intervenga, las habitaciones se desordenan, los edificios se erosionan y las estructuras intrincadas se desintegran poco a poco. Entonces, ¿cómo es posible que haya organización antes de que hubiera seres que la construyeran o la mantuvieran?

La respuesta sencilla a esta complicada pregunta es la *energía*. La energía es la fuerza organizadora fundamental de la naturaleza, y un universo rico en flujos de energía es un cosmos preparado para la complejificación. Como se aludió en la introducción, es el flujo concentrado de energía a través de la materia lo que ordena los elementos no vivos en una configuración que está "viva". Al promover la autoorganización, el flujo de energía convierte gradualmente un grupo de moléculas sin sentido en una maquinaria de procesamiento de información con *voluntad*, es decir, la autodirección y la acción intencionada que asociamos con la vida.

La capacidad de acción es la característica ausente en el mundo de los seres no vivos, como las rocas y las sillas, que no se mueven a menos que se las empuje. Se solía atribuir a una fuerza mística que impulsaba la vida hacia un objetivo mayor, pero, como aprenderemos al final de la primera parte, es posible gracias al procesamiento de la información que realiza la maquinaria biológica. Los seres vivos también se denominan agentes porque poseen *voluntad.* El flujo de energía construye agentes a partir de materia inanimada, organizando sistemas químicos en máquinas computacionales autónomas que recopilan información sobre el mundo y utilizan ese conocimiento para perpetuar y extender la vida.

Aunque este proceso pueda sonar místico, estamos hablando de energía tal y como la define la ciencia convencional. Es detectable y mensurable. La cualidad ordenadora de la energía que fluye es totalmente natural, pero sorprendentemente no difiere tanto conceptualmente de la antigua noción de un élan vital, una "fuerza vital" que anima lo inanimado. Se podría decir que la energía organiza la materia en vida, y la vida organiza la información en conocimiento. Y es el conocimiento lo que hace que el universo sea comprensible para la vida inteligente. O, desde una perspectiva menos antropocéntrica, es el conocimiento lo que permite al universo comprenderse a sí mismo, *a través de* la vida inteligente. Debemos recordar que no somos distintos de la naturaleza, sino una manifestación funcional de ella.

Para entender cómo funciona este proceso de generación de vida y creación de conocimiento a un nivel intelectualmente satisfactorio, primero debemos familiarizarnos un poco con la rama de la física que se ocupa del flujo de energía, conocida como *termodinámica.* Puede que esta sea la parte más difícil de la historia cósmica, pero el esfuerzo merecerá la pena, ya que explicará el misterio de cómo surgió la vida y nos dotará de las herramientas conceptuales necesarias para comprender el papel central que está llamada a desempeñar en el proceso de evolución cósmica.

En concreto, debemos enfrentarnos a la todopoderosa segunda ley de la termodinámica, que a primera vista parece contradecir la idea de que la complejidad —biológica o de otro tipo— pueda persistir y crecer sin límites. De ser así, la vida sería un fenómeno pasajero sin importancia cósmica: "escoria química", como dijo Stephen Hawking. Curiosamente, resulta que esta ley fundamental no entra en conflicto con la idea de un universo que se hace más complejo con el tiempo. De hecho, la segunda ley de la termodinámica es esencial para entender por qué surgen y proliferan de forma natural sistemas adaptativos complejos como la vida.

2

ENERGÍA, ENTROPÍA Y LA PARADOJA DE LA VIDA

A menudo los científicos se han sentido desconcertados por la existencia de un orden espontáneo en el universo. Las leyes de la termodinámica parecen dictar lo contrario, que la naturaleza degenere inexorablemente hacia un estado de mayor desorden, de mayor entropía. Sin embargo, a nuestro alrededor vemos magníficas estructuras —galaxias, células, ecosistemas, seres humanos— que, de alguna manera, han logrado ensamblarse por sí solas.

STEVEN STROGATZ, *Sync: La ciencia emergente del orden espontáneo*

Miles de millones de años después del Big Bang, el universo despertó de su largo letargo. Ese momento mágico se produjo cuando la vida brotó espontáneamente de un planeta sin vida. Para entender cómo y por qué se produjo este acontecimiento en la Tierra, y hasta qué punto la vida puede ser común en el universo, debemos sumergirnos en la rama de la ciencia conocida como termodinámica, que no solo es una parte crucial de la física y la química, sino también, como aprenderemos, de la biología. De especial interés es el principio de la naturaleza conocido como la segunda ley de la termodinámica.

Antes de entrar en los entresijos de la complicada segunda ley, empecemos por su hermana sencilla, la primera ley de la termodinámica. La primera ley establece que la cantidad total de energía en un sistema aislado es constante e invariable. Puede transformarse de una forma a otra, pero no puede crearse ni destruirse. Un sistema aislado es aquel en el que no entra ni sale materia ni energía. Los sistemas verdaderamente aislados son raros, si no inexistentes, en la naturaleza, porque la energía fluye a nuestro alrededor, irradiando hacia el exterior desde estrellas y planetas con núcleos que generan calor. Un ejemplo básico de sistema aislado es un termo aislante que mantiene el café caliente atrapando el calor en su interior. Si el universo en sí es un sistema aislado es una cuestión complicada, así que volveremos a ella más adelante.

Entropía: Un término complejo y confuso

Aunque la primera ley es bastante fácil de entender, la segunda ley de la termodinámica es más críptica. Afirma que la cantidad total de entropía en un sistema aislado siempre debe aumentar con el tiempo. Muchos físicos consideran que la segunda ley es la más férrea del universo, por lo que esta afirmación merece reflexión. Pero ¿qué significa exactamente el nebuloso y extrañamente intimidante término *entropía*?

Por desgracia, la respuesta no es tan sencilla. La mayoría de los libros de divulgación científica, como el clásico de Stephen Hawking *Breve historia del tiempo*, nos enseñan que entropía significa "desorden". Pero esta definición puede ser peligrosamente engañosa cuando se intenta aplicar la segunda ley a sistemas que no están aislados, o al universo en su conjunto. En un contexto cósmico, equiparar entropía con desorden —una palabra que comúnmente se entiende que significa más o menos lo contrario de organización, estructura y complejidad— puede llevar a conclusiones cósmicas terriblemente inexactas.

Por desgracia, este error es común entre los divulgadores científicos, que a menudo afirman que la segunda ley exige que el universo se vuelva más desordenado y menos modelado con el tiempo. Dado que la vida es orden biológico, esta interpretación de la segunda ley tiene consecuencias nefastas para la humanidad. Si el mundo debe estar siempre cada vez más desordenado, entonces, por término medio, debería estar cada vez menos estructurado y carecer de vida con el paso del tiempo, hasta que todo rastro de organización se disuelva en un mar sin forma ni sentido de fluctuaciones microscópicas aleatorias. Este escenario reduce la vida en el universo a un fenómeno temporal, trivial e intrascendente, lo que no es una imagen muy alegre del futuro. Por suerte, ¡no es la correcta!

El problema crucial de esta narrativa cósmica es que un aumento de la cantidad total de entropía en el universo no se corresponde con una disminución general de la cantidad de organización existente. De hecho, el orden biológico, cultural y tecnológico puede crecer junto con la entropía, y no solo a corto plazo. Para entender por qué esto es cierto, y desenredar toda la confusión que rodea a la segunda ley, debemos distinguir entre dos tipos distintos de entropía (hay muchos más, pero empezaremos por éstos). Para ello, es necesaria una breve lección de historia.

El concepto subyacente a la segunda ley fue desarrollado en el siglo XIX por un puñado de científicos europeos especialmente inteligentes, sobre todo Sadi Carnot y Rudolf Clausius, inicialmente por razones prácticas más que teóricas. Buscaban la forma más eficaz de convertir la energía del flujo de calor en energía mecánica que pudiera hacer funcionar las máquinas. La máquina de vapor, que ya existía desde hacía algún tiempo, era la prueba de que se podía extraer energía del flujo de calor para hacer "trabajo", es decir, algo útil, como mover, levantar o acelerar un cuerpo de masa ejerciendo una fuerza sobre él. El trabajo no puede realizarse a menos que esté impulsado por una fuerza física, que siempre requiere energía. El trabajo que realizan las máquinas de vapor es mover trenes por las vías. Esto fue un gran negocio en el siglo XIX, ya que los trenes abrieron nuevas posibilidades para el comercio y permitieron la migración masiva de las zonas rurales a las ciudades industrializadas.

Lo que Carnot observó astutamente fue que, si hay una diferencia de temperatura entre dos cuerpos en contacto, el calor fluirá espontáneamente del cuerpo más caliente al más frío, hasta que ambos cuerpos alcancen una temperatura uniforme mutua, un estado conocido como *equilibrio termodinámico.* La mayoría de nosotros estamos familiarizados con este fenómeno, que experimentamos cada vez que nuestra taza de café caliente, o nuestro acogedor baño caliente, interactúan con el aire circundante más frío y se enfrían hasta alcanzar la temperatura ambiente. Puede ser útil pensar que el calor que fluye de un sistema caliente a otro frío se mueve "cuesta abajo", que es la dirección natural del movimiento, según la física newtoniana. ¿Por qué ocurre esto? Quizá conozca el viejo adagio que dice: "La naturaleza aborrece el vacío". Pues bien, también se ha dicho que "la naturaleza aborrece un gradiente". Un gradiente es la diferencia entre dos sistemas en interacción que crea inestabilidad, ya sea una diferencia de temperatura, presión, concentración química o carga eléctrica. Si existe tal diferencia, habrá un flujo espontáneo de un sistema al otro hasta que se elimine esa diferencia, o el *gradiente*, y se alcance un estado de equilibrio estable e inerte. Esto ocurre automáticamente porque la naturaleza es sencillamente intolerante con los gradientes.

¿Por qué interesaba esto a los ingenieros del siglo XIX? La respuesta es bastante espectacular. Cuando hay un gradiente de temperatura, el calor que fluye para eliminar el gradiente crea una fuerza física que puede aprovecharse para hacer trabajo. Cuanto mayor sea la diferencia de temperatura entre dos cuerpos, mayor será la pendiente del gradiente y mayor será la fuerza del flujo de calor para reducir esa diferencia y restablecer la estabilidad termodinámica. Esta es la razón por la que las bebidas calientes se enfrían más rápido cuando se introducen en un frigorífico. La diferencia de temperatura entre el objeto caliente y su entorno refrigerado es mucho mayor que a temperatura ambiente.

Los ingenieros que comprendieron este principio se dieron cuenta de que una sustancia que se calentara rápidamente se expandiría con una fuerza lo suficientemente poderosa como para realizar un trabajo serio, si se aprovechaba adecuadamente. Con una diferencia de temperatura suficientemente grande entre la sustancia calentada y su entorno enfriado, la fuerza del flujo de calor podría alimentar un motor. La presión creada por el vapor en expansión podría realizar trabajo mediante ciclos de calentamiento y enfriamiento rápidos.

Aunque la comprensión de cómo explotar esta tendencia de la naturaleza proporcionó a la humanidad una nueva y poderosa tecnología, Carnot se dio cuenta de que la conversión de energía térmica en energía mecánica era un proceso que nunca podía ser eficiente al 100%. Por muy cuidadosa que fuera la transferencia, parte de la energía útil siempre se perdería en el entorno en forma de calor residual, lo que los físicos llaman *disipación*. Este término es casi tan intimidante como el de entropía, pero es igual de importante para entender la aparición de la vida, así que deberíamos familiarizarnos con él ahora mismo.

Que la energía se disipe significa sencillamente que se dispersa uniformemente en el entorno, esparciéndose de tal manera que ya no puede volver a aprovecharse para realizar la misma cantidad de trabajo. En otras palabras, la energía disipada es energía que ya no es útil, porque el esfuerzo necesario para reunirla costaría más energía de la que se obtendría de ella. Un ejemplo conocido de disipación de energía es el calor corporal que desprendemos constantemente los seres humanos, que somos sistemas biológicos complejos. Otro ejemplo es el calor que genera el ordenador portátil cuando calcula. Un péndulo que oscila en un reloj de pie disipa continuamente una pequeña cantidad de energía debido a la fricción constante con el aire, razón por la que finalmente debe detenerse. Todo proceso mecánico que tiene lugar en el universo disipa cierta cantidad de energía útil al producir calor. Este hecho es la base de la segunda ley de la termodinámica, y es la razón por la que las leyes de la física no permiten las máquinas de movimiento perpetuo.

Esta disipación inevitable tiene graves consecuencias para el universo. Significa que el suministro de energía útil del universo —el "combustible cósmico" necesario para cualquier tipo de trabajo— se agota constantemente a medida que se eliminan las diferencias de temperatura, se disipa la energía y se genera calor. Mientras que la cantidad total de energía en el universo presumiblemente permanece igual, de acuerdo con la primera ley de la termodinámica, la energía *útil* se va convirtiendo gradualmente en energía *inútil*, de acuerdo con la segunda ley. La energía útil se llama "energía libre" y la inútil "entropía". Dicho con más precisión, la entropía es un término matemático que representa *la cantidad de energía que ya no está disponible para trabajar.* Como ya hemos establecido que hay más de un tipo de entropía en física, llamaremos *entropía térmica* a este tipo de entropía relacionada con el calor. Si consideramos la energía libre como el combustible cósmico, la entropía térmica es el escape cósmico.

Como puedes ver, hasta ahora no se ha mencionado ni el orden ni el desorden. Con esta definición de entropía, se puede afirmar que la segunda ley se aplica al universo, suponiendo que sea un sistema aislado, de dos formas diferentes pero equivalentes. Debido a la inevitable disipación de energía como resultado de procesos mecánicos:

> La cantidad total de energía libre en el universo debe disminuir con el tiempo. La cantidad total de entropía térmica en el universo debe aumentar con el tiempo.

Del cosmos, esto es todo lo que exige la segunda ley de Carnot y Clausius. Contrariamente a la creencia popular, no prohíbe en absoluto que la vida se extienda por el universo y lo sature de organización estructural y funcional. Lo único que debe "desordenarse" gradualmente con el tiempo es el suministro de energía de la naturaleza, no su estructura a gran escala. Hasta que todo el suministro de energía libre del universo se agote por completo a través de la disipación, culminando en un estado inerte de equilibrio termodinámico cósmico conocido como *muerte por calor*, la vida inteligente con tecnología suficientemente avanzada puede, en teoría, persistir y expandirse sin límites. Existen incluso razones de peso para creer que el universo *nunca* alcanzará el equilibrio termodinámico. Exploraremos este concepto con más detalle en el último capítulo de la tercera parte, cuando hablemos del destino final del universo.

Entonces, ¿de dónde procede esta noción de entropía como desorden? ¿Por qué gran parte de la comunidad científica llegó a creer que el crecimiento ilimitado de la vida y la complejidad estaba prohibido por la segunda ley de la termodinámica? Gran parte de la culpa la tiene un genio llamado Boltzmann.

Entropía de Boltzmann: Una medida del desorden estadístico

Por extraño que nos pueda parecer ahora, hace apenas un par de cientos de años, la idea de que las cosas físicas están compuestas de partículas diminutas llamadas átomos no era aceptada universalmente, ni siquiera en la comunidad de físicos. Pero en la segunda mitad del siglo XIX, el apoyo a la teoría atómica creció rápidamente y los físicos empezaron a buscar explicaciones a microescala para todos los fenómenos anteriormente explicados, ya que el paradigma reduccionista imperante los consideraba más fundamentales. Pronto, las leyes termodinámicas se redefinirían en función de lo que ocurría en los sistemas a nivel atómico o molecular, donde diminutas partículas se mueven caótica e incesantemente. En el fondo, la naturaleza es ruidosa, ya que sus componentes fundamentales fluctúan y chocan constantemente.

Basándose en los trabajos previos de Clausius y James Clerk Maxwell (matemático escocés famoso por su teoría del electromagnetismo), un físico austriaco llamado Ludwig Boltzmann se propuso explicar la segunda ley, es decir, la tendencia natural del calor a dispersarse y de la energía a disiparse, como resultado del comportamiento estadístico de un gran número de moléculas que se suponía que se movían según leyes mecánicas simples. El reciente descubrimiento de que la energía cinética de un gas era consecuencia directa de la velocidad a la que se movían sus moléculas individuales inspiró a Boltzmann a pensar microscópicamente. ¿Podría explicarse la segunda ley pensando en los flujos de energía en términos del movimiento de las moléculas y sus interacciones?

Razonó que si la energía térmica no era más que un aumento del movimiento molecular, su disipación debía implicar una difusión gradual y una amortiguación de este movimiento excitado a lo largo del tiempo, que sospechaba podría estar relacionado con colisiones aleatorias entre moléculas vecinas. Para explorar este modelo de dispersión de la energía —o de creación de entropía, ya que son dos caras de la misma moneda— eligió sabiamente un sistema hipotético infinitamente menos complejo que el universo: un gas ideal en un recipiente cerrado. Para llevar a cabo el experimento mental de Boltzmann en tu propia mente, imagina que eres capaz de reducirte a un tamaño microscópico hasta que puedas ver el comportamiento de cada molécula de gas. ¿Qué es lo que ve?

Boltzmann imaginó un montón de moléculas moviéndose rápidamente en todas direcciones, chocando unas con otras con frecuencia como bolas en una mesa de billar, transfiriendo el momento y dispersándose unas a otras en el espacio. Como la energía cinética de cada molécula es proporcional a su velocidad, cuando las moléculas chocan al azar, las más rápidas se ralentizan y las más lentas se aceleran, hasta que la velocidad de todas es aproximadamente la misma. Sin diferencias de energía entre las moléculas, no hay gradientes de temperatura ni flujo de calor que pueda aprovecharse para hacer trabajo. Según esta explicación, un sistema aislado de moléculas de gas se aproximará inevitablemente al equilibrio termodinámico debido a los efectos de innumerables interacciones moleculares invisibles.

Microestados frente a macroestados

Aunque el *microestado* exacto de cualquier sistema —es decir, la posición y velocidad exactas de cada molécula individual en un momento determinado— no podía medirse ni calcularse con precisión por razones prácticas obvias, Boltzmann se dio cuenta de que el comportamiento colectivo medio de todo el conjunto de moléculas podía predecirse con matemáticas estadísticas.

A diferencia de los microestados, las propiedades colectivas de un sistema de muchas partículas pueden observarse y medirse fácilmente. Cuando medimos la temperatura o la presión de un gas, por ejemplo, en realidad estamos midiendo un valor medio de un conjunto de moléculas, o un *macroestado*. Para cualquier sistema de moléculas, suele haber muchos microestados diferentes que corresponden a un único macroestado. En otras palabras, hay muchas formas diferentes de ordenar las moléculas individuales que producen patrones colectivos de ordenación energéticamente equivalentes. Boltzmann demostró que los estados de mayor entropía tienen más microestados que corresponden a un único macroestado. Aquí es donde resulta útil representar la entropía como desorden. Piénsalo así: hay muchas más formas de que tu habitación esté completamente desordenada que de que esté perfectamente organizada.

Boltzmann describió un sistema que evolucionaba hacia el equilibrio termodinámico como cada vez más "desordenado", porque independientemente de cómo estuvieran dispuestas inicialmente las partículas del sistema —quizás las moléculas que se movían más rápido estaban agrupadas ordenadamente en una esquina del recipiente— la configuración colectiva derivaría inevitablemente hacia una distribución espacial uniforme que carecía de cualquier patrón o estructura discernible. Por este motivo, Boltzmann consideraba que el estado de equilibrio termodinámico y máxima entropía era un estado de "máximo desorden". También se puede pensar en él como un estado en el que la mezcla molecular ha alcanzado un máximo.

Esta transición del orden al desorden puede parecer al principio ininteligiblemente abstracta, así que vamos a ilustrar la lógica con algunos ejemplos del mundo real. Volvamos a la metáfora de las bolas de billar. Al principio de una partida de billar, las bolas se organizan ordenadamente en una formación triangular, hasta que empieza el juego y un jugador rompe esa formación golpeándola con la bola blanca. A medida que la configuración evoluciona, las bolas se dispersan y desorganizan cada vez más. Si no hubiera troneras en las que pudieran rodar, la disposición de las bolas se acercaría cada vez más a una distribución espacial uniforme. Siempre habrá ligeras desviaciones de un estado de distribución perfectamente igual, pero esta configuración general se mantendrá esencialmente una vez alcanzada. Este estado de distribución más o menos completa representa el equilibrio.

Veamos ahora algunos ejemplos reales de dispersión del calor. Cuando añadimos agua caliente a un baño frío, o café caliente a una taza templada, el líquido añadido se concentra primero en una mancha local, y la energía extraíble asociada a la zona caliente se considera "ordenada". A medida que las moléculas excitadas se mezclan e interactúan con sus vecinas menos excitadas, la energía cinética localizada se dispersa sistemáticamente, los gradientes de temperatura se disipan y el orden energético inicial se disuelve gradualmente en entropía. Para cuando se alcanza el equilibrio, la mezcla ha borrado toda evidencia de que la mancha de calor existió alguna vez. Por este motivo, el aumento del desorden también se asocia a una *pérdida de información* desde la perspectiva del observador. A medida que se produce la mezcla, se tiene menos certeza, o mayor ignorancia, sobre el microestado exacto en el que se encuentra el sistema, porque los *macroestados de alta entropía tienen más microestados equivalentes*, o disposiciones posibles. Esta conexión entre entropía e ignorancia será importante cuando hablemos de la información en el capítulo cinco e introduzcamos un tercer tipo de entropía: *la entropía de la información.*

El nacimiento de la mecánica estadística

Al intentar explicar la segunda ley de la termodinámica utilizando la rama de las matemáticas conocida como teoría de la probabilidad, Maxwell, Boltzmann y el físico estadounidense Josiah Gibbs inventaron el influyente campo de la física conocido como *mecánica estadística.* A medida que crecía la influencia de este campo, el término "entropía" dejó de asociarse con su definición original —una medida de la energía disipada e inútil— para convertirse en sinónimo del desorden estructural o configuracional descrito por Boltzmann. No pasó mucho tiempo antes de que la segunda ley empezara a asociarse con ejemplos que no implicaban ningún flujo de calor o disipación de energía y, por tanto, ningún aumento de la entropía térmica. En estas ilustraciones populares, el aumento del desorden no tiene nada que ver con la termodinámica real, solo con la estadística.

Dado que la medida de entropía de Boltzmann no se refiere a la dispersión del calor per se, sino a la evolución de la configuración espacial de los componentes de un sistema de muchas partículas, podemos llamarla *entropía estadística* o *configuracional.* Aunque una evolución hacia una mayor entropía configuracional puede utilizarse para explicar la disipación de gradientes de energía, la medida es una abstracción matemática que tiene una aplicación mucho más amplia.

Por ejemplo, imagine que tiene una bolsa llena de bolos agrupados por colores (un estado muy organizado). Los bolos son análogos a las moléculas de gas del recipiente. Ahora imagine que agita la bolsa para simular un movimiento molecular aleatorio. Naturalmente, la disposición ordenada de los bolos se desorganizará progresivamente, hasta que los caramelos se mezclen por completo y ya no haya ningún patrón de color discernible, un estado perfectamente desordenado que representa el equilibrio. Esta mezcla inevitable se produce por una sencilla razón estadística. Hay muchísimas más formas de que los Skittles estén desordenados que configuraciones ordenadas. Por lo tanto, por pura probabilidad, deberíamos esperar que cualquier sistema que evolucione aleatoriamente pase de ordenado a desordenado con el tiempo. Esto es lo que ocurre cuando se mezcla una ensalada y por lo que no se va a deshacer por mucho que se agite. Aunque en este ejemplo la entropía estadística aumenta significativamente al mezclarse los caramelos de colores, probablemente solo haya un pequeño aumento de la entropía térmica, que corresponde a la cantidad de energía que se disipa al chocar los caramelos.

Un ejemplo más extremo de definiciones divergentes de entropía puede demostrarse con una baraja de cartas. Es fácil ver por qué solo hay un pequeño número de configuraciones de cartas que parecen ordenadas en comparación con las disposiciones desordenadas. Barajar una baraja perfectamente ordenada no hará mucho por aumentar la entropía térmica de la baraja, pero aumentará drásticamente la entropía estadística de la configuración de la baraja.

Aunque podemos ver cómo están relacionadas, la entropía térmica y la entropía configuracional son dos conceptos distintos que dan lugar a interpretaciones sutilmente diferentes de la segunda ley de la termodinámica. Por ello, tanto para los no expertos como para los físicos resultaba increíblemente fácil confundir ambas ideas. No pasó mucho tiempo antes de que científicos y filósofos ansiosos trataran de aplicar la versión de Boltzmann de la segunda ley al universo en su conjunto, inaugurando una nueva era de pesimismo cósmico. Ahora, no solo se estaba agotando gradualmente el suministro de energía libre del cosmos, lo que ya era bastante preocupante, sino que la organización cósmica existente seguía una trayectoria evolutiva inmutable hacia una decadencia y desintegración crecientes. Para los humanos, la tendencia estadística hacia una organización cada vez más desordenada significaba la muerte y la perdición inminentes.

La manera de eludir un destino desordenado

Afortunadamente, este sombrío escenario no se corresponde con la realidad. Hace unos 3800 millones de años, surgió la organización biológica en al menos un planeta, y en lugar de volverse más desordenada y carente de rasgos, la superficie de la Tierra se ha vuelto cada vez más ordenada, compleja y funcional. Lo mismo ha ocurrido con el cosmos en su conjunto, se mire por donde se mire. Además del orden estelar, planetario, biológico y ecológico, la vida inteligente ha creado un orden cultural y tecnológico en forma de edificios, máquinas, ciudades, economías y redes de información, todo lo cual parece crecer en número y complejidad sin signos de desaceleración. Evidentemente, estas estructuras en expansión no son solo el resultado de fluctuaciones estadísticas transitorias.

Entonces, ¿cómo se explica esta aparente paradoja? ¿Cómo puede persistir y crecer la organización si es mucho más probable un estado cada vez más desordenado del sistema? La lección que hay que aprender aquí es que la versión estadística de Boltzmann de la segunda ley, que afirma que el desorden configuracional debe aumentar, solo se aplica a los sistemas que están aislados. Para tales sistemas, el estado inerte de puro caos molecular es inevitable, al igual que la ruptura estructural, porque el mantenimiento de la organización representa trabajo físico, y ese trabajo continuo cuesta energía. Pero los sistemas que no están aislados de los flujos de energía externos, denominados *sistemas abiertos*, no tienen que seguir las reglas estadísticas de Boltzmann.

Estos sistemas están abiertos a los flujos de energía procedentes del entorno, que pueden mantenerlos en un estado de baja entropía muy alejado del equilibrio termodinámico. Los físicos llaman a estos sistemas abiertos *sistemas de no-equilibrio*, y si están suficientemente lejos del equilibrio, se describen como *sistemas lejos del equilibrio.* Mientras entren flujos de energía o puedan extraerse de algún modo del entorno, un sistema puede resistir la deriva natural hacia el azar y el deterioro estructural.

Un ejemplo de sistema abierto alejado del equilibrio es el planeta Tierra, porque recibe constantemente energía de la luz producida por el sol. Los sistemas abiertos más interesantes, los más alejados del terriblemente aburrido estado de equilibrio, son los sistemas biológicos que llamamos organismos.

Durante mucho tiempo después de Boltzmann, los físicos pensaron que los organismos vivos eran demasiado complicados para ser descritos termodinámicamente, y esta fue una de las principales razones por las que la aparición de la vida ha seguido siendo un misterio total durante tanto tiempo. Pero los retos difíciles inspiran a los científicos para dar con sus mejores ideas. El físico austriaco-irlandés Erwin Schrödinger, que sentó las bases de la teoría cuántica, fue uno de los primeros en intentar comprender la compleja termodinámica de los sistemas en desequilibrio que componen la biosfera.

Schrödinger resuelve la paradoja de la vida

Lo que Schrödinger observó y sobre lo que escribió en su libro de referencia de 1944 *¿Qué es la vida?* era que, en lugar de derivar hacia el equilibrio termodinámico, que para la vida significa muerte y desorden, los organismos biológicos mantenían su estado de vida consumiendo y metabolizando la energía del entorno. Sin un suministro constante de energía entrante, se produce el equilibrio y la vida perece. Pero al alimentarse de energía de una forma u otra, y metabolizar esa energía, los sistemas ordenados pueden mantenerse organizados sin violar la segunda ley.

Por ejemplo, las plantas se mantienen vivas y evitan la descomposición absorbiendo luz solar de alta energía (baja entropía), que se disipa y devuelve al medio ambiente en forma de luz infrarroja de baja energía (alta entropía). Algunos animales se mantienen vivos comiendo plantas que han almacenado internamente parte de esa energía solar en forma de azúcares y otros compuestos comestibles. Y algunos animales se mantienen con vida comiéndose a los animales que se comen a las plantas. La energía almacenada en los enlaces moleculares de los alimentos proporciona el "combustible químico" que se utiliza para alimentar todas nuestras actividades celulares, así como nuestros pensamientos y acciones. Casi toda la energía libre que se utiliza actualmente para sustentar la vida procedía inicialmente del sol, aunque algunos organismos se alimentan de los minerales de las rocas o de la energía térmica generada por el núcleo y el manto de la Tierra. A medida que los sistemas biológicos consumen energía libre para mantenerse lejos del equilibrio, simultáneamente la disipan, sobre todo en forma de calor, produciendo entropía térmica y exportándola a su entorno.

El crecimiento continuo de la organización y la complejidad biológica y tecnológica no viola la segunda ley de la termodinámica a nivel del universo, porque las reducciones locales de entropía configuracional se pagan con el aumento simultáneo de entropía térmica causado por la conversión constante de energía libre en calor por parte de la vida. En otras palabras, el coste de construir y mantener el orden estructural y funcional a nivel macro es el desorden energético del calor a nivel micro. Mientras se siga aprovechando y dispersando la energía libre, la cantidad total de entropía en el universo aumenta y la segunda ley permanece intacta.

Lo que esto significa es que el universo puede organizarse cada vez más a escala cósmica siempre que la vida pueda encontrar la energía libre que necesita para construir y mantener ese orden. Por suerte para la vida, el universo ofrece un vasto océano de energía explotable a los seres lo suficientemente inteligentes como para saber extraerla. La energía procedente de la energía solar, la fisión nuclear y, pronto, la fusión nuclear sustituirán a los combustibles fósiles, perjudiciales para el medio ambiente, y su suministro será abundante. Además, a partir de la famosa ecuación de Einstein $E = mc^2$, sabemos que cada trocito de materia del universo puede convertirse en energía utilizable, produciendo una cantidad igual a la masa recogida multiplicada por el cuadrado de la velocidad de la luz.

Este hecho hace fácil imaginar el universo cada vez más estructurado y funcional a medida que una civilización hiperinteligente se extiende por el cosmos a velocidades vertiginosas, transformando toda la energía y la materia en su seno en exóticas formas de maquinaria biológica y computacional. ¿Pero cuánto tiempo puede durar esto? Esa es la pregunta existencial del millón. El prolífico escritor de ciencia ficción Isaac Asimov la llamó *La última pregunta* en su relato más aclamado por la crítica sobre el destino de la vida en el universo. La versión real de esta dramática historia —la gran batalla cósmica entre la vida y la entropía, el orden y la decadencia— está reservada para la tercera parte. Como pequeño *spoiler*, diré que creo que Asimov se sorprendería felizmente con el probable resultado, que él no tenía las herramientas conceptuales para comprender en 1956, cuando escribió su visionario relato.

Los conceptos tratados en este capítulo constituyen los cimientos de la nueva narrativa cósmica en la que se basa este libro. Puede llevar algún tiempo comprenderlos a un nivel intuitivo, pero a medida que la narrativa siga desarrollándose, su significado se hará cada vez más claro. Hemos explicado cómo prospera la vida y por qué ni su existencia ni su expansión violan la segunda ley de la termodinámica. La vida biológica reduce la entropía configuracional y el desorden estructural aumentando la entropía térmica y el desorden energético. Pero lo que aún no se ha explicado, y lo que Schrödinger no pudo abordar, es cómo o por qué los sistemas biológicos surgen del caos molecular aleatorio en primer lugar.

Sorprendentemente, nuevas investigaciones sugieren que la vida no solo acata la segunda ley de la termodinámica, sino que surge *gracias a ella*. El siguiente capítulo de nuestro viaje cósmico explica cómo, como resultado de las fuerzas entrópicas, la naturaleza construye la maquinaria biológica. ¿Cuál es entonces la finalidad termodinámica de la biología? Abrir nuevos canales para el flujo de energía planetaria en un esfuerzo por disipar más eficazmente los gradientes y lograr la estabilidad termodinámica.

3

DESENTRAÑAR EL MISTERIO DE LA VIDA

Mientras continuamos nuestro viaje, recordemos rápidamente la nueva narrativa cósmica que se propone, que postula un cosmos autoorganizado.

A medida que el universo evoluciona en el tiempo, tiende a moverse hacia un estado cada vez más ordenado, complejo y funcional. Este proceso de desarrollo cósmico permite la aparición y evolución de la vida, que a su vez permite que el proceso continúe *indefinidamente*, o hasta que se alcance la máxima complejidad y potencia computacional. La misión de este libro es explicar exactamente cómo y por qué debe ocurrir esto por una cuestión de necesidad física y lógica.

Al principio, esta versión de la evolución cósmica parece imposible, o al menos improbable, porque la segunda ley de la termodinámica dice que la cantidad total de entropía en el universo siempre debe aumentar a medida que avanza el tiempo. Pero como aprendimos en el capítulo anterior, la entropía existe en varias formas, de tal manera que el universo puede crecer más ordenado si la energía libre se convierte en calor residual en el proceso. Más concretamente, *la entropía configuracional* ("desorden") puede ser reducida y suprimida localmente por la vida mientras se produzca y exporte continuamente *entropía térmica* a los alrededores.

Ampliación de la teoría termodinámica

Schrödinger fue uno de los primeros en explicar popularmente que eso es lo que hace la vida en la Tierra, revelando que la biología es un fenómeno fundamentalmente termodinámico. Como sistemas abiertos que intercambian energía y materia con su entorno, los organismos vivos pueden eludir la tendencia al desorden y al equilibrio termodinámico —es decir, a la muerte y la descomposición— extrayendo la energía libre que hay a su alrededor. Para las plantas, la fuente de energía es la luz solar. Para los animales, la fuente de energía es el alimento, que puede ser vegetal o animal.

Aunque Schrödinger explicó por qué la vida no viola la segunda ley, no intentó explicar cómo surgió por primera vez, hasta dónde podía extenderse o la probabilidad de que tal suceso ocurriera en otro lugar. A pesar de los avances logrados en la comprensión de la naturaleza termodinámica de los sistemas biológicos en la primera mitad del siglo XX, el origen de la vida seguía siendo un misterio, y la lógica inspirada en Boltzmann perpetuó la suposición de que la abiogénesis era un suceso casual con una probabilidad muy pequeña de ocurrir en cualquier otro lugar.

Esta descripción de la aparición de la vida como algo altamente improbable fue responsable de una serie de conclusiones filosóficas dudosas. Alimentó la creencia de los creacionistas de que la existencia de la vida era una prueba de la intervención divina y llevó a los secularistas a creer que la biología era una especie de rareza cósmica: un pequeño y transitorio resquicio de orden en un universo abrumadoramente hostil y sin vida. Según la visión científica secular estándar, que era la visión reduccionista del mundo, no había ninguna razón para pensar que la vida sobreviviría al sol que la impulsa y, desde luego, ninguna razón para creer que algún día podría adquirir el poder de influir en la evolución a gran escala del cosmos.

Sin embargo, en la década de 1960 saltó a la fama un bioquímico belga pionero con una cosmovisión diferente. Según Ilya Prigogine, no habitamos un mundo cada vez más desorganizado y en descomposición. Por el contrario, nos encontramos en un universo que está lejos del equilibrio termodinámico, con una gran abundancia de fuentes de energía y gradientes que hacen que la energía fluya dentro y fuera de innumerables sistemas abiertos. En respuesta a este flujo entrante, los patrones, la organización y la funcionalidad emergen de forma natural y predecible. La naturaleza no solo es destructiva, sino también inherente y maravillosamente creativa.

Autoorganización espontánea y segunda ley

¿Quiere ver un ejemplo de orden natural y espontáneo? Basta con llenar una bañera de agua y quitar el tapón. De forma instantánea y totalmente fiable, surgirá un vórtice sobre el desagüe. Las moléculas de agua del vórtice no se mueven al azar como las moléculas de gas ideal del recipiente imaginado por Boltzmann. En lugar de comportarse de forma totalmente caótica, se mueven de forma coherente y forman una estructura dinámica ordenada, estable y elegante. Este tipo de estructuras son comunes en la naturaleza, desde los remolinos que se forman sobre los sumideros de los lagos hasta los ciclones de viento creados por huracanes y tornados. Aunque en nuestra experiencia cotidiana estas formaciones son efímeras, no tienen por qué serlo. El remolino que se forma sobre el desagüe de la bañera se mantendrá mientras siga corriendo el agua, y la famosa Gran Mancha Roja de Júpiter es un gigantesco huracán que lleva cientos de años arremolinándose a su alrededor.

Al observar la frecuente aparición y persistencia del orden dinámico en el mundo natural, Prigogine supo que era necesario ampliar radicalmente la teoría termodinámica clásica. Las ecuaciones de la mecánica estadística de Boltzmann solo son exactas para sistemas aislados en equilibrio o próximos a él. En equilibrio, no hay más que movimiento aleatorio y estancamiento general. Pero los sistemas que están lejos del equilibrio —que son la regla y no la excepción aquí en la Tierra— se comportan de manera muy diferente y, por lo tanto, requieren nuevas matemáticas y principios fundamentales. Schrödinger dijo que comprender el comportamiento de la vida revelaría "nuevas leyes de la física", y estas nuevas leyes cambiarían radicalmente la forma en que pensamos sobre la segunda ley de la termodinámica.

La segunda ley es igual de importante en condiciones de equilibrio que en condiciones alejadas del equilibrio, pero, como veremos, sus consecuencias se invierten en estas últimas. En lugar de disolverse, el orden surge y persiste. Esto tiene que ver con la íntima conexión entre la producción de entropía y la formación espontánea de patrones, que Prigogine reconoció de gran importancia. Estructuras como ciclones y vórtices no surgen a pesar de la tendencia del universo a volverse más entrópico; se forman gracias a ella.

Recordemos que la segunda ley es una expresión de la intolerancia de la naturaleza a los gradientes. Esta es la razón por la que el calor fluye espontáneamente de un lugar más caliente a otro más frío hasta que se elimina la diferencia de temperatura, o el gradiente térmico. Cuando existe una diferencia suficientemente grande de temperatura, presión, concentración química o carga entre un sistema y su entorno, se produce un flujo espontáneo hasta que se reduce la diferencia y se alcanza el equilibrio. Este flujo de equilibrio disipa los gradientes de energía, produciendo entropía, es decir, energía que no está disponible para el trabajo.

Ahora es cuando las cosas se ponen interesantes. Como la naturaleza detesta los gradientes, el esfuerzo que se hace para reducirlos es proporcional a la magnitud del gradiente. Cuando los gradientes son lo suficientemente grandes y se dispone de suficiente energía libre, *surge espontáneamente* una estructura cíclica que permite que el gradiente se disipe con mayor eficacia. Dado que el universo "quiere" producir entropía al ritmo más rápido posible, creará sistemas organizados que le ayuden a alcanzar su objetivo termodinámico de forma más eficiente.

Para el observador consciente, estas estructuras emergentes parecen materializarse de la nada, construidas por la "mano invisible" de la naturaleza. Por ejemplo, un huracán. El ciclón de viento se forma cuando la diferencia de temperatura entre un océano cálido y una atmósfera fría es lo suficientemente grande como para desencadenar una emergencia espontánea. Los vientos en espiral que se forman sirven para disipar el gradiente haciendo girar el aire, mezclando las moléculas más calientes y más frías hasta alcanzar un estado equilibrado de equilibrio termodinámico. La estructura giratoria dinámica persiste hasta que se elimina el gradiente y cesa el flujo de energía.

La emergencia espontánea se describe como *autoorganización* porque la estructura emergente surge debido a las leyes de la naturaleza y a las interacciones colectivas de los componentes del sistema, y no por la acción de un agente externo, como un ingeniero humano o una deidad sobrenatural. Cabe señalar que puede ser un poco engañoso llamar "espontáneo" al proceso de formación del orden, ya que siempre está impulsado por un flujo de energía. Por este motivo, la autoorganización solo se produce en sistemas abiertos en condiciones alejadas del equilibrio.

Prigogine denominó *estructuras disipativas* a estos sistemas de autoorganización espontánea para destacar su dependencia de la energía y su función termodinámica, que consiste en minimizar la energía libre y producir entropía. Las estructuras disipativas revelan que la producción de entropía puede ser tanto un motor del orden y la complejidad como del desorden. Este descubrimiento cambia radicalmente nuestra concepción de la segunda ley: es a la vez destructora y creadora de estructuras organizadas en la naturaleza. "El no equilibrio saca el orden del caos", decía Prigogine.

Afortunadamente para Prigogine, las estructuras disipativas son fáciles de crear en un laboratorio controlado. Aplique a un sistema de muchas partículas un flujo constante de energía, como una corriente de calor o eléctrica, y verá cómo se autoorganiza como por arte de magia. A medida que la energía fluye por el sistema, lo aleja del estado de equilibrio desordenado y lo conduce a un "estado estacionario" de organización y funcionamiento dinámicos.

Este efecto se consigue fácilmente calentando agua en un cazo al fuego. A medida que la capa inferior del líquido se calienta, empieza a crecer una diferencia de temperatura entre ella y la capa superficial más fría situada encima. El gradiente de temperatura hace que el calor fluya desde la capa inferior hacia la superior, creando una corriente ascendente. A medida que las moléculas de agua caliente (excitadas) se mueven hacia arriba, algunas tienen energía suficiente para escapar en forma de vapor. La evaporación enfría las moléculas en la superficie, haciendo que vuelvan a hundirse hacia el fondo. Estas corrientes inducidas por el calor crean flujos en patrones a través de caminos de menor resistencia que forman estructuras hexagonales organizadas llamadas *células de convección*, también conocidas como células de Bénard.

Una estructura disipativa más compleja puede conjurarse termodinámicamente creando un gradiente de concentración química que aleje un sistema químico del equilibrio. Esto ocurre en lo que se conoce como la *reacción Belousov-Zhabotinsky*, que Prigogine estudió y modeló matemáticamente. En este ejemplo de emergencia, la mezcla adecuada de sustancias químicas produce una solución de reacción con sorprendentes patrones espaciales y temporales visibles a simple vista. Además, el color de la solución oscila del azul al rojo a intervalos regulares, ¡creando un auténtico reloj químico! Este colorido reloj es un ejemplo asombroso de cómo un desequilibrio termodinámico da lugar a una maquinaria ordenada.

Los atractores crean orden limitando el caos

Las estructuras disipativas tienen formas y tamaños muy diversos, pero todas giran en torno a estados dinámicos estables de orden que los científicos de la complejidad denominan *atractores*. Un atractor es un conjunto de estados o configuraciones hacia los que tiende a evolucionar de forma natural un sistema dinámico, independientemente de sus "condiciones iniciales". Imaginemos una pelota rodando colina abajo hacia un valle. La cuenca del valle es un atractor. No importa en qué parte de la colina haya empezado a rodar la pelota, al final acabará en el fondo. Y como estar en el fondo representa un estado en el que el sistema ha minimizado su energía potencial, una vez que la bola llega allí, normalmente se queda allí.

Por supuesto, una inyección de energía podría sacarla del atractor, pero la salida del atractor no se produce espontáneamente.

Mientras que un estado de equilibrio de caos completo y máximo desorden es un atractor para los sistemas aislados, los sistemas abiertos empujados por un flujo de energía se mueven inevitablemente hacia *atractores de no-equilibrio*, estados estables de orden que consiguen persistir absorbiendo y disipando continuamente energía del entorno. Mientras que un sistema aislado de moléculas interactuantes en equilibrio termodinámico explora su *espacio de configuración —el espacio tridimensional de configuraciones posibles—* de forma esencialmente aleatoria, un sistema abierto impulsado por un flujo constante de energía evolucionará de forma determinista hacia un atractor que representa la región del espacio de configuración que corresponde a una disposición molecular estable.

Dado que un estado estable de persistencia de no-equilibrio requiere el mantenimiento continuo de la energía libre, el atractor hacia el que evoluciona el sistema está configurado para una absorción y disipación óptimas de la energía. En otras palabras, una presión natural para minimizar la energía libre y producir entropía crea espontáneamente una estructura ordenada con una función objetivo. Con la aparición de estructuras disipativas, vemos la aparición de un propósito en la naturaleza, y ese propósito cósmico está asociado con la maximización de la tasa de producción de entropía.

Si el sistema disipativo se aleja aún más del equilibrio debido a un aumento de la tasa de flujo de energía, y si no se resquebraja bajo presión, con el tiempo se cruzará otro umbral crítico y el sistema en evolución entrará en un nuevo atractor, uno que corresponde a una configuración que mejora aún más la absorción y disipación de energía. Esta transición a un estado de orden superior se conoce como transición de fase y, aunque podemos predecir a grandes rasgos cuándo es probable que se produzca, predecir las propiedades de la nueva fase suele ser difícil, si no imposible, ya que el proceso es tan caótico como ordenado. Esto significa que mientras la energía fluya por el cosmos, la naturaleza siempre nos deparará interesantes sorpresas, diseñadas por la delicada danza entre orden y caos que produce la emergencia.

El nacimiento de la termodinámica de no equilibrio

El trabajo experimental y teórico de Prigogine sobre las estructuras disipativas le valdría el Premio Nobel en 1977, pero lo más importante es que daría lugar a campos completamente nuevos de la física y la química, como *la termodinámica del no equilibrio* y la *mecánica estadística del no equilibrio*, estrechamente relacionada con ella (a menudo agrupada como *física del no equilibrio*). Este campo de investigación, en rápido crecimiento, se ha convertido en uno de los pilares de la ciencia de la complejidad y está influyendo notablemente en la biología y en muchos otros campos, gracias en gran medida a los científicos del Instituto de Santa Fe, un centro de investigación teórica creado en 1984, y a sus colaboradores en universidades y grupos de reflexión de todo el mundo.

Aunque las ecuaciones de Prigogine solo describían la aparición y el comportamiento de estructuras disipativas físicas y químicas relativamente básicas —nada tan complicado como la formación o el funcionamiento de una célula—, las implicaciones más generales eran obvias: los organismos vivos, que mantienen su estado de equilibrio lejano y ordenado capturando y degradando energía libre mediante el proceso químico del metabolismo, son estructuras disipativas muy complejas. Si se les corta el suministro de energía, como todas las estructuras disipativas, se romperán y se desintegrarán en el caos a medida que el sistema se relaja hasta alcanzar el equilibrio termodinámico.

Si los organismos vivos son estructuras disipativas, pensó Prigogine, quizá el origen de la vida no sea tan difícil de explicar. La primera forma de vida podría haber surgido en respuesta a unas condiciones alejadas del equilibrio, obligada a existir por una presión natural para disipar un gradiente térmico o químico (o una combinación de ambos). En tal escenario, la abiogénesis se reconceptualiza como un acontecimiento termodinámico que abrió nuevos canales de flujo de energía en la Tierra para facilitar la producción de entropía. Y a medida que estos canales surgieron y se expandieron para aliviar la presión termodinámica, el aumento del flujo de energía estimuló una mayor autoorganización química y biológica, dando lugar finalmente a la red viviente global interconectada que llamamos biosfera. Esta era claramente la hipótesis que Prigogine tenía en mente cuando escribió: "En equilibrio, la materia es ciega; lejos del equilibrio, empieza a 'ver'".[1]

Un nuevo paradigma para entender la vida

La mecánica estadística de no equilibrio proporcionó un paradigma que por fin permitió a los científicos empezar a describir matemáticamente tanto la dinámica como la termodinámica de los complejos remolinos químicos que llamamos organismos. A medida que este nuevo paradigma va ganando popularidad, la vida va perdiendo poco a poco su reputación de fenómeno enormemente improbable. Parece que, en condiciones de desequilibrio como las que se daban en la Tierra primitiva, el estado biológico de "estar vivo" es un atractor cuya aparición es estadísticamente probable, si no inevitable, si se da el tiempo suficiente.

La historia de Prigogine sonaba muy bien, pero no estaba exenta de problemas. A pesar de su convincente visión teórica, no pudo demostrar su modelo de abiogénesis en el laboratorio, como tampoco pudieron hacerlo otros, y no fue por falta de intentos. No solo eso, su teoría de las estructuras disipativas carecía de un mecanismo claro de autoorganización molecular que pudiera describirse mediante una ecuación matemática precisa. Sin embargo, en el nuevo milenio se producirían avances significativos en ambos campos.

El trabajo seminal de Prigogine inspiró a muchos científicos a plantearse el problema del origen de la vida desde una perspectiva termodinámica y estadística, lo que dio lugar a miles de artículos publicados en revistas de primer nivel a lo largo de muchas décadas. Basándose en esta investigación y en trabajos más recientes del químico Gavin Crooks en el Laboratorio Nacional Lawrence Berkeley, un joven físico del Instituto Tecnológico de Massachusetts (MIT), Jeremy England, propuso una teoría prigoginiana denominada *adaptación disipativa*, que captaría la atención de los principales medios de comunicación.

La teoría básica, descrita por primera vez en detalle en un artículo publicado en 2015 en *Nature Nanotechnology*, introdujo un mecanismo formal para la autoorganización molecular impulsada por la energía. Pero la verdadera emoción llegó en 2017, cuando England y sus colegas demostraron el mecanismo con un uso inteligente de la tecnología moderna. Las simulaciones por ordenador les permitieron construir digitalmente redes químicas "de juguete" que podían observarse visualmente a medida que se alejaban del equilibrio.

Lo que vieron England y sus colegas fue asombroso. En respuesta a un flujo simulado de energía térmica o a un gradiente químico inducido, "moléculas" distribuidas al azar empezaron a alinearse gradualmente en disposiciones colectivas ordenadas que se considerarían extremadamente improbables desde la perspectiva termodinámica clásica de Boltzmann. Más concretamente, las unidades químicas interactuantes se autoensamblaron en configuraciones cohesivas que permitieron a la red de partículas absorber y disipar más eficazmente la energía libre que fluía hacia el sistema. En otras palabras, alejar el sistema del equilibrio hizo que no solo surgiera una estructura disipativa rudimentaria, sino que también *evolucionara*.

England describió este proceso como "adaptación" porque las configuraciones hacia las que evolucionó el sistema molecular emergente eran específicamente aquellas que resonaban mejor con la frecuencia de la fuente de energía que estaba realizando la conducción. Se podría decir que esas configuraciones eran más "aptas" para la supervivencia, ya que absorbían mejor la energía libre que mantenía la existencia del sistema. Los resultados eran claros: dadas las condiciones apropiadas de desequilibrio, un sistema de moléculas orientadas al azar evolucionaría de forma fiable hacia una configuración más compleja y adaptada al paisaje energético circundante. De repente, parecía que la teoría de Darwin tenía algo que decir sobre el origen de la vida, pero estaba claro que tendría que ampliarse para incluir la evolución disipativa y otras formas no genéticas de adaptación.

Aunque la abstracta demostración digital de England puede no reflejar perfectamente cómo se autoorganizan las redes químicas reales —las simulaciones son siempre simplificaciones burdas de los complicados sistemas del mundo real—, recientes experimentos físicos llevados a cabo de forma independiente por otros grupos de investigación han demostrado el mismo proceso fundamental, y muchos de estos estudios se publicaron antes que la teoría de England. Por ejemplo, en un experimento de 2013 publicado en la revista en línea *Scientific Reports*, un grupo de investigadores japoneses demostró que el simple hecho de iluminar un grupo de nanopartículas de plata provocaba su autoensamblaje en una estructura colectiva más ordenada, con capacidad para captar y disipar más energía de la fuente de luz.

Siguieron ejemplos más extraordinarios, como el estudio de 2015 publicado en la revista *Physical Review E*, que demostró la adaptación disipativa a nivel macroscópico. Cuando se colocaron perlas conductoras en aceite y se les aplicó un voltaje constante desde un electrodo, las perlas formaron colectivamente una intrincada estructura disipativa con "movimiento de gusano" que persistió mientras la energía fluyó por el sistema. Además, la estructura emergente evitaba las configuraciones que reducían la energía disponible y se movía hacia posiciones que hacían lo contrario, lo que los autores denominaron "comportamiento de búsqueda de energía".

Esto sugiere que la adaptación disipativa podría ser el mecanismo que provocó la aparición de lo que consideramos acción, intención y propósito, una idea que exploraremos en detalle en el capítulo seis, en el que se explica cómo el proceso termodinámico identificado por Inglaterra podría crear información y permitir el procesamiento de la información, o *computación*.

Aunque la adaptación disipativa se produce mucho antes de que un sistema tenga material genético o la capacidad de autorreplicarse y mutar —requisito para la evolución darwiniana a la que estamos acostumbrados—, el sistema químico básico experimenta un tipo de evolución termodinámica que implica variación ciega y selección natural. A medida que el conjunto de moléculas se aleja del equilibrio, su forma colectiva se mueve rápidamente a través de una serie de disposiciones estructurales y funcionales diferentes. De todas estas variantes, solo las configuraciones que permiten al sistema disipativo emergente extraer la energía que necesita para persistir consiguen "quedarse", mientras que todas las demás son pasadas por alto y "olvidadas" por el sistema. Además, como las configuraciones que disipan más energía producen más entropía, tienden a ser más irreversibles debido a la segunda ley de la termodinámica y a la flecha unidireccional del tiempo que dicta.

En pocas palabras, la segunda ley favorece la aparición y persistencia de máquinas de extracción de energía cada vez más complejas y funcionales, y cuando esas máquinas se vuelven lo suficientemente complejas, las llamamos organismos. Un artículo de 2017 del que es coautora la física Susanne Still calcula que las probabilidades de que surja vida en un planeta aumentan significativamente a medida que el sistema se aleja del equilibrio termodinámico[2]. Esto sugiere que para planetas con termodinámica y geoquímica similares a las de la Tierra primitiva, la vida tiene esencialmente garantizada su aparición y evolución. Esto significa que ya no podemos pensar en la vida como un accidente cósmico.

La autoorganización impulsada por la disipación puede parecer magia, pero no requiere ninguna fuerza sobrenatural para producirse. Es de origen termodinámico, de naturaleza darwiniana y matemáticamente descriptible. El poder creador de orden de los flujos de energía puede parecer sacado de una biblia New Age con una historia de origen místico y pseudocientífico, pero eso no cambia el hecho de que realmente es así como funciona la naturaleza.

La autocatálisis colectiva cataliza la creación

Aunque los estudios de simulación de England y los experimentos físicos análogos demuestran de forma tangible cómo un grupo de moléculas puede autoensamblarse en una estructura ordenada con un comportamiento superficialmente parecido al de la vida, la adaptación disipativa solo nos lleva hasta cierto punto. Incluso la célula más simple que podamos imaginar contiene miles de moléculas complejas que participan en una danza química muy elaborada y coordinada. Así pues, la pregunta es: ¿cómo se amplifica un pequeño sistema químico hasta convertirse en una vasta red bioquímica lo bastante complicada como para llevar a cabo el metabolismo y la autorreplicación? Lo que el sistema necesita es una forma de aumentar rápidamente su tamaño y complejidad química, y aquí es donde entra en escena el proceso disipativo conocido como *autocatálisis*.

Podemos pensar en la autocatálisis como un proceso que permite a un sistema químico autorrepararse rápidamente o autoamplificarse en tamaño y complejidad mediante una serie de reacciones enlazadas que establecen un bucle de retroalimentación positiva. Aunque este proceso parece complicado, y lo es, podemos imaginar su versión más simple para ilustrar cómo podría funcionar en teoría. Imaginemos una "sopa química" en un matraz en el que abundan unas pocas moléculas sencillas. A través de interacciones aleatorias, o de algún mecanismo como la adaptación disipativa, la pequeña molécula A reacciona con la pequeña molécula B para formar una molécula mayor, C. Pero resulta que C es especial porque es un *catalizador*: su presencia acelera de forma natural la reacción entre moléculas del tipo A y B, lo que a su vez produce rápidamente más de C. En este escenario, la producción de una sola molécula C, que ocurrirá en algún momento simplemente debido a las fluctuaciones moleculares, desencadena un ciclo rápido y furioso que produce más y más de la molécula compleja a partir de sus precursores simples. Esto es la autocatálisis.

Pero ¿cómo podríamos pasar de una simple red química a algo tan complicado como una célula real? Podríamos imaginar una compleja serie de moléculas que llevan a cabo una *autocatálisis colectiva*, generando así una red cada vez más amplia de ciclos de reacción interrelacionados y autorreforzados. Paul Davies, un influyente físico teórico y autor que recientemente ha dirigido sus esfuerzos al problema del origen de la vida, explica muy bien esta versión reforzada de la autocatálisis en su libro de 2018 *The Demon in the Machine*:

> Existe, pues, un bucle de retroalimentación: grupos de moléculas catalizan su propia producción. A mayor escala, podría haber una vasta red de moléculas orgánicas formando un sistema casi estable de autocatálisis, con muchos bucles de retroalimentación entrelazados, combinándose en una enmarañada red de reacciones que es autosostenible y robusta.

Por "autosostenible", Davies entiende que un sistema autocatalítico puede crear y reparar continuamente todos sus componentes químicos, siempre que su entorno suministre la energía necesaria para impulsar el ciclo. Cuando un sistema puede mantenerse y renovarse a sí mismo, se ha acercado un paso más a estar "vivo". En la literatura filosófica, esta notable propiedad de la vida se conoce como *autopoiesis*, y volveremos sobre este concepto en la segunda parte.

La autocatálisis colectiva no es solo un concepto teórico. Se ha demostrado en el laboratorio utilizando moléculas precursoras sencillas. Los científicos no han sido capaces de fabricar artificialmente algo tan complicado como una célula, pero se acercan cada vez más a ese objetivo. En 2004, un equipo del Instituto de Investigación Scripps de La Jolla (California) creó un conjunto autocatalítico de nueve péptidos a partir de precursores de aminoácidos, lo que nos acerca un paso más a la creación de proteínas, un ingrediente necesario para la vida.

En 2012, científicos de la Universidad Estatal de Portland (Oregón) lograron producir un conjunto autocatalítico basado en ARN capaz de autorreplicarse a partir de fragmentos de ARN no replicantes. Para ser claros, estos conjuntos no son lo suficientemente adaptativos ni autónomos como para merecer la etiqueta de "vivos", pero demuestran cómo los sistemas químicos que utilizan la retroalimentación positiva pueden crecer cada vez más complejos a través de ciclos de autoamplificación. También sugieren que la formación de una célula biológica fue un proceso incremental y no un acontecimiento singular.

Aunque la noción de conjuntos autocatalíticos existe al menos desde finales de la década de 1960, y fue descrita por primera vez por científicos como Manfred Eigen, Prigogine y Stuart Kauffman, la adaptación disipativa facilita mucho la explicación de cómo pueden ponerse en marcha. Sin ese mecanismo, la formación inicial del complejo conjunto autocatalítico que dio lugar a la vida parecería requerir una improbable reunión de las moléculas adecuadas de la forma adecuada. Pero si la autocatálisis colectiva se ve facilitada por la adaptación disipativa, la abiogénesis puede haber sido el resultado inevitable de fuerzas impulsoras persistentes creadas por condiciones muy alejadas del equilibrio. En este caso, el autoensamblaje de la vida es el producto de una ley organizadora y no el producto de un ensamblaje fortuito. Tu antepasado unicelular no fue una casualidad de la naturaleza.

A pesar de las explicaciones mecanicistas sobre cómo puede surgir la vida de forma natural a partir de procesos físicos ciegos, nos queda el problema anterior. Los conjuntos autocatalíticos, por complejos que sean, siguen estando muy lejos de las células, que contienen un laberinto de ácidos nucleicos y proteínas intrincadamente agrupados dentro de una membrana grasa compuesta de lípidos. Y cuando una mezcla química de los elementos básicos que forman la vida —carbono, hidrógeno, oxígeno, nitrógeno, azufre y fósforo— se aleja del equilibrio calentándola o haciéndola pasar por una corriente eléctrica, normalmente no obtenemos ninguna de esas grandes moléculas orgánicas.

Solo se pueden producir aminoácidos o péptidos relativamente sencillos y, aunque en los años 50 los bioquímicos Stanley Miller y Harold Urey demostraron por primera vez que esto era posible, el entusiasmo decayó cuando los científicos se dieron cuenta de que era improbable que métodos tan sencillos produjeran algo mucho más complejo. El abyecto fracaso a la hora de recrear la vida en el laboratorio sugirió que su aparición no podía haber sido el simple resultado de que un estanque caliente recibiera el impacto de un rayo, o incluso de una luz solar fuerte y constante, como proponía la popular teoría de la "sopa primordial".

Así pues, las preguntas que persisten son las siguientes: ¿cuáles fueron las condiciones particulares de lejano equilibrio en la Tierra que crearon una célula real, cómo ocurrió exactamente y por qué es tan difícil reproducirla ahora? Aunque es posible que nunca conozcamos todos los detalles de cómo ocurrió en nuestro planeta, los investigadores del origen de la vida y los científicos de la complejidad han esbozado recientemente una explicación convincente que es coherente con la narrativa termodinámica presentada en este capítulo.

4

LA APARICIÓN DE LA VIDA EN LA TIERRA

En el capítulo anterior, identificamos mecanismos termodinámicos precisos que explican cómo las moléculas inanimadas pueden autoensamblarse de forma natural para formar redes químicas complejas. Sin embargo, estos procesos no parecen llevarnos hasta algo digno de llamarse "vivo", y los intentos de fabricar una célula han resultado finalmente infructuosos. Dado el hercúleo reto que plantea la tarea, no debería sorprendernos demasiado nuestro fracaso.

Para poder autorreplicarse, una necesidad básica de la vida, una célula requiere una variedad de biomoléculas complejas que actúen coordinadamente. Las más importantes de estas moléculas, el ADN y el ARN, almacenan y transmiten información genética. Proporcionan los planos y las instrucciones para construir la célula. Las proteínas son necesarias para construir físicamente la célula de acuerdo con esas instrucciones. También se necesitan proteínas especiales llamadas *enzimas* para catalizar todas las reacciones químicas que necesita una célula para funcionar y metabolizar la energía. Ninguna de estas moléculas se ha creado en el laboratorio a partir de los átomos básicos que las componen, y ha sido difícil imaginar cómo alguna de ellas podría surgir por sí sola de forma espontánea, ya que la creación de ADN o ARN requiere proteínas y la creación de proteínas requiere ADN o ARN.

Así pues, nos encontramos ante un misterio similar al viejo enigma que pregunta: "¿Qué fue primero, el huevo o la gallina?". Por si fuera poco, estas grandes moléculas necesitan estar unidas y protegidas del entorno por una membrana semipermeable compuesta por moléculas de grasa llamadas *lípidos*. Sin embargo, los orígenes de todas estas complejas biomoléculas críticas —ADN, ARN, proteínas y lípidos— resultan mucho menos misteriosos si consideramos el proceso del metabolismo como punto de partida. Aunque es posible que nunca conozcamos los detalles exactos de cómo se produjo la abiogénesis en la Tierra, al menos podemos construir una teoría que explique mejor las pruebas con el menor número de suposiciones.

Flujo de energía, organización y metabolismo

Prigogine no era el único científico de su generación que pensaba en el origen de la vida desde la perspectiva de la termodinámica del no equilibrio. En un libro algo oscuro pero influyente titulado *Energy Flow in Biology*, publicado en 1968, el bioquímico Harold Morowitz, de la Universidad de Yale, escribió una frase memorable y clarividente: "La energía que fluye a través de un sistema actúa para organizar ese sistema." Al igual que Prigogine, Morowitz creía que la característica esencial de la vida era el proceso del metabolismo, ya que es lo que sostiene la estructura y la función del organismo al permitir que la energía libre —extraída de la luz solar o de los alimentos— fluya continuamente a través del sistema, revitalizándolo. Para él, explicar el origen de la vida empieza por explicar el origen del metabolismo.

El metabolismo es posible gracias a un conjunto de reacciones químicas que tienen lugar en el interior de las células, catalizadas por determinadas enzimas. Algunas rutas metabólicas descomponen grandes compuestos orgánicos para generar energía, mientras que otras utilizan la energía para construir compuestos a partir de moléculas más pequeñas, lo que permite a los organismos crecer y repararse. En biología, en el bachillerato, nos enseñan que un bucle de reacciones químicas llamado ciclo de Krebs, también conocido como ciclo del *ácido cítrico* o del *ácido tricarboxílico* (TCA), permite a los seres humanos convertir los alimentos en energía utilizable con un poco de ayuda del oxígeno que respiramos. Pero ¿qué tiene que ver todo esto con el origen de la vida?

El primer organismo vivo, una sola célula, necesitaba alguna forma primitiva de metabolismo para sobrevivir, pero no podía obtener energía de la luz solar, ya que la maquinaria fotosintética es relativamente compleja y presumiblemente también llegó más tarde, a través de la evolución biológica. Además, esta protocélula (una versión simplificada de una célula que todavía es capaz de crecer y replicarse) no podía obtener energía comiéndose a otros organismos, ya que no había ninguno a su alrededor. La forma en que la primera forma de vida obtuvo su energía fue un gran misterio hasta que en 1977 se descubrió una nueva pieza del rompecabezas, cuando se descubrieron ecosistemas llenos de nuevas formas de vida exóticas en las profundidades del océano, en condiciones que antes se consideraban demasiado extremas para albergar biología. A kilómetros bajo la superficie del agua, en el fondo del océano, estos organismos se agrupaban en torno a majestuosas estructuras geológicas conocidas como fuentes hidrotermales.

Estos géiseres, o fuentes termales, son volcanes submarinos que transportan calor desde el interior ardiente de la Tierra por convección. Hay muchas fuentes de este tipo en todo el mundo, situadas en las dorsales oceánicas formadas por la separación de las placas tectónicas. Los organismos más sencillos que viven alrededor de estos respiraderos son una clase de bacterias llamadas *autótrofas reductoras*, que se alimentan de las reservas de energía geotérmica y geoquímica producidas por la mezcla de magma caliente, agua de mar y minerales de roca. Por tanto, no necesitan ni luz solar ni otros organismos para subsistir. Los científicos descubrieron que estos microbios llevaban a cabo su metabolismo ejecutando una versión reducida del conocido ciclo de Krebs, pero a la inversa. *Al hacerlo al revés*, las reacciones químicas impulsadas por un conjunto autocatalítico relativamente sencillo podían construir y reparar la estructura biológica del organismo utilizando únicamente las pequeñas moléculas inorgánicas que proporciona la geoquímica de los respiraderos hidrotermales.

Este ciclo de Krebs a la inversa recibió el nombre de *ciclo TCA reductor*, y pronto los bioquímicos y biólogos moleculares reconocerían su importancia fundamental. En su forma más primitiva, el ciclo reductor del TCA no necesita una célula entera para funcionar. Una red química compuesta por tan solo ocho ácidos carboxílicos, moléculas orgánicas sencillas con unos pocos átomos de carbono, podría accionar el ciclo y sintetizar biomoléculas de complejidad arbitraria únicamente a partir de insumos inorgánicos. De hecho, los científicos demostraron que el ciclo podía producir todos los compuestos orgánicos básicos que componen cualquier organismo vivo conocido —incluidas todas las proteínas, ácidos nucleicos y lípidos— utilizando únicamente dióxido de carbono e hidrógeno.

No pasó mucho tiempo antes de que algunos imaginativos investigadores del origen de la vida —tal vez el más destacado Michael Russell, del Instituto Tecnológico de California— vieran una posible conexión entre la geoquímica de los respiraderos hidrotermales y los ciclos metabólicos que sustentan la vida. El entorno caliente y químicamente diverso proporcionaría no solo los componentes moleculares, como carbono, hidrógeno, oxígeno, nitrógeno y fósforo, necesarios para la abiogénesis, sino también las altas temperaturas y presiones necesarias para organizarlos en una compleja red de reacciones como el conjunto autocatalítico que ejecuta el ciclo reductor del TCA.

Esto no era todo lo que podían proporcionar las fuentes hidrotermales. Además de las moléculas precursoras necesarias y de los flujos de energía necesarios para ensamblarlas, sus estructuras rocosas contenían innumerables poros que podrían funcionar como compartimentos donde podrían formarse conjuntos autocatalíticos y estar protegidos de sustancias químicas perturbadoras y de perturbaciones externas. En otras palabras, la autocatálisis colectiva capaz de construir maquinaria biológica no necesitaría una membrana lipídica para ponerse en marcha. El poro podría servir de *manto de Markov*, una barrera que preserva un sistema ordenado y lo separa de su entorno.

La protocélula tampoco necesitaría proteínas para catalizar sus reacciones, ya que las rocas proporcionaban compuestos minerales y otras moléculas pequeñas que podían actuar como catalizadores, aunque hicieran mal el trabajo en comparación con las enzimas actuales. Con estas posibilidades, no es difícil imaginar cómo, con el tiempo, un conjunto autocatalítico que ejecutara el ciclo de Krebs inverso podría generar todas las proteínas, ácidos nucleicos y grasas necesarios para las estructuras y funciones celulares, como los modos más sofisticados de metabolismo, autorregeneración y, finalmente, autorreplicación.

Décadas después de la publicación de *Energy Flow in Biology*, a principios del siglo XXI, Morowitz se asoció con el físico Eric Smith en el Instituto de Santa Fe para publicar una serie de artículos que esbozaban su versión de esta nueva teoría del origen, basada en la termodinámica del no equilibrio y en el trabajo de docenas de investigadores afines. Según esta nueva narrativa, la vida en la Tierra surgió como un sistema disipativo autoorganizado, impulsado a la existencia por los gradientes térmicos y químicos producidos en los respiraderos hidrotermales o en algún lugar geológicamente similar donde se cruzan roca, agua y calor intenso.

La vida: El gran equilibrio del Universo

En la Tierra primitiva, que experimentaba rápidos cambios estructurales y químicos, el tipo de actividad que vemos ahora en los respiraderos habría estado mucho más extendido. Es de suponer que esto produjo enormes cantidades de energía química potencial que se acumuló en vastos depósitos. Sin formas de vida que se alimentaran de esa energía, los gradientes no aprovechados crearon un desequilibrio energético a escala planetaria que provocó una inestabilidad termodinámica global. Como resultado de esta tensión, surgieron espontáneamente conjuntos químicos autocatalíticos parecidos al metabolismo primitivo para desbloquear y disipar los excesos de energía libre en los lugares donde la tensión era mayor. Como la actividad geológica creaba energía química constantemente, las estructuras metabólicas disipativas persistieron, dándoles la oportunidad de evolucionar y desarrollarse.

Presumiblemente, a medida que aumentaba de forma inevitable la complejidad de las redes de reacción, un conjunto autocatalítico que ejecutaba algo parecido al ciclo TCA reductor sintetizaba los componentes celulares esenciales y los incorporaba gradualmente de nuevo al conjunto que los había engendrado. A medida que avanzaba este proceso, la red química orgánica se hacía cada vez más compleja y un sistema autorrenovable (agente *autopoiético*) se transformaba en un sistema autorreplicante (organismo).

Esta explicación no solo explica el origen de la vida, sino también la formación y el mantenimiento de la biosfera en su conjunto. En palabras de Smith, la red interconectada de organismos vivos que cubre la superficie de la Tierra es un "canal de relajación" para aliviar las tensiones energéticas planetarias, similar en su función a un rayo, otra estructura disipativa[1]. Los rayos se forman espontáneamente cuando la separación de cargas eléctricas entre el suelo y la atmósfera superior es lo suficientemente grande, colapsando el gradiente al crear un canal de flujo. Del mismo modo, la vida proporciona un canal de flujo al abrir todo un nuevo dominio de reacciones químicas —conocidas como química orgánica— que pueden disipar mejor la energía geoquímica acumulada.

Según la visión de Smith y Morowitz, el "colapso hacia la vida" era tan inevitable y natural como el agua que fluye cuesta abajo para encontrar su estado energético más bajo. Y al igual que el agua que fluye esculpe un canal en la ladera que se hace progresivamente más profundo con el tiempo, dando lugar a un mayor flujo, los flujos de energía reforzaron y fortalecieron los canales químicos que llamamos *vías metabólicas*. A medida que estas vías se desarrollaban, proporcionaban una base sólida sobre la que construir la complejidad genética y enzimática. La teoría expuesta por Smith y Morowitz nos obliga a ver la biología bajo una luz totalmente nueva. La vida no es una casualidad molecular. Es un proceso planetario lícito que aporta una solución a un estado abiótico químicamente inestable. En palabras de su colega de la Universidad Estatal de Arizona, Sara

Walker, "la vida no es algo que ocurre en un planeta; es algo que le ocurre a un planeta"[2].

Este paradigma termodinámico que explica la abiogénesis también puede ayudar a explicar la evolución biológica y el desarrollo de los ecosistemas. Dado que los procesos geoquímicos que hacen surgir la vida producen continuamente energía química y que la energía solar golpea constantemente la superficie del planeta desde arriba, la biología no aparece y desaparece como un rayo o un tornado. Al contrario, persiste y se propaga mientras se alimenta del combustible, la energía libre que la mantiene organizada y en funcionamiento. A medida que los flujos de energía impulsan la evolución disipativa y biológica durante largos periodos de tiempo, la vida no puede evitar descubrir formas de aprovechar nuevas fuentes de energía, como la luz solar, el oxígeno, la carne y el fuego[3]. A medida que circula más energía por la red viviente, hay más energía para impulsar la autorreplicación, y los organismos crean más organismos, que a su vez crean más organismos, que se diversifican y enlazan para formar complejas redes alimentarias.

De este modo, los ecosistemas pueden verse como *conjuntos autocatalíticos de alto nivel*, con organismos y especies que llevan a cabo un metabolismo colectivo del mismo modo en bucle en que lo hacen las biomoléculas químicamente vinculadas en las células. Como las redes autocatalíticas de criaturas "renuevan sus componentes" a través de la reproducción biológica con mutación, la vida en la Tierra se regenera, diversifica y complejiza incesantemente a través de un proceso autopoiético, es decir, un proceso de autorenovación. Volveremos sobre esta idea en la segunda parte, cuando hablemos de la evolución de la biosfera, pero conviene señalar ahora que la historia de la vida —y la del propio cosmos— es una historia de *bucles y niveles*.

A partir de esta nueva explicación de la abiogénesis, podemos ver que la transición de la no-vida a la vida no se produce en un instante. Por el contrario, se produce en una serie de pasos, a medida que el metabolismo construye la arquitectura funcional poco a poco, capa sobre capa. En la épica monografía *The Origin and Nature of Life on Earth*, publicada en 2016 por Cambridge University Press, Smith y Morowitz describen este proceso de desarrollo escalonado como una "cascada de transiciones de fase".

La teoría de la transición de fase y el origen de la vida

Una transición de fase se refiere a un cambio holístico repentino en la disposición general de la estructura de un sistema y, a su vez, en su función. La mayoría de la gente está familiarizada con las transiciones de fase básicas, que se enseñan en química en el instituto, como la congelación del agua líquida en hielo a bajas temperaturas. Durante este cambio de fase, las moléculas de H_2O se transforman en una configuración más estable y ordenada, de un líquido a una fase sólida. En la naturaleza se producen transiciones de fase más complicadas cuando un grupo de componentes que interactúan se autoorganizan en una entidad colectiva coordinada y estable. Esto ocurre a distintos niveles de abstracción. Un ejemplo fácil de visualizar es cuando las bandadas de pájaros vuelan al unísono, formando patrones geométricos que cambian de forma y que parecen limitar y guiar a la manada, un fenómeno impresionante de observar. También podemos pensar en la aparición de la civilización humana como una gran transición de fase, en la que el caos conductual colapsó hasta convertirse en orden social. Las transiciones de fase sin equilibrio son fundamentales en la historia de la evolución cósmica, ya que proporcionan el mecanismo a través del cual surgen espontáneamente nuevos niveles de complejidad y organización.

No se entiende del todo cómo un sistema complejo pasa de repente a un estado más organizado, pero solo puede ocurrir cuando los componentes del sistema interactúan colectivamente de tal manera que la actividad de sus partes se vuelve cada vez más coordinada y estadísticamente correlacionada. Esto no significa que cada componente tenga que interactuar con todos sus vecinos, sino que todos deben estar vinculados entre sí de forma que los efectos de las interacciones locales se propaguen por toda la red como una reacción en cadena. Cuando los efectos colectivos de estas interacciones que se refuerzan mutuamente alcanzan un umbral crítico, de forma puramente mecánica pero también bastante mística en apariencia, surgen de repente patrones globales de actividad sincronizada y el sistema adquiere alguna propiedad o función nueva, denominada apropiadamente *propiedad emergente*.

Para añadir más misticismo al fenómeno de la emergencia, es difícil, si no imposible, predecir con precisión cuándo se producirá una transición utilizando las matemáticas conocidas, ya que el proceso de cambio de fase implica ciclos "caóticos" de autoamplificación que sencillamente no pueden calcularse ni modelarse con precisión. Esto se debe al *efecto mariposa*, que se refiere a cómo una acción muy pequeña y aparentemente insignificante, como el aleteo de las alas de una mariposa, podría amplificarse violentamente a través de ciclos caóticos de tal forma que provoque un tornado en la otra punta del mundo. Lo que este efecto significa es que si se intenta modelizar un sistema físico que tiene una dinámica caótica, el error de medición que cabe esperar de cualquier instrumento concebible, por minúsculo que sea, será suficiente para echar por tierra cualquier cálculo preciso de un estado futuro.

Por eso se cree que el comportamiento de la vida, desde las abejas a los seres humanos, es impredecible, no solo en la práctica sino también en la teoría. Ni siquiera el ordenador más potente del mundo puede predecir el comportamiento preciso de la vida. Sin embargo, las transiciones de fase lejos del equilibrio pueden predecirse en un sentido probabilístico utilizando las herramientas matemáticas emergentes de la mecánica estadística de no equilibrio, por lo que los científicos están lejos de estar desesperados en la misión de comprender y predecir la realidad, incluido el comportamiento colectivo de los agentes.

Dado que los bucles de retroalimentación caótica pueden amplificar rápidamente el tamaño de un sistema químico y su complejidad metabólica, una red autocatalítica puede experimentar una serie de transiciones de fase en rápida sucesión si el sistema está siendo impulsado por un gradiente de energía lo suficientemente fuerte. Impulsada por un flujo de energía persistente, la complejidad de una red química disipativa aumenta constantemente, se forjan nuevas características y, finalmente, la autoorganización engendra una célula.

Al igual que Jeremy England, Eric Smith y Harold Morowitz atribuyen la abiogénesis a un proceso de tipo darwiniano que implica una selección natural que actúa sobre la variación termodinámica. Si una transición de fase da lugar a una configuración colectiva que mejora la capacidad del sistema para absorber la energía libre que lo sustenta, esa fase ordenada perdurará en relación con las demás. Dado que las fases que no mejoran la utilización y la disipación de la energía se disuelven con la misma rapidez con la que aparecen, un sistema autocatalítico que experimenta una amplificación seguirá volviendo a la configuración estable anterior hasta que descubra un estado superior (más estable). Y dado que las disposiciones moleculares colectivas que pueden extraer energía accesible tienden a ser más complejas, el progreso hacia estructuras disipativas cada vez más sofisticadas no es improbable; en condiciones alejadas del equilibrio puede ser inevitable.

Preguntas y conclusiones

Esta perspectiva ayuda a explicar por qué, una vez formada la vida, fue capaz de sobrevivir en un entorno duro y en constante cambio. A medida que el primer sistema adaptativo complejo evolucionó a través de sucesivas transiciones irreversibles, se fue haciendo cada vez más robusto, ordenado y compartimentado. El modelo de múltiples transiciones de fase de la emergencia biológica explica con elegancia la vida como una consecuencia esperada de un proceso evolutivo natural y no como el resultado de un milagro divino o estadístico. Con nuestra nueva teoría termodinámica de la vida, podemos responder a algunas preguntas existenciales pendientes: *¿Fue la vida en la Tierra un accidente anómalo?* No, la biología fue el resultado inevitable de la adaptación disipativa, la autocatálisis y las transiciones de fase sin equilibrio. Estos mecanismos organizativos construyeron un canal de flujo bioquímico para resolver un desequilibrio termodinámico derivado de la acumulación de energía libre en un planeta soleado, húmedo y geoquímicamente activo.

La inevitabilidad estadística tanto del organismo como de la biosfera no es resultado de la magia, pero la dinámica de no equilibrio que fuerza la existencia de estos atractores puede parecer ciertamente mágica. Podemos decir con justificación semántica que la autoorganización impulsada por la energía es la magia de la naturaleza y de la ley natural, verdadera magia, y su estética mística surge de la percepción humana de la inevitable complejización a lo largo del tiempo y del otrora impensable destino cósmico que implica tal proceso en caso de resultar fundamental y continuo. Lo único predecible o determinado es el atractor general, no el camino hasta él. Una roca en lo alto de una colina rodará necesariamente ladera abajo, pero el camino preciso que tome es en gran medida impredecible. Una biosfera tenderá a producir una especie cada vez más inteligente, pero la ruta hacia la inteligencia general probablemente siga un camino evolutivo diferente en cada planeta productor de vida.

¿Hay vida en otros planetas? Deberíamos esperar que la vida surgiera fácilmente en planetas con condiciones geoquímicas suficientemente similares a las de la Tierra hace unos 3800 millones de años. La cuestión es:

¿qué se entiende por "suficientemente similares"? Algunos expertos en el origen de la vida, como Russell y Nick Lane, del University College de Londres, sospechan que "la vida surgiría utilizando las mismas vías en cualquier plano rocoso soleado y húmedo"[4]. Para los escépticos, exijamos también que esos planetas tengan aproximadamente el tamaño de la Tierra y estén a una distancia similar de una estrella de tamaño similar. Los astrónomos estiman, de forma conservadora, que existen billones de estas otras "Tierras" en el universo observable, y miles de millones solo en la Vía Láctea. Incluso si la vida solo surge en una pequeña fracción de esos planetas, seguimos hablando de muchos millones de planetas que albergan vida. Y, si queremos estimar cuánto tiempo suele persistir la vida en esos planetas, recordemos que en la Tierra no ha parpadeado ni una sola vez desde que surgió hace casi cuatro mil millones de años, a pesar de las frecuentes catástrofes naturales y de las condiciones químicas en constante cambio. Por estas razones, la mayoría de los científicos de la complejidad y los astrobiólogos son optimistas y creen que pronto detectaremos rastros de vida en algún otro planeta, quizá en las próximas décadas.

¿Cuál es la relación entre la vida y la segunda ley de la termodinámica? La vida surge en condiciones alejadas del equilibrio para facilitar el flujo de energía y la producción de entropía. El coste termodinámico de construir y mantener el orden biológico se paga con la entropía térmica procedente del calor residual que los organismos bombean constantemente al entorno. De este modo, la vida y la segunda ley pueden existir en perfecta armonía. Y no solo coexisten pacíficamente, la relación es íntima. En términos románticos, si la entropía pudiera hablar con la vida, podríamos imaginar que diría: "Te necesito", y la vida respondería: "Tú me completas".

Si la vida era inevitable, ¿cómo es que la célula solo surgió una vez en la historia de la Tierra? Si bien es cierto que la abiogénesis no parece haberse repetido nunca, también lo es que no hemos encontrado un solo lugar en la Tierra donde no haya vida, por muy frío, caliente, profundo o turbulento que sea. La energía libre existe en casi todas partes. Incluso en el interior de los volcanes y a kilómetros bajo la superficie de la Tierra, está garantizado encontrar algunos organismos pastando en ella. Esto sugiere que el colapso a la vida y el posterior desarrollo de la biosfera redujeron gran parte del desequilibrio energético del planeta, eliminando gran parte de la presión termodinámica que forzó la existencia de la vida. Si pudiéramos agitar una varita mágica y hacer que toda la vida desapareciera de repente, no debería sorprendernos ver cómo acaba surgiendo de nuevo, una vez que se ha acumulado suficiente energía química y se ha alcanzado un punto de ruptura. Si Smith y Morowitz tienen razón, la propagación de la vida es como una fractura que se propaga.

¿Por qué ha sido tan difícil crear vida en el laboratorio? La vida es complicada y la geoquímica también. Recrear las condiciones químicas precisas que existían hace miles de millones de años es incuestionablemente difícil, al igual que reproducir las temperaturas y presiones extremas de las fuentes hidrotermales. Incluso si se consigue todo eso, el laboratorio solo permite experimentar con pequeñas muestras de materia. Compárese con la Tierra prebiótica, que tenía kilómetros y kilómetros de zonas altamente concentradas de actividad geotérmica y geoquímica. Aunque la ingeniería de la abiogénesis en el laboratorio puede ser laboriosa y costosa, no hay razón para creer que no pueda o no vaya a hacerse. Muchos investigadores del origen de la vida creen ahora que puede ocurrir pronto, posiblemente en unas décadas. ¿Sería increíble que se descubriera vida extraterrestre al mismo tiempo que los científicos descubren cómo crearla desde cero?

Al desmontar la idea de que la vida es un accidente o algún tipo de casualidad estadística, estas nuevas explicaciones empíricas pueden aportar una nueva sensación de consuelo existencial a los racionalistas. No hace falta ser un optimista cósmico convencido para encontrar satisfacción espiritual en la idea de que la vida es el producto inevitable de un universo en evolución y autoorganizado. Es una expresión natural del código cósmico y no un accidente anómalo.

El mismo conjunto de hechos que consuela a unos puede llevar a otros a una conclusión diferente. A los ojos del pesimista cósmico, el relato termodinámico, tal como se ha contado hasta ahora, describe la vida como nada más que una estructura disipativa glorificada y un medio de producción de entropía, no más especial o significativo que un huracán o un remolino y probablemente igual de transitorio. Cuando las estrellas se apaguen y desaparezcan los gradientes solares que sustentan la vida compleja, desaparecerán también la conciencia y la inteligencia. La conciencia dice "sayonara" y el universo vuelve a dormirse, esta vez para siempre. Pero es un error llegar a esta conclusión. Los organismos vivos son fundamentalmente diferentes de todas las demás estructuras disipativas que surgen en la naturaleza porque tienen voluntad, una propiedad que les da la capacidad de controlar su propio destino.

La acción cambia las reglas del juego

La acción es difícil de definir con precisión, pero la reconocemos cuando la vemos. Mientras que los objetos inanimados solo se mueven cuando son empujados por alguna fuerza externa, los movimientos de los sistemas con voluntad, llamados *agentes*, parecen generados internamente y orientados hacia algún objetivo intrínseco. Aunque algunas estructuras disipativas, como los huracanes y los tornados, tienen trayectorias caóticas e impredecibles que pueden engañar momentáneamente a un niño desprevenido haciéndole creer que están vivas, pronto se hace evidente que sus inquietas andanzas son en realidad aleatorias y sin rumbo.

Las estructuras disipativas típicas son esclavas de las leyes de la física y de las fuerzas entrópicas que las impulsan. Sin embargo, los agentes autónomos pueden "hacer retroceder" a la naturaleza y hacer que sucedan cosas, una capacidad de afectar a la realidad que los filósofos denominan poder causal. Definir este término con precisión ha sido un reto para científicos y filósofos, pero podemos pensar en el poder causal como la capacidad de un agente para iniciar nuevas cadenas de causa y efecto.

Al carecer de poder causal, una estructura disipativa no viva no puede iniciar acciones ni controlar acontecimientos físicos, por lo que es incapaz de perpetuarse buscando nuevas fuentes de energía cuando el suministro se está agotando. Por otro lado, si la energía libre necesaria para mantener un organismo se ha agotado en su entorno inmediato, el organismo la buscará activamente. Sería como un remolino que se levanta y abre el grifo cuando detecta que el suministro de agua está a punto de agotarse, algo que, por supuesto, nunca vemos. En efecto, las estructuras disipativas no vivas están condenadas a una existencia transitoria e insignificante, disolviéndose inevitablemente en cuanto se eliminan los gradientes que las sustentan y se detiene el flujo de energía.

Esto significa que un agente vivo puede elegir su propio camino, moviéndose de una manera que está en perfecta conformidad con la ley física, aunque no totalmente sumisa a ella. Una piedra siempre debe rodar cuesta abajo y nunca hacia arriba debido a la fuerza de la gravedad, pero no puede decirse lo mismo de algo que está vivo. Esto es cierto incluso para organismos simples. Por ejemplo, muchas plantas se mueven lenta pero inquietamente en la dirección del sol, siguiéndolo a través del cielo cada día, una tendencia llamada *heliotropismo*. Del mismo modo, criaturas unicelulares tan básicas como las bacterias nadan hacia las fuentes de alimento y se alejan de los venenos, una capacidad conocida como *quimiotaxis*. Cuando se aprovecha un gradiente de energía, se busca activamente otro. Si estos sistemas tan simples tienen algún tipo de conciencia o experiencia subjetiva es un tema de acalorado debate (y se discute más adelante en el libro). Pero, conscientes o no, estos agentes se mueven con un propósito y una intención inequívocos.

El psicólogo del siglo XIX William James describió vívidamente esta característica única de la vida con una romántica metáfora inspirada en Shakespeare:

> Romeo desea a Julieta como las limaduras desean al imán; y si ningún obstáculo se interpone, se mueve hacia ella por una línea tan recta como ellas. Pero Romeo y Julieta, si se levanta un muro entre ellos, no se quedan idiotamente apretando sus caras contra sus lados opuestos como el imán y las limaduras... Romeo no tarda en encontrar un modo tortuoso, escalando el muro o de otro modo, de tocar directamente los labios de Julieta. Con las limaduras el camino es fijo; que llegue al final depende de los accidentes. Con el amante es el fin el que está fijado, el camino puede modificarse indefinidamente[5].

A la luz de esta clara distinción conductual, una explicación completa del origen de la vida debe responder a la pregunta, cargada de carga filosófica pero válida desde el punto de vista científico: ¿Cómo adquirieron exactamente las moléculas acción, control y propósito? ¿Qué proceso dotó a un sistema físico de objetivos y de la capacidad de perseguirlos? Si la acción surge de mecanismos termodinámicos como la adaptación disipativa y las transiciones de fase, debemos explicar cómo y por qué.

La inadmisible robustez de la biología

Otro misterio que no se explica suficientemente con solo calificar la vida de estructura disipativa es la cuestión de por qué es tan increíblemente robusta y resistente. Las estructuras disipativas ordinarias se materializan y desmaterializan rápidamente, y suelen durar segundos, minutos, horas o días. Por otra parte, la vida no se ha extinguido ni una sola vez desde que surgió hace cuatro mil millones de años, y ahora tenemos razones muy convincentes para creer que no ha hecho más que empezar.

A la mayoría de nosotros nos han enseñado que la vida es frágil, que su existencia siempre está en peligro, pero esto es un error parroquial derivado, irónicamente, de una visión del mundo excesivamente antropocéntrica. Si bien esto puede ser cierto para cualquier organismo o especie, no lo es para ecosistemas enteros o para la biosfera en su conjunto. Debemos recordar que la vida es un fenómeno colectivo. Los individuos van y vienen, pero los patrones de organización viva que mantienen una estructura y función coherentes persisten sin interrupción. La red biológica de la Tierra no solo ha persistido, sino que ha florecido, a pesar de haber sido puesta a prueba por innumerables catástrofes naturales y múltiples periodos de extinción masiva. Tras cada revés catastrófico, la vida no solo se recuperó, sino que alcanzó nuevas cotas, avanzando siempre tanto en diversidad como en complejidad. Exploraremos esta trayectoria con más detalle en los capítulos siete y ocho.

Decir que la vida es resistente es quedarse corto. Una vez que se instala en un planeta, es prácticamente imposible destruirla. Si de repente estallara una guerra nuclear, sería improbable que acabara con todos los animales o incluso con todos los humanos, y mucho menos con toda la vida. Incluso si todos los ciudadanos de todas las naciones se unieran en un esfuerzo kamikaze conjunto para acabar con toda la biología bombardeando el planeta, no tendríamos éxito. La evolución se repetiría. Y si el sol dejara de brillar, los microorganismos que viven bajo la superficie de la Tierra sobrevivirían gracias a la energía térmica y química generada por su interior radiactivo. Algunos científicos creen incluso que la vida persistiría si se volara el planeta en pedazos; las bacterias se convertirían en pasajeros espaciales en diminutas rocas que, con el tiempo, podrían sembrar otros planetas.

Por supuesto, en algún momento de un futuro muy lejano, todas las estrellas y procesos planetarios habrán agotado sus medios de producción de energía. Pero si la trayectoria de progreso que ha sido tan constante y fiable en la Tierra es típica de los planetas que albergan vida (lo que en los próximos capítulos se argumentará que es casi seguro), entonces para ese momento deberíamos esperar que la vida inteligente haya aprendido a utilizar las muchas fuentes alternativas de energía gratuita que ofrece la naturaleza. Es una línea de pensamiento apasionante, pero nos estamos adelantando. La cuestión es que la vida es robusta, tanto que parece absurdo considerarla accidental o anómala en lugar de inevitable y fundamental.

¿Qué explica la asombrosa capacidad de la vida para mantenerse lejos del equilibrio en un entorno en constante cambio y turbulencia? ¿Cómo puede la vida controlar su propio destino y eludir la muerte y el desorden durante eones? ¿Qué hace que la vida inteligente sea tan imparable y, al menos en un planeta, tan transformadora? Aunque pueda parecerlo a un observador ingenuo, la salsa secreta de la vida no es una fuerza incorpórea indescriptible; los ingredientes de la acción son *la información y la computación*.

5

INFORMACIÓN BIOLÓGICA Y COMPUTACIÓN

Pensar en la vida desde la perspectiva de la termodinámica nos ha llevado a una nueva historia de génesis que es totalmente natural, pero no por ello menos mágica. A esta magia natural la llamamos *emergencia*. El primer sistema biológico, una sola célula, comenzó como una estructura disipativa que surgió de las condiciones de desequilibrio de una Tierra geoquímicamente activa. Como ya hemos dicho, esta estructura autoorganizada, como todas las estructuras disipativas, tenía una función específica: facilitar el flujo de energía y la producción de entropía.

La abiogénesis no fue el producto del azar de una colisión molecular altamente anómala, sino el resultado estadísticamente inevitable de sistemas químicos autocatalíticos que evolucionaron hacia formas cada vez más complejas a través de la adaptación disipativa y las transiciones de fase, hasta que finalmente se superó algún umbral crítico de complejidad y surgió una unidad autorreplicante. Según esta narrativa, la vida surge bajo un conjunto apropiado de condiciones de no-equilibrio, lo que sugiere que la biología no es exclusiva de la Tierra. Sin embargo, la vida puede ser exclusiva de planetas con una geoquímica similar a la de la Tierra. Esto explica mucho de lo que antes era inexplicable, pero ¿hemos dado realmente una explicación completa del origen y la naturaleza de la vida en el cosmos? ¿Es un organismo, en su forma más simple, solo un elaborado remolino químico y nada más?

La respuesta es un "no" inequívoco. Puesto que las propiedades que realmente hacen especial a la vida no las muestra ninguna otra estructura disipativa, podemos estar seguros de que aún nos falta una pieza del rompecabezas. La voluntad y la resistencia al deterioro entrópico hacen que la vida sea distinta de todos los demás fenómenos naturales, incluidas las estructuras disipativas. Estos poderes especiales —diferencias que marcan la diferencia en el universo— solo pueden entenderse introduciendo el concepto de información. Por encima de todo, es la capacidad de adquirir, almacenar, procesar y transmitir información lo que separa la vida de lo que no lo es. Recurrir a la información para explicar la capacidad de actuar y la robustez puede ayudarnos a entender no solo cómo surgió la vida, sino también hacia dónde se dirige.

Este enfoque nos ayudará a descubrir la importancia de la vida en el gran esquema de las cosas. Si la importancia objetiva de un fenómeno físico puede medirse por la magnitud de su impacto cósmico, ¿cómo se mide la vida? ¿Es esencialmente intrascendente o es probable que desempeñe un papel causal considerable en la evolución, el desarrollo y el destino final del universo? Para empezar a responder a esta enigmática pregunta, debemos empezar a pensar en la vida como un sistema de procesamiento de información que calcula soluciones a retos de supervivencia; en otras palabras, un sistema computacional. Esta descripción se aplica tanto a nivel individual como colectivo. La biosfera de la que formamos parte es, en realidad, una red global integrada de máquinas de inferencia que procesan información, corrigen errores y resuelven problemas que, colectivamente, mantienen la vida con vida y lejos del equilibrio termodinámico.

¿Qué es la información?

El cambio de enfoque hacia la información puede parecer un alejamiento brusco de la narrativa termodinámica que hemos venido desarrollando, pero es una continuación lógica. La información biológica y la termodinámica están tan entrelazadas que no pueden separarse. La información permite a la vida eludir continuamente el equilibrio mediante la extracción de energía, la replicación, la adaptación y el aprendizaje. Así que, en cierto sentido, la propia información sustenta los canales de flujo de energía que facilitan la producción de entropía térmica a partir del suministro de energía libre del planeta. Además, la información tiene una relación matemática directa con la entropía que une muy bien muchos conceptos distintos pero relacionados en una historia cósmica cohesiva. Está claro que tenemos mucho que explicar, pero empecemos por desentrañar qué se entiende por "información", ya que, al igual que la entropía, es un concepto abstracto que significa cosas distintas para cada persona. Todos estamos intuitivamente familiarizados con el concepto de información porque en esta época estamos completamente rodeados de ella. Internet, la televisión, la música y las revistas nos bombardean constantemente con símbolos y estímulos que no podemos evitar procesar. La información visual y sonora llega a través de canales sensoriales, como los ojos y los oídos, que la transmiten por las vías nerviosas hasta su destino final: la unidad de procesamiento de información que llamamos cerebro.

Pero la información ha estado presente en la biología mucho antes de que los cerebros aparecieran en escena a través de la evolución. En la escuela nos enseñan que cada célula contiene información genética, aunque no hace falta saber qué es el ADN para deducirlo. Por ejemplo, si observamos que los bebés se convierten en adultos y las semillas en plantas, es obvio que el desarrollo de un organismo está guiado por un conjunto de instrucciones incorporadas desde el principio. Además, la similitud estructural y funcional entre descendientes y progenitores implica que la reproducción es un proceso que transmite esta información. Y, por último, el hecho de que los hijos sean siempre un poco diferentes de sus padres y hermanos nos indica que la información genética debe venir en unidades discretas, lo que podríamos llamar "bits", algunos de los cuales deben alterarse (por mutación) durante el proceso de autocopia. Schrödinger lo reconoció y escribió sobre ello con cierto detalle casi una década antes de que se descubriera la molécula de ADN.

Es un hecho histórico interesante que los científicos que descubrieron la estructura química de doble hélice del ADN, Francis Crick y James Watson, revelaran más tarde que fue el libro de Schrödinger *¿Qué es la vida?* el que les dio la idea de lo que debían buscar. ¿Cómo pudo el físico Schrödinger comprender la verdadera naturaleza de la biología antes que los biólogos? Sus ideas surgieron al pensar en la vida desde la perspectiva de la termodinámica y la información, y es a esta nueva perspectiva de la biología a la que nos referiremos ahora y a lo largo del resto del libro.

Explicar la vida en términos informacionales y computacionales parece bastante razonable, pero para ser ciencia y no solo filosofía, debemos ser capaces de cuantificar la información biológica y describirla en el lenguaje objetivo de las matemáticas. Afortunadamente, el creciente campo académico conocido como *teoría de la información* está proporcionando las herramientas para hacerlo.

Información según Shannon

La información se formalizó en un concepto matemático bien definido en 1948, cuando Claude Shannon, un ingeniero que trabajaba en los

Laboratorios Bell, publicó un artículo histórico titulado "Una teoría matemática de la comunicación". Este artículo proporcionaría el marco sobre el que se construiría la teoría de la información. Dado que los Laboratorios Bell, creados por AT&T y portadores de los teléfonos al mundo, estaban principalmente interesados en la comunicación, Shannon quería entender cómo podían enviarse mensajes de un lugar a otro a través de algún canal de comunicación con una precisión óptima. Dado que todos los canales generan de forma natural cierto grado de "ruido" que corrompe parcialmente el mensaje codificado en la señal (recuérdese que la naturaleza es intrínsecamente ruidosa), el receptor del mensaje puede esperar enfrentarse a cierto grado de *incertidumbre* sobre su verdadero contenido.

Sin embargo, Shannon descubrió que era posible reducir la incertidumbre utilizando algunos trucos de "corrección de errores", como el envío de copias duplicadas de un mismo mensaje. Como el ruido suele estar causado por perturbaciones aleatorias, afecta a cada copia de forma diferente, de modo que cuando se reciben y combinan las copias redundantes del mensaje, se recupera gran parte de lo que estaba corrompido y se reduce la incertidumbre sobre el contenido original. Según la teoría de Shannon, la información representa una "reducción de la incertidumbre", y la cantidad de información de una señal corresponde a la cantidad de incertidumbre que se ha reducido al recibir el mensaje. Dicho de otro modo, la incertidumbre es ignorancia y la información es conocimiento.

Para aclarar este concepto con un ejemplo clásico, pensemos en la información que se obtiene al lanzar una moneda y observar el resultado. Antes de lanzar la moneda, no se sabe si saldrá cara o cruz; las probabilidades son del cincuenta por ciento. Cuando sale cara y se observa el resultado, se reducen dos estados probables a uno solo bien definido, con lo que se adquiere exactamente un bit de información.

Ahora, en lugar de una moneda, que solo tiene dos estados posibles, imagine que lanza un dado de seis caras con los ojos cerrados. En este ejemplo, tu incertidumbre es mayor porque el dado podría estar potencialmente en más estados. Cuando abres los ojos y observas cómo ha caído, reduces la incertidumbre y, por tanto, obtienes más información. En concreto, al observar el resultado de la tirada del dado, se adquiere aproximadamente 2,6 bits de información, pero no nos preocuparemos de las matemáticas. Lo importante es que la cantidad de información obtenida es proporcional al número de alternativas posibles, es decir, al número de mensajes que podrían haberse enviado. Por esta razón, recibir el primer símbolo de un mensaje codificado en binario, que puede ser un 1 o un 0, da mucha menos información que el primer símbolo de un mensaje codificado en letras inglesas, ya que hay veintiséis letras en el alfabeto y, por tanto, veintiséis posibilidades distintas.

Aunque acabamos de empezar a describir la información, es posible que un físico familiarizado con la termodinámica estadística ya se haya dado cuenta de que comparte algunas curiosas similitudes con la entropía. Pero ¿significan estas similitudes que ambos conceptos están relacionados? Pues bien, la ecuación matemática de la incertidumbre de Shannon, que mide el grado de ignorancia que se tiene sobre la información de un mensaje, es la misma expresión que se utiliza para calcular la entropía estadística de Boltzmann, una medida del desorden configuracional.

Esta equivalencia formal, señalada por primera vez a Shannon por el polímata estadounidense de origen húngaro John von Neumann, no es una mera coincidencia. Recordemos que, en el capítulo 2, cuanto más entrópico es un sistema —cuanto más aleatorios, mezclados y desordenados están sus componentes—, menos certeza se tiene sobre el estado exacto del sistema (su microestado) simplemente observando o midiendo sus propiedades colectivas (su macroestado). Esto se debe a que, en comparación con un sistema organizado, hay muchas más formas de ordenar los componentes de un sistema desordenado sin que se produzca el cambio correspondiente en ninguna característica global, como su aspecto general, su temperatura o su presión.

La similitud lógica entre el desorden estadístico de Boltzmann y la incertidumbre cuantificada por Shannon llevó a von Neumann a sugerir que su medida de la incertidumbre también debería llamarse entropía, como si el término no fuera suficientemente confuso. Pero esto fue en parte intencionado; von Neumann le dijo a Shannon que como "nadie sabe lo que es la entropía, en un debate siempre tendrás ventaja"[1]. Así que ahora tenemos un tercer tipo de entropía, conocida como *entropía de Shannon* o *entropía de la información*, y es una medida de la ignorancia, o incertidumbre, que se tiene antes de descifrar un mensaje cifrado.

La conexión entre ignorancia y entropía nos lleva a una gran intuición. Si la incertidumbre es matemáticamente equivalente al desorden, y la información es una reducción de la incertidumbre, la adquisición de información debe ir asociada a una *reducción del desorden*. Esto tiene un sentido intuitivo, ya que el conocimiento no flota libremente. La información significativa debe codificarse o instanciarse en alguna estructura física, como un medio ordenado o un sistema organizado. En la siguiente parte del libro veremos por qué esta conexión entre información y entropía es realmente la clave para entender el origen de la vida y su evolución hacia una mayor complejidad.

Al intentar cuantificar la información, nos enfrentamos inevitablemente al problema de que lo que consideramos o no información parece en cierto sentido subjetivo, o al menos relativo. Un mensaje solo es informativo si dice a los destinatarios algo que no sabían ya. Parece sencillo decir que una guía de supervivencia contiene más información que un libro del mismo tamaño con una sola palabra impresa una y otra vez. Si un mensaje está lleno de redundancias, entonces no contiene mucha información. Del mismo modo, si un libro tiene palabras elegidas al azar, el contenido no será más que una "ensalada de palabras" sin sentido. Desde luego, no tanta como la guía de supervivencia, ¿verdad?

Pero ¿y si la guía de supervivencia está en inglés y la coge alguien que solo entiende japonés? Para esa persona, el libro no contiene más información que si fuera un galimatías. ¿Y si la guía de supervivencia contuviera mucha jerga técnica porque fue escrita como un manual para boy scouts entrenados? En ese caso, contendría más información si el lector fuera un boy scout en lugar de un habitante de la ciudad sin formación ni educación en supervivencia. Pero ¿y si el boy scout fuera en realidad el autor del libro? Entonces no sería informativo en absoluto porque no le estaría diciendo nada que no supiera ya de antemano. Como puedes ver, cuando se trata de clasificar y medir la información, las cosas no siempre son tan sencillas.

Sin embargo, Shannon, que era ingeniero, tenía una solución práctica al problema que simplificaría mucho las cosas. Para poder cuantificar la información de forma precisa y objetiva, decidió ignorar por completo el *significado* del mensaje transmitido. Dicho de otro modo, su medida prescindía de la información semántica (significativa) y se centraba exclusivamente en la información sintáctica (simbólica). Así, por ejemplo, si un mensaje codificado se recibía y descodificaba sin errores, no importaba si ese mensaje era una cadena aleatoria de letras o una novela de Shakespeare. Mientras se utilizara el mismo sistema de símbolos y el número y la diversidad de símbolos de la cadena de caracteres fueran los mismos, también lo sería la cantidad de información contenida en la señal.

Aunque Shannon no pensaba en el uso de la información como forma de explicar la biología, los científicos con formación interdisciplinar no tardaron en comprender su relevancia para la vida. Las estructuras y procesos biológicos podían articularse y modelizarse con mayor precisión utilizando un enfoque basado en la información. Hoy es difícil pensar en la biología sin pensar en la información.

Los sistemas vivos son sistemas informativos

John Maynard Smith, uno de los grandes biólogos evolutivos británicos del siglo XX, describió la influencia que la teoría de la información ha tenido en la biología en una entrevista realizada en 1997 por otro famoso biólogo evolutivo británico, Richard Dawkins:

> Durante este siglo, la biología se ha ocupado cada vez más precisamente de la información. La genética se ocupa de cómo se transmite la información entre generaciones. La biología molecular se ocupa de cómo se traduce del ADN a proteínas. La biología del desarrollo se ocupa de cómo se traduce de un conjunto de proteínas a una estructura morfológica. Y la teoría evolutiva trata esencialmente de cómo llegó la información ahí en primer lugar. Creo que casi se puede caracterizar el siglo XX en biología como el siglo en el que se convirtió en la ciencia de la información en los sistemas vivos[2].

Pero la información biológica es categóricamente distinta del tipo de información cuantificada por Shannon. En concreto, no es solo sintáctica, sino también intrínsecamente semántica. Como señalaron hace tiempo Maynard Smith y Dawkins, la información biológica es "significativa" en el sentido de que construye un organismo, un sistema robusto de complejidad estructural y funcional, y le da instrucciones sobre cómo sobrevivir en su entorno. Desde esta perspectiva, la vida es un hardware biológico que ejecuta un software de supervivencia. Se podría decir que el ADN contiene tanto un programa de desarrollo como un *programa* de comportamiento, y los programas requieren códigos que especifiquen e implementen algoritmos. Cuando nace una mosca, un gusano o cualquier otra criatura sencilla, madura automáticamente siguiendo una trayectoria de desarrollo predeterminada y no hay que enseñarle cómo comportarse para perpetuar su propia existencia: sabe instintivamente lo que tiene que hacer. Con nuestra nueva definición termodinámica de la vida, podríamos decir que la información biológica significativa es la que mantiene un sistema organizado fuera del equilibrio, lejos del desorden y la decadencia.

Como toda información significativa, la biológica solo tiene valor en el contexto adecuado. Sin la maquinaria celular y las biomoléculas que leen y aplican el código genético, la información es inútil y a un observador despistado le parecería una cadena aleatoria de símbolos. Y si se coloca a un organismo en un entorno físico totalmente distinto de aquel en el que ha evolucionado, su programa de comportamiento será tan inútil como los bits aleatorios. Para comprender realmente la cantidad de contenido significativo que contienen los genes de un organismo, necesitamos saber cómo se relacionan esos genes con la función y el éxito de un agente en el entorno natural apropiado.

Pero con todos estos factores complicados, ¿cómo podemos cuantificar la información biológica para poder responder a preguntas como: "¿Se acumula información genética significativa como resultado de la evolución?" y "¿aumenta este tipo de información a medida que los sistemas aumentan en complejidad?". Una medida así nos ayudaría a determinar si la vida en un planeta debe inevitablemente volverse más inteligente a medida que la selección natural elimina la variación genética. Si no entendemos la vida en términos de información, no podremos evaluar con precisión su importancia cósmica, es decir, la influencia que puede tener en la evolución futura del universo.

Sin duda, podríamos medir la cantidad de información sintáctica de una cadena de ADN utilizando los métodos de Shannon. Dado que el ADN representa un código formado por moléculas denominadas nucleótidos, de las que solo hay cuatro tipos (representados por las letras A, C, T y G), si hacemos números sabremos que adquirimos dos bits de información por cada nucleótido que descodificamos. Si conocemos el número de nucleótidos del genoma de una especie, que podemos determinar con pruebas genéticas, basta con multiplicar este número por dos para obtener una aproximación decente del número de bits de información sintáctica del ADN de un organismo.

Aunque esto puede ayudar a responder algunas preguntas, como cuánto espacio necesitaríamos en el disco duro de un ordenador para almacenar la información genética de un determinado número de individuos, no parece captar en absoluto la cantidad de información que hemos distinguido como significativa, es decir, la información que marca la diferencia para la supervivencia de un organismo. Según esta medida, una colección aleatoria e inútil de tres mil millones de nucleótidos sin ninguna función de codificación contiene la misma cantidad de información que el genoma humano, que codifica estructuras, funciones y comportamientos biológicos muy intrincados. Lo que el método de Shannon no capta al ignorar el significado es el *conocimiento*, es decir, la información con poder causal.

Afortunadamente, la ciencia de la complejidad ha venido al rescate. Utilizando las herramientas matemáticas que proporcionan la mecánica estadística de no equilibrio y la teoría de la información, los investigadores están desarrollando medidas de información que pueden captar el significado y la relevancia biológica. Por ejemplo, científicos del Instituto Santa Fe, como Artemy Kolchinsky y el distinguido físico David Wolpert, trabajan en medidas de información semántica basadas en un enfoque conocido como *teleosemántica*, que supone que el sistema analizado persigue algún objetivo. En el caso de los sistemas vivos, ese objetivo se basa en mantenerse lejos del equilibrio, lo que se conoce como supervivencia. Wolpert y Kolchinsky definen formalmente la información semántica como "la información sintáctica entre un sistema físico y su entorno que es causalmente necesaria para mantener la existencia del sistema"[3].

Según Wolpert, esta medida de información puede detectar la acción porque puede distinguir entre sistemas vivos e inanimados, como las rocas, así como sistemas inorgánicos disipativos, como huracanes y remolinos. La información semántica de este tipo se denomina a veces *información intencional*, pero puede ser más fácil pensar en ella como información adaptativa, o *conocimiento*, ya que reduce la incertidumbre ambiental, y por tanto la ignorancia, del sistema complejo. El físico teórico italiano y escritor de divulgación Carlo Rovelli ha emprendido la tarea de refinar aún más la medida de Wolpert y Kolchinsky, y muchos físicos e informáticos seguramente seguirán su ejemplo una vez que quede claro que explicar la acción y la intención es al menos parcialmente, si no totalmente, un problema matemático.

Otras medidas de información aplicables a sistemas biológicos o cognitivos, como la información integrada y la información efectiva, han sido desarrolladas o perfeccionadas por científicos de la Universidad de Wisconsin-Madison, como Giulio Tononi, Larissa Albantakis y Erik Hoel (ahora en la Universidad de Tufts), así como por físicos de la Universidad Estatal de Arizona, como Sara Walker y Paul Davies. Ambas herramientas teóricas cuantifican en qué medida un estado concreto de un sistema afecta a su estado futuro. Estas medidas de información y entropía no solo pueden ayudar a detectar la acción, sino que también ayudan a cuantificar la capacidad de inteligencia de un sistema, y quizá incluso su grado de consciencia. Por esta razón, volveremos sobre el concepto de *información integrada* en la segunda y la tercera partes.

Aunque estas medidas se encuentran en una fase incipiente, nos muestran que la cuantificación del conocimiento biológico —información que ayuda a la supervivencia lejos del equilibrio— puede ser algún día una tarea factible. ¿Podrían utilizarse también para determinar si la información y la complejidad asociadas a la vida aumentan constantemente durante la evolución? ¿Podrían aplicarse no solo a los organismos, sino también a otros sistemas adaptativos complejos, como ecosistemas enteros o la biosfera en su conjunto? ¿E Internet? En teoría, esto es muy posible, y la investigación en este campo está ganando popularidad rápidamente, aunque puede que pase algún tiempo antes de que tales aplicaciones lleguen a ser prácticas.

Pero los organismos vivos hacen algo más que almacenar y transmitir información. Los agentes biológicos procesan información continuamente, o realizan *cálculos*, lo que significa que el origen de la vida es en realidad la aparición del primer ordenador de la naturaleza. Los agentes vivos pueden ser drásticamente diferentes de tu portátil y tu smartphone en cuanto a material, diseño y comportamiento, pero también son máquinas de computación.

Los sistemas vivos son sistemas computacionales

Para que cualquier sistema vivo organizado pueda mantener su estado de desequilibrio, debe ser capaz de resolver una serie de problemas computacionales. En primer lugar, tiene que encontrar la manera de extraer continuamente energía de un entorno ruidoso, fluctuante y en gran medida impredecible. Además, debe alcanzar este objetivo evitando amenazas como depredadores o sustancias tóxicas. Si no lo consigue, no vivirá lo suficiente como para hacer copias de sí mismo y perderá la información genética que transporta. No sería inexacto caracterizar a un organismo como un programa de extracción de energía y evitación de amenazas. Si analizamos de cerca lo que se necesita para llevar a cabo estas tareas críticas, empezaremos a hacernos una idea de cómo está implicada la computación, así que veámoslo un poco más de cerca.

Para evitar las tres D —defunción, decadencia y desorden—, un agente debe recopilar y analizar constantemente información sobre su entorno y, basándose en ella, determinar una respuesta adecuada. A medida que los datos del entorno llegan a través de los órganos de los sentidos, la información sensorial se convierte continuamente en un resultado conductual, como una acción o, en algunos casos, una inacción. Esto ocurre del mismo modo que tu portátil produce una respuesta preprogramada, como lanzar una aplicación o mostrar texto o imágenes, cada vez que tecleas el comando correcto o utilizas el panel táctil. Para que la entrada desencadene el comportamiento de salida correcto, el sistema vivo debe contener un programa almacenado que implemente los algoritmos adecuados. La computación biológica se denomina cognición, y la capacidad cognitiva es generalmente a lo que nos referimos cuando hablamos de inteligencia. La cognición suele asociarse al cerebro, pero los genomas también codifican programas de comportamiento que generan una actividad dirigida a un objetivo.

Aclaremos aún más la naturaleza computacional de la cognición con algunos ejemplos concretos. Como sistemas complejos que deben mantenerse lejos del equilibrio, los humanos debemos superar constantemente los retos asociados a la búsqueda de alimentos, nuestra fuente de energía química. Todo sucede de forma tan fluida que es fácil olvidar que en cada momento se producen complicados procesos computacionales. Conducir hasta el supermercado no es un ejemplo muy emocionante, así que imaginemos al hombre primitivo persiguiendo a un conejo por el bosque. Su cerebro recibe información sensorial, el flujo de imágenes visuales del conejo y el bosque y los sonidos del movimiento, y calcula la acción de respuesta adecuada. Lo hace sin vacilar ni reflexionar, porque sabe instintivamente cómo reaccionar. Siguiendo un algoritmo —un conjunto de reglas de decisión que el sistema cognitivo ha heredado o adquirido a través de la experiencia, en este caso para ayudar a satisfacer sus demandas energéticas— es capaz de anticipar o predecir aproximadamente las acciones del agente que le sirve de alimento.

En este ejemplo, el trabajo de cálculo lo realiza la compleja red de neuronas del cerebro. Pero el comportamiento de búsqueda de energía está presente en todas las formas de vida, incluso en las que carecen de sistema nervioso central. Ya hemos mencionado que muchas plantas tienden a moverse hacia la luz, lo que se conoce como heliotropismo, y algunas especies incluso liberan toxinas cuando detectan un insecto o parásito dañino. Estos comportamientos de salida funcionan esencialmente como un reflejo, y un reflejo refleja un algoritmo, un algoritmo que se pone en práctica cuando es activado por una entrada.

Un organismo aún más simple que computa es la bacteria *Vibrio cholerae*, que nada hacia el alimento químico y se aleja de las sustancias tóxicas mediante quimiotaxis. El agente unicelular tiene un cuerpo y una pequeña cola llamada flagelo que actúa como motor, y eso es todo. Cuando detecta combustible químico a su alrededor, frena su motor y se alimenta. Cuando no detecta alimento, la cola se mueve y el motor desplaza al organismo en direcciones aleatorias hasta que vuelve a detectar alimento. En estos ejemplos, los organismos sin cerebro son en sí mismos sistemas cognitivos que calculan soluciones al problema de mantenerse lejos del equilibrio, utilizando la lógica incorporada a la vida. La capacidad de tomar decisiones diferentes en función de las distintas condiciones es una forma muy primitiva de *control* y un requisito básico para la acción.

Un sistema que puede ejercer control se conoce como *sistema cibernético*. El campo de la cibernética es el estudio de estos sistemas, a menudo descritos como teleológicos por su comportamiento dirigido a un objetivo. El término *teleología*, o propósito en la naturaleza, se remonta a Aristóteles. Antes se pensaba que la teleología estaba impulsada por una fuerza sobrenatural o consciente que guiaba un sistema hacia un objetivo superior, pero la cibernética demostró que el movimiento dirigido por un objetivo podía explicarse en términos mecanicistas. Un objetivo representa un atractor en un "paisaje de aptitud" hacia el que un sistema tiende a evolucionar, y el movimiento teleológico es el resultado de las capacidades de procesamiento de información de los sistemas biológicos. Sin embargo, debido a sus primeras asociaciones místicas, los científicos de hoy se sienten más cómodos hablando de acción que de teleología, aunque los conceptos son esencialmente uno y lo mismo.

Una definición clara de la cibernética se encuentra en el título del libro de 1948 del matemático del MIT Norbert Wiener *Cybernetics: Or Control and Communication in the Animal and the Machine*. Se hacía hincapié en mecanismos reguladores como la retroalimentación positiva y negativa. Con la retroalimentación se obtienen bucles causales, de forma que los resultados de las acciones se convierten en información para las acciones posteriores. Utilizando bucles de retroalimentación, los sistemas cibernéticos pueden amplificar rápidamente procesos como los que subyacen al autocontrol y la autorrenovación. Al mismo tiempo que Shannon formulaba su teoría de la información, Wiener y sus colegas europeos, entre ellos Ludwig von Bertalanffy y W. Ross Ashby, desarrollaban los conceptos científicos de la cibernética. Volveremos sobre el tema de la cibernética en la segunda parte.

Aunque el proceso de control de una bacteria parece sencillo, solo es posible porque el organismo tiene incorporado en su estructura algún *modelo interno* de su entorno, aunque en este caso se trate de un esbozo extremadamente aproximado. Este modelo interno puede considerarse un mapa abstracto del mundo que contiene representaciones de las regularidades ambientales relevantes. Para los agentes con cerebro, este modelo interno se denomina *modelo mental.* Pero incluso organismos como las bacterias, que carecen de los intrincados sistemas de memoria del cerebro, nacen con una memoria genética que les permite "saber" qué evitar y qué comer o absorber. En general, el modelo del mundo de un organismo es lo que le permite mantenerse alejado del equilibrio, y en el próximo capítulo aprenderemos cómo surge este modelo.

En este capítulo, hemos desmitificado gran parte de lo que parecía misterioso sobre el concepto de acción biológica al definir la vida en términos computacionales. El comportamiento dirigido a un objetivo es el resultado de la información semántica o conocimiento biológico codificado en genes y cerebros. Estas respuestas plantean nuevas preguntas. Para dar una explicación completa del origen de la vida, debemos explicar cómo un sistema químico disipativo evoluciona hasta convertirse en un sistema adaptativo. ¿Cómo surgieron la información biológica, la computación y la capacidad de predicción a través de los procesos termodinámicos que hemos identificado como los mecanismos subyacentes a la abiogénesis? Y una vez que surgieron las máquinas termodinámicas de almacenamiento de información, ¿cómo y por qué evolucionó esa maquinaria computacional hasta convertirse en todas las diferentes especies que vemos hoy en día, incluida la que cuenta con miembros lo bastante inteligentes como para preguntarse cómo y por qué existen?

En la segunda parte, no solo explicaremos por qué sucedieron tales acontecimientos, sino también por qué *tenían que acabar sucediendo* dadas las condiciones que se daban. La aparición de la cognición, e incluso de la inteligencia, era tan inevitable como la aparición de la vida. Aunque esta afirmación pueda sonar mística a primera vista, el escéptico debe tener la seguridad de que la explicación subyacente es totalmente mecánica. El destino de la vida está determinado por la aparición de atractores de no-equilibrio que continuamente crean complejidad al limitar el caos. Aunque esta explicación no requiere la introducción de nuevas leyes fundamentales de la física, sí requiere nuevos principios, nuevas formulaciones matemáticas y un cambio de paradigma en la forma en que pensamos sobre el proceso de evolución y lo que consideramos un proceso evolutivo.

El genetista y biólogo evolutivo del siglo XX Theodosius Dobzhansky, que ayudó a modernizar la teoría de Darwin matematizándola y uniéndola a la genética, dijo célebremente: "Nada en biología tiene sentido si no es a la luz de la evolución." Si bien esto es cierto, ya que la diversidad y la complejidad biológicas difícilmente pueden entenderse sin el concepto de selección natural, es igualmente cierto que nada en biología o evolución tiene sentido si no es a la luz de la termodinámica y la información. Si, como se ha argumentado en este capítulo, el conocimiento biológico es la solución de la vida al amenazador problema de la decadencia entrópica, esto sugeriría que la evolución es un proceso de creación de conocimiento. Esta sencilla idea nos conducirá a una teoría unificadora de la evolución cósmica que explique con elegancia el origen, el desarrollo y el futuro último de la vida.

SEGUNDA PARTE

EVOLUCIÓN

A medida que la selección extrae y poda cuidadosamente la variación biológica la naturaleza aplica su filtro a los frutos de la mutación genética.
Mediante la eliminación brutal y rápida de los errores en la adaptación la vida aprende de la muerte lo que no hay que hacer, y eso es creación de conocimiento

6

SELECCIÓN NATURAL Y CREACIÓN DE CONOCIMIENTO

La revolución digital en curso no es más que la última de una larga serie de revoluciones del procesamiento de la información que se remontan al desarrollo del lenguaje, la evolución del sexo y la creación de la vida, hasta el principio del propio universo. Cada revolución ha sentado las bases de la siguiente, y todas las revoluciones del procesamiento de la información desde el Big Bang se derivan de la capacidad intrínseca de procesamiento de la información del universo. El universo computacional genera necesariamente complejidad. La vida, el sexo, el cerebro y la civilización humana no surgieron por mero accidente.

Seth Lloyd, *Programming the Universe*

Bienvenidos a la segunda parte de *El romance de la realidad*. La principal lección aprendida hasta ahora es que las leyes de la naturaleza no solo permiten la vida, en aquellos lugares donde las condiciones químicas están maduras, también *necesitan* vida. Aún nos queda mucho por aprender, pero los conceptos que se han establecido nos permitirán comprender cómo y por qué el universo está literalmente cobrando vida a través de un proceso continuo de evolución cósmica.

Al redefinir la vida en términos termodinámicos —los organismos son sistemas abiertos, alejados del equilibrio y que reciclan energía, denominados estructuras disipativas— hemos explicado en gran medida por qué la forma y la función biológicas surgieron fácilmente de la geoquímica de la Tierra primitiva. Aunque perspicaz, este enfoque no ha servido para explicar en gran medida la voluntad, es decir, el comportamiento intencionado que impulsa a los organismos hacia objetivos de supervivencia.

Como se ha explicado en el capítulo anterior, los filósofos llaman "teleología" a este comportamiento intencionado, pero a efectos prácticos, teleología y acción son el mismo concepto. Si podemos explicar el origen de la acción, podremos entender cómo y por qué surge la finalidad. Es decir, podemos *naturalizar* la teleología. En el capítulo anterior aprendimos que la voluntad es posible gracias al procesamiento de la información, no a un tenebroso espíritu sobrenatural que anima al organismo, como la "entelequia" de Aristóteles o el "élan vital" de Henri Bergson. Pero esto nos dice poco sobre cómo se originó la acción o cómo se convirtió en algo tan rico como la voluntad humana. ¿Podrían los mecanismos subyacentes a la aparición de la teleología en la vida simple arrojar algo de luz sobre el misterio del libre albedrío?

Características de la Acción

Ya que nos movemos en aguas filosóficas turbias, seamos muy claros sobre lo que entendemos por "acción", y podemos hacerlo reiterando la distinción de *comportamiento* que separa los sistemas físicos inanimados de los animados. Como ya sabemos, las cosas inanimadas, como las rocas, siempre se moverán cuesta abajo debido a la fuerza de la gravedad, a menos que alguna fuerza externa actúe sobre el sistema para oponerse a ese movimiento, como una ráfaga de viento. Un estudiante de física de secundaria puede calcular fácilmente la trayectoria de un objeto de este tipo utilizando las leyes del movimiento de Newton, siempre que disponga de toda la información sobre las distintas fuerzas que actúan sobre el sistema. Un organismo, en cambio, se mueve siguiendo una trayectoria que no puede predecirse con las ecuaciones de Newton. Los seres vivos pueden subir una colina o nadar río arriba, *contra* la fuerza de la gravedad, de una manera bastante mágica. La vida no viola en absoluto las leyes de la física, pero tampoco es esclava de ellas. El poder causal que vemos en el mundo biológico ha desconcertado durante mucho tiempo a científicos y filósofos que no pueden cuadrar el comportamiento intencional de los agentes con el "universo bola de billar" determinista que imaginó Pierre-Simon Laplace, matemático, astrónomo y físico francés del siglo XVIII. Laplace sostenía que si todo en el cosmos (incluida la vida) está hecho de átomos que siguen las leyes del movimiento de Newton, entonces los organismos no son más libres para elegir su trayectoria futura que las bolas de billar para elegir su camino a lo largo de una mesa de billar. Este libro pretende demostrar que Laplace está equivocado.

Aunque es evidente que aún no hemos explicado completamente el origen y la naturaleza de la vida, no cabe duda de que nos estamos acercando a ese objetivo. Ahora nuestra pregunta no solo es más concreta y específica, sino que también está expresada en un lenguaje más apto para los métodos cuantitativos de la ciencia moderna. "¿Cómo surgió la vida?" se ha convertido en "¿cómo surgieron la información biológica y la computación?". En otras palabras, ¿qué proceso transformó una estructura disipativa en un sistema autónomo capaz de actuar sobre el mundo y modelar su entorno? Un agente adaptativo del tipo más simple, como una bacteria, puede no ser consciente de los objetivos que persigue instintivamente. Pero no nos equivoquemos, un proceso computacional o cognitivo está generando un comportamiento de búsqueda de energía que tiene un propósito y, en un sentido muy rudimentario, es inteligente.

Solemos asociar estas capacidades a cerebros y mentes, pero sabemos que este comportamiento surgió incluso antes de que la vida se volviera pluricelular. ¿Podría el origen de la acción ser la clave para entender la aparición del libre albedrío y la conciencia, dos de los grandes misterios científicos de nuestro tiempo? Si queremos resolver estos viejos enigmas existenciales, debemos empezar a pensar en ellos desde la perspectiva computacional de la era moderna. Cuando nos preguntamos cómo la materia inanimada se convierte en animada, ahora entendemos que lo que realmente estamos preguntando es cómo un sistema químico comienza a procesar, almacenar e integrar información. A pesar del progreso que representa, esta cuestión tiene a los científicos tan perplejos que los creacionistas astutos suelen citar el problema como una prueba clara de la intervención sobrenatural.

Pero, tranquilos, no necesitamos mirar más allá de la ciencia para explicar el misterio. Los conceptos de la ciencia de la complejidad que se han introducido —derivados de la termodinámica de no equilibrio, la mecánica estadística y la teoría de la información— nos dotan de todas las herramientas explicativas que necesitaremos para tener éxito en nuestra misión. Y al explicar los misteriosos orígenes de la información y la computación, también empezaremos a abordar una cuestión más amplia que realmente es la madre de todas las preguntas existenciales: ¿Qué importancia tiene la vida en el gran esquema de las cosas?

¿Es probable que influya en el desarrollo a gran escala del cosmos? Según la interpretación estadística de Boltzmann de la segunda ley de la termodinámica, todas las formas de complejidad organizada —la vida no es una excepción— están destinadas a decaer a medida que el universo se acerca gradualmente al equilibrio. Sin duda, cualquier ser humano con pulso querría saberlo: ¿Es inevitable el pesimismo universal o puede la vida intervenir y forjar una trayectoria cósmica más esperanzadora?

La necesidad de conocimiento

Para tener el poder causal necesario para intentar siquiera una hazaña tan colosal, un sistema sensible —un sistema capaz de sentir y percibir el mundo— debe poseer *conocimientos* suficientes sobre el funcionamiento del universo.

Solo a través del conocimiento, y en particular del conocimiento de la naturaleza y de la ley natural, puede la vida superar la vasta montaña de desafíos asociados a la consecución del dominio cósmico. Generalmente adquirimos este tipo de conocimiento a través de un procedimiento sistemático que implica formular y probar hipótesis, y llamamos a este método de aprendizaje, lo han adivinado, *ciencia*. Nadie sabe con certeza hasta dónde puede llevar la ciencia a la vida en la batalla cósmica contra el desorden, pero algunas de nuestras mentes científicas más respetadas, tanto del pasado como del presente, creen que su potencial podría ser prácticamente ilimitado.

Por ejemplo, el físico Eugene Wigner, ganador del Premio Nobel en 1963, publicó un ensayo clásico titulado "La irrazonable eficacia de las Matemáticas en las Ciencias Naturales", en el que reflexiona sobre el poder aparentemente milagroso, si no divino, que la física ha otorgado al hombre. En el famoso ensayo, Wigner señala que "la enorme utilidad de las matemáticas en las ciencias naturales es algo que raya en lo misterioso y no tiene explicación racional". Sesenta años después, otro físico cuántico visionario, David Deutsch, de la Universidad de Oxford, hablaba de forma similar del alcance infinito del conocimiento científico y del curioso potencial cósmico que crea para la vida inteligente[1].

Deutsch es el padre de la computación cuántica, una tecnología que se espera transforme el mundo en las próximas décadas. También se le considera el principal defensor de la interpretación de los muchos mundos de la mecánica cuántica. En los últimos años, este concepto ha sido cada vez más aceptado por la corriente principal de la física, atrayendo a divulgadores científicos de alto nivel como Max Tegmark y Sean Carroll. En una breve pero conmovedora charla TED de 2019 titulada provocativamente "Después de miles de millones de años de monotonía, el universo está despertando", Deutsch termina su discurso refrescantemente optimista con algunas palabras inspiradoras: "Si se puede hablar de una guerra cósmica, no es la que se retrata en esas historias pesimistas [refiriéndose a doctrinas religiosas]; es una guerra entre monotonía y novedad, entre inmovilismo y creatividad. Y en esta guerra, nuestro bando no está destinado a perder. Si optamos por aplicar nuestra capacidad única de crear conocimiento explicativo, *podríamos ganar*." El influyente filósofo y científico cognitivo estadounidense Daniel Dennett, escéptico hasta la médula, compartió esta charla en las redes sociales con un pie de foto que decía: "David Deutsch no tiene razón en todo, pero tiene razón en esto."[2]

Otros genios excéntricos han expresado sentimientos similares con frecuencia, como el futurista Ray Kurzweil, de Google, que cree que el ritmo acelerado del progreso tecnológico, tan obvio a partir de principios como la Ley de Moore,* refleja el potencial ilimitado y la franca inevitabilidad del progreso científico. Este tipo de tendencias fiables han inspirado a un número creciente de científicos a afirmar que la evolución futura del universo no puede predecirse con exactitud sin tener en cuenta el futuro de la vida inteligente. Entre los primeros de estos inconformistas se encontraba el difunto gran físico teórico Freeman Dyson, que no se anduvo con rodeos cuando, en la década de 1980, escribió: "Es concebible que la vida pueda tener un papel más importante del que aún hemos imaginado. La vida puede conseguir, contra todo pronóstico, moldear el universo según su propio propósito."[3]

Pero el conocimiento no es solo algo que la vida necesita para alcanzar el elevado objetivo de controlar el cosmos. Como hemos aprendido, la tendencia universal al desorden supone una amenaza constante para la vida desde el mismo momento en que surge en un planeta. Para mantenerse organizada sin violar la segunda ley, la vida debe ser capaz de extraer continuamente la energía libre necesaria para permanecer lejos del equilibrio termodinámico. Al convertir la energía libre en calor residual, o entropía térmica, la vida aprovecha una laguna de la segunda ley de Boltzmann que puede permitirle mantener el orden cósmico local durante un tiempo indefinido. Sin embargo, dado que todos los entornos naturales fluctúan y cambian constantemente de forma impredecible, la vida no puede mantener el orden cósmico local durante un tiempo indefinido.

---

* Según Kevin Kelly en su libro de 2010 *What Technology Wants*, "en resumen, la Ley de Moore predice que los chips informáticos se reducirán a la mitad en tamaño y coste cada 18 o 24 meses. Durante los últimos 50 años ha sido asombrosamente correcta".

Una teoría unificadora de la realidad

En esta parte del libro, responderemos a esa pregunta, y empezaremos a abordar la cuestión más amplia del significado cósmico de la vida, proponiendo una teoría de la creación del conocimiento que integra la termodinámica, la teoría de la información y la teoría evolutiva en un único marco conceptual. El resultado de esta integración será nada menos que una teoría unificadora de la realidad que explique la complejidad, la cognición, la conciencia y la evolución cósmica. Afirmaciones de esta envergadura deberían provocar de inmediato el escepticismo del lector, que es el efecto psicológico que se pretende. En este punto de la historia, tenemos que pensar de forma crítica, y tenemos que pensar en la importancia de pensar de forma crítica. Hay muchos científicos por ahí que afirman tener algún tipo de "teoría del todo". ¿Qué hace que la idea de este libro sea diferente, y no solo diferente, sino superior a los ojos de un escéptico racional?

La teoría ideal del todo no solo debería explicar el comportamiento de las partículas y fuerzas fundamentales, sino también todos los fenómenos naturales, incluidos los emergentes, como la vida, la mente, la cultura, la ciencia y la tecnología. Si la teoría unificadora es correcta, deberíamos ver *consiliencia*, o pruebas convergentes de campos independientes de la ciencia. El biólogo E.O. Wilson describió la consiliencia como una "unidad de conocimiento", y es esta unidad lo que buscamos. Hablando de conocimiento, es igualmente importante que la teoría se base en una *epistemología* sólida.

La epistemología, el estudio del conocimiento, es una rama de la filosofía criminalmente infravalorada. El epistemólogo no solo se pregunta qué es el conocimiento, sino también cómo se adquiere y cómo se puede determinar su validez. De la forma más sana, la epistemología nos obliga a cuestionar nuestra interpretación de la realidad. ¿Estamos lógicamente justificados para creer las cosas que creemos? A menudo, no lo estamos y nunca llegamos a darnos cuenta de ello, sencillamente porque no nos molestamos en plantearnos la pregunta.

En virtud de satisfacer las preocupaciones de la epistemología, una *teoría unificadora de la realidad* —una teoría de todo que incluya lo biológico, lo psicológico, lo sociológico y lo tecnológico— asume inmediatamente una posición de privilegio en el espacio de las posibles explicaciones científicas. ¿Por qué? Porque se basa exactamente en los mismos principios que *definen* la buena ciencia. Exploremos más a fondo el tema de la epistemología, ya que explicará esta afirmación y nos conducirá directamente a la teoría unificadora que buscamos.

El problema de la epistemología

¿Cómo adquirimos conocimientos sobre la realidad? Inicialmente, la pregunta parece sencilla, pero lleva implícita otra pregunta. ¿Qué es realmente el conocimiento? Parecería que una creencia sobre el mundo, sobre cómo es o cómo funciona, solo cuenta como conocimiento si es, al menos en algún sentido aproximado, correcta o exacta. Por definición, las creencias que se demuestre que son falsas no serían conocimiento. Pero ¿cómo podemos saber con certeza si una creencia que tenemos es verdadera o no? ¿No suponemos la mayoría de nosotros que tenemos razón o que está justificado creer las cosas que creemos? En otras palabras, ¿cómo sabemos que lo que sabemos es conocimiento? ¿O simplemente no hay forma de saberlo?

Este difuso problema filosófico es tan fundamental que puede parecer trivial, aunque es cualquier cosa menos eso. Basta pensar en lo que la inmensa mayoría de los seres humanos ha considerado la fuente última de conocimiento durante la mayor parte de la historia. Hasta hace muy poco, casi todo el mundo recurría a libros religiosos para explicar el mundo que les rodeaba, en un esfuerzo colectivo por dar sentido a una realidad complicada, confusa y en gran medida impredecible. Los datos sugieren que la mayoría de nosotros sigue haciéndolo. El problema crucial de la religión organizada es que hay tantos libros sagrados diferentes como culturas, todos con respuestas diferentes a las mismas preguntas espirituales, explicaciones diferentes de los mismos fenómenos, interpretaciones diferentes de los mismos acontecimientos, lecciones diferentes, enseñanzas diferentes... ya nos hacemos una idea. Como lógicamente no todo puede ser verdad, o al menos no en un sentido preciso, entonces parte de la información de las doctrinas religiosas no debe ser "conocimiento". Esa descripción se reserva idealmente para la información que se ajusta a los hechos. Durante mucho tiempo, la humanidad simplemente no tuvo un sistema para juzgar la validez de las explicaciones. ¿Qué hace que una teoría, filosofía o visión del mundo sea mejor que otra? ¿Cómo sabemos en qué creer?

Aunque esta cuestión, muy abstracta pero también muy práctica, ya había sido estudiada con impresionante detalle por antiguos griegos como

Platón y Aristóteles hace más de dos mil años, la epistemología no se convirtió en una rama formal de la filosofía hasta alrededor del siglo XIX, surgiendo como producto del Siglo de las Luces. Fue la culminación de dos siglos consecutivos de pensamiento innovador por parte de los grandes pioneros de la filosofía y la ciencia modernas, como René Descartes, John Locke e Immanuel Kant en los siglos XVII y XVIII. Como racionalistas y empiristas, se dieron cuenta de que la única información en la que realmente podíamos confiar era la que recibíamos directamente a través de nuestros propios sentidos. Consideraban que el conocimiento válido procedía de la observación de la realidad a través de la experiencia personal, un modo de comprensión que es intrínsecamente cualitativo, subjetivo y de primera mano.

Esto supuso un avance significativo en nuestra comprensión del entendimiento, pero incluso Descartes sabía que había un grave problema con los datos de los sentidos. La historia ha demostrado una y otra vez que nuestros sentidos pueden engañarnos, y a menudo de forma nada desdeñable. La Tierra es redonda, pero desde nuestra perspectiva no lo *parece*. Esta bola en la que estamos todos vuela por el espacio curvado mientras orbita alrededor del sol, pero seguro que no lo *parece*. Que el sol parezca salir y caer alrededor de una Tierra inmóvil es la prueba de que no siempre se puede confiar en las apariencias y las experiencias. De hecho, confiar en las apariencias engañosas crea la inversa del conocimiento, que es la ignorancia. Creer que la Tierra es plana es un ejemplo oportuno de tal ignorancia. Este punto nos remite a la teoría de la información de Shannon, un paradigma que puede aportar una claridad muy necesaria a nuestro misterio epistemológico: *El conocimiento es la información que adquirimos y que reduce nuestra incertidumbre o ignorancia sobre el mundo.*

Este planteamiento parece prometedor, pero si no podemos confiar de forma fiable en nuestros propios sentidos, ¿cómo se supone que vamos a saber con certeza si una creencia o teoría ha reducido realmente nuestra incertidumbre? ¿Hay alguna forma sólida de separar el conocimiento del sinsentido? Hace mucho tiempo, este tipo de problemas difíciles llevaron a algunos filósofos, convenientemente llamados "los escépticos", a renunciar a resolver los problemas de la epistemología y, en su derrota, a declarar que no existe tal cosa como el conocimiento objetivo, la verdad o la certeza. Esta actitud pervive en la filosofía posmoderna, de moda en muchos círculos hoy en día, y sus partidarios están igualmente equivocados. Aunque hacen una observación digna de mención, no ven por qué hay al menos un tipo de conocimiento que sabemos con certeza que se aproxima a una descripción exacta de la realidad.

Podemos estar seguros de que el conocimiento que adquirimos mediante la práctica de la ciencia está reduciendo realmente nuestra incertidumbre sobre el mundo porque nos permite hacer predicciones cada vez más exactas y precisas, confirmadas por la observación y los datos experimentales. Como hemos establecido, el conocimiento es "información con poder causal", y el conocimiento científico tiene ciertamente un poder causal como ninguna otra forma de información que conozcamos. Ha erradicado enfermedades letales, ha construido una red de comunicación global llamada Internet y ha creado armas de poder apocalíptico.

Y lo que es más impresionante desde una perspectiva cósmica, la ciencia lleva la vida a lugares impensables, como el espacio exterior y la Luna, y quizás, en última instancia, a cualquier lugar al que queramos ir. Dicen que "la prueba está en el pudín"; pues bien, la ciencia hizo en trescientos años lo que la religión y la filosofía pura no pudieron hacer en tres mil. Puede que la certeza y la verdad absolutas estén siempre fuera de nuestro alcance, pero existe un método práctico que nos acerca cada vez más a ese ideal. Lo llamamos método científico, y nos infunde poderes que a cualquiera que viviera antes del periodo de la Ilustración le parecerían una gran brujería.

La primera persona que realmente vio que la ciencia tenía la clave del problema de la epistemología fue Karl Popper, un filósofo británico de origen austriaco que podría considerarse con razón uno de los pensadores más influyentes del siglo XX, aunque gran parte de esa influencia sea opaca. Popper fue uno de los primeros en identificar, o al menos articular, el mecanismo general de aprendizaje que hizo posible el éxito de la ciencia, pero ni siquiera él anticipó qué más explicaría ese mecanismo: la evolución de la vida, la cultura y el propio cosmos.

Epifanías epistemológicas de Karl Popper

Antes de Popper, sabíamos que la ciencia funcionaba, pero no se nos ocurría preguntarnos por qué o cómo. Claramente, él sabía que esto era algo digno de una reflexión profunda, ya que dedicó a ello la mayor parte de su carrera profesional. Consideraba que la ciencia era tan fundamental para comprender el conocimiento que quería redefinir la epistemología como filosofía de la ciencia. Algunos científicos-filósofos con aprecio por la epistemología, como David Deutsch, creen que lo consiguió.

Popper, que vivió los albores de la teoría de Shannon y el desarrollo de la cibernética, no solo hablaba el lenguaje de las ciencias tradicionales, como la física, la química y la biología, sino también el lenguaje de la información y la computación, que se adaptaba bien al enfoque lógico y disciplinado de la filosofía moderna. Esta amplia y actualizada base de conocimientos le permitió ver conexiones que habrían sido sencillamente invisibles para los filósofos anteriores a su época. Como ya hemos aprendido que la información y la computación están estrechamente ligadas a la termodinámica y la entropía, incorporaremos estos conceptos al paradigma de Popper cuando sea apropiado.

La gran solución de Popper al rompecabezas de la epistemología estaba justo ahí, en el enunciado del problema, mirando a todo el mundo a la cara, pero nadie la vio porque en realidad no sabían lo que estaban buscando. El problema de cómo se crea el conocimiento deja de serlo cuando nos damos cuenta de que los *problemas crean el conocimiento.* Desmenucemos lo que queremos decir con esta afirmación. Los problemas, según Popper, son una verdad básica de la vida, y la necesidad de resolverlos es lo que motiva a la ciencia y a los científicos: "Siempre nos enfrentamos a problemas prácticos, y de ellos surgen a veces problemas teóricos, porque intentamos resolver algunos de nuestros problemas proponiendo teorías."[4]

A partir de esta frase ya podemos ver que la ciencia es un procedimiento para resolver problemas que funciona generando posibles soluciones que llamamos hipótesis, teorías, modelos o conjeturas. Como nadie es vidente ni omnisciente, algunas de estas teorías resultarán ser correctas y otras erróneas. Es decir, algunas soluciones posibles serán de hecho *errores.* Pero las teorías que no son erróneas, que aportan soluciones útiles a nuestros problemas, contienen información que ha demostrado ser no solo información, sino conocimiento real. Podemos pensar en la ciencia como una acumulación de información basada en *pruebas*, que nos permite ver patrones estadísticos y tendencias en la naturaleza que podemos utilizar para hacer predicciones cada vez más precisas. No sería inexacto decir entonces que la función o el propósito de la ciencia es generar *conocimiento predictivo.*

También podríamos caracterizar la ciencia como un proceso de *inferencia*, lo que significa que los científicos extraen conclusiones lógicas sobre el funcionamiento del mundo a partir de la información basada en pruebas adquirida en el pasado, pero con la conciencia siempre presente de que la información puede conducir y conducirá a nuevas conclusiones y a una comprensión más profunda. Es lo mejor que podemos hacer ante la incertidumbre. El hecho de que la ciencia pueda producir de forma fiable conocimientos fiables —en forma de teorías o modelos que predicen con exactitud el comportamiento legal o probabilístico del mundo— le indicó a Popper que la ciencia utiliza algún tipo de método formal para resolver problemas, a diferencia de adivinar o confiar en el instinto visceral. En otras palabras, el método científico es un *algoritmo*, un conjunto específico de reglas que se pueden seguir para encontrar una solución a un determinado tipo de problema. Una receta de comida y las reglas de multiplicación son ejemplos de algoritmos utilizados en la vida cotidiana, aunque normalmente pensamos en los algoritmos como los conjuntos de instrucciones que utilizan los ordenadores para hacer todas las cosas asombrosas que son capaces de hacer.

Popper llamó al algoritmo utilizado por la ciencia *conjetura y refutación*, pero la mayoría de nosotros lo conocemos simplemente como comprobación de hipótesis. Si tenemos un problema que creemos que puede resolverse, hacemos una conjetura con conocimiento de causa y luego comprobamos si nuestra teoría puede refutarse (demostrarse falsa) poniendo a prueba sus predicciones (además de exponerla a la crítica). En esencia, cuando hacemos experimentos, estamos dejando que la realidad determine qué teorías son soluciones y cuáles son errores, así que podemos pensar en la ciencia como una forma de "prueba de realidad". Utilicemos el concepto de espacio de configuración introducido en el Capítulo Tres, también conocido como espacio de fase o espacio de estado, para visualizar mejor cómo funciona este algoritmo de resolución de problemas.

A nivel abstracto, podemos imaginarnos un problema práctico como un reto, con una solución que existe en algún lugar del espacio de posibilidades, a la espera de que alguien suficientemente motivado e inteligente la encuentre. Puede llevar algún tiempo, pero si el espacio de posibilidades —el espacio de posibles soluciones— se explora continuamente *de forma eficiente*, al final se descubrirá una solución. Esta descripción abstracta no es solo una abstracción. En el campo del aprendizaje automático, los "algoritmos evolutivos" funcionan precisamente así y se utilizan de una forma u otra en muchos de los sistemas de inteligencia artificial (IA) más potentes de la actualidad. En estas aplicaciones, el método suele describirse como "generar y probar" en lugar de "conjeturar y refutar", pero el procedimiento es el mismo. Se generan posibles soluciones (conjeturas) hasta que se encuentra una solución real, y estas soluciones se acumulan en algún almacén de memoria mientras que los errores se filtran y se olvidan. En ciencia, las soluciones son teorías o modelos que predicen con exactitud algún fenómeno natural, y las acertadas se acumulan en revistas y libros de texto revisados por expertos.

Ahora bien, no vayamos a suponer que estas soluciones conducen a una especie de utopía en la que la ciencia ha resuelto todos nuestros problemas. Según Popper, nuestras soluciones *siempre* conducirán a nuevos problemas, porque explicar más cosas sobre el mundo conlleva naturalmente nuevas preguntas antes inimaginables. Pero no debemos dejarnos abatir por la interminable cadena de problemas futuros. ¿Por qué? Porque cada solución queda retenida en la memoria colectiva: en cerebros y libros y tecnologías y páginas web. De este modo, el conocimiento predictivo se acumula constantemente, nuestra incertidumbre colectiva sobre el funcionamiento del mundo disminuye y la ciencia crea un auténtico progreso. Para repetirlo, este progreso no es una ilusión, ni es subjetivo o relativo, es decir, solo progreso a los ojos de una cultura concreta. El progreso científico es objetivo en el sentido de que amplía la influencia causal del organismo sobre la materia, y lo hace proporcionando a una sociedad inteligente un marco o modelo general para comprender —y explotar— el comportamiento del mundo natural. En teoría, este progreso es cuantificable, ya que un aumento del conocimiento equivale a una reducción de la ignorancia, que, como sabemos por la teoría de la información, puede describirse matemáticamente como un proceso de reducción de la entropía [de Shannon].

Es importante reconocer que, aunque la ciencia es un procedimiento basado en reglas, es en gran medida un proceso creativo. Una conjetura es una invención filosófica, elaborada de forma bastante mística por la mente mediante el cálculo mental que llamamos contemplación cuidadosa. Sin embargo, hasta que la hipótesis no se contrasta con la realidad, aún no es realmente conocimiento; es solo información que representa una especulación. El conocimiento es información que ha demostrado su utilidad. Es lo que queda después de que ciclos de pruebas experimentales hayan eliminado teorías falsas. A medida que los científicos prueban continuamente sus hipótesis y ajustan sus modelos para tener en cuenta datos nuevos y sorprendentes, surge una especie de "bucle de aprendizaje" que los estadísticos denominan *actualización bayesiana*. Basada en el teorema de Bayes, desarrollado por el estadístico, filósofo y pastor presbiteriano inglés del siglo XVIII Thomas Bayes, la actualización bayesiana se refiere a un proceso matemático por el que una teoría o modelo predictivo aceptado se hace cada vez más preciso a través de la prueba iterativa de variantes competidoras de esa teoría.

Actualizar un modelo equivale a actualizar la certeza de las creencias previas, y el teorema de Bayes nos da una fórmula para calcular exactamente cómo debe cambiar nuestra confianza en función de los nuevos descubrimientos. Aunque el crecimiento del conocimiento científico en su conjunto solo sigue esta ecuación en un sentido informal, chapucero y aproximado, la metáfora permite comprender fácilmente por qué el progreso tecnológico se produce con tanta fiabilidad. La ciencia dista mucho de ser infalible, pero como cada campo de estudio se autocorrige y actualiza constantemente sus "creencias" sobre el mundo, el crecimiento del conocimiento reduce constantemente el mar de la ignorancia. Según Popper, el conocimiento no procede de la observación, sino de la experimentación, y un problema práctico o teórico proporciona siempre la motivación.

Esto parece una respuesta satisfactoria al problema de la epistemología —obtenemos conocimiento formulando y probando teorías que resuelven nuestros problemas prácticos e intelectuales—, pero conduce instantáneamente a un nuevo enigma. La solución de Popper, conjeturar y refutar, parece implicar que el conocimiento solo puede ser adquirido por seres autoconscientes lo suficientemente inteligentes como para generar teorías lógicas sobre cómo funciona el mundo. Ahora bien, eso parece terriblemente antropocéntrico, por no mencionar que contradice la narrativa de que la adquisición de conocimiento es un imperativo biológico universal. Obviamente, los humanos sabían bastante sobre cómo vivir en la naturaleza y en sociedad con éxito mucho antes de que existieran el método científico o la lógica de la inferencia. ¿Qué explica todo el conocimiento práctico que los humanos, o para el caso todos los animales, utilizan para resolver sus retos básicos de supervivencia?

No nos preocupemos por este enigma, ya que la epistemología de Popper predice que las soluciones siempre conducirán a nuevos problemas, ¡y eso se aplica a su propia solución al problema de la epistemología! El progreso requiere la aparición continua de nuevos problemas, y este problema filosófico concreto condujo a Popper a su siguiente epifanía: el método científico es un refinamiento del mismo método general que utilizamos para resolver problemas a lo largo de toda la vida.

Aprendizaje adaptativo = Comprobación de hipótesis

Una vez que Popper comprendió que el mecanismo de generación de conocimiento que subyace al éxito de la ciencia es la conjetura y la refutación, se dio cuenta de que el aprendizaje humano, que comienza en el nacimiento y continúa hasta la muerte, utiliza el mismo algoritmo de resolución de problemas, aunque la literatura sobre psicología del desarrollo denomina a este método *ensayo y error*. Como la vida nos plantea constantemente nuevos retos —como la necesidad de ir de un sitio a otro, problema que inspira a los bebés a aprender a andar—, debemos probar constantemente nuevas soluciones conductuales. Podemos considerar estas acciones como "conjeturas sobre cómo sobrevivir" o, si lo prefiere, "experimentos para eludir el equilibrio", o incluso "predicciones de persistencia", y a menudo fracasarán.

Nuestros instintos pueden empujarnos en la dirección general de una solución, pero un instinto por sí solo no nos va a llevar exactamente a donde queremos ir, al menos no en el primer intento. Cuando nuestra conjetura conductual inicial no nos lleva a nuestro objetivo, volvemos a intentarlo, esta vez con una nueva "teoría" que es esencialmente la anterior, pero con un pequeño giro, retoque o modificación. Si funciona, la solución conductual se recuerda y se almacena para utilizarla en el futuro, lista para ser repetida pero también revisada cuando se presenten nuevas situaciones, como suele ocurrir. De este modo, aprendemos de nuestros errores. Es un poco como esa frase de *Batman Begins*, de Christopher Nolan, cuando Alfred intenta inspirar a Bruce Wayne para que no se rinda después de fracasar: "¿Por qué caemos, señor? Para aprender a levantarnos."

Al igual que las pruebas de hipótesis, el método de ensayo-error para la resolución de problemas explora el espacio de posibles soluciones de una manera que, en cierto sentido, es "ciega" —no conocemos de antemano la solución correcta a un problema—, pero sistemática y, por tanto, eficaz, ya que naturalmente empezamos por aquellas soluciones potenciales que están más cerca de nuestro punto de partida en el espacio de soluciones que estamos muestreando. Por ejemplo, si un bebé coge el biberón y falla por poco, ajustará su comportamiento solo ligeramente, lo que minimiza la posibilidad de cometer un error.

Incluso cuando obtenemos la idea de un nuevo comportamiento observando a otra persona, como en el "aprendizaje por imitación", sigue habiendo cierto grado de ensayo y error, ya que ejecutar una nueva orden motora es un experimento en miniatura en sí mismo. Por no hablar de que todos los comportamientos que aprendemos de los demás se crearon originalmente por ensayo y error en algún momento de la historia. Llamamos *comportamiento adaptativo* a los conocimientos adquiridos mediante esta aplicación del algoritmo universal de aprendizaje y, al igual que los conocimientos científicos, se acumulan mediante la eliminación de errores y la retención selectiva de soluciones a problemas prácticos.

A medida que el cerebro codifica información adaptativa en los circuitos sinápticos creados por redes de neuronas, nuestro modelo mental del mundo, la representación de la realidad que define la mente, se construye y actualiza continuamente mediante un proceso aproximadamente análogo al de la actualización bayesiana. Una de las teorías más de moda en la neurociencia actual es la llamada *hipótesis bayesiana del cerebro*, defendida por el neurocientífico más influyente del mundo, Karl Friston, del University College de Londres. Según esta supuesta "teoría unificada del cerebro", los sistemas sensibles intentan resolver la incertidumbre ambiental comportándose de forma que se *minimice el error de predicción* —o la cantidad de "sorpresa" que experimenta un agente en sus encuentros con el mundo—, lo que hace que el modelo mental sea más preciso. En términos menos técnicos, sin ni siquiera pensar en ello, constantemente hacemos predicciones sobre lo que va a ocurrir a continuación, y nos autocorregimos cuando esas predicciones no dan resultado, lo que nos convierte en mejores predictores con el tiempo (idealmente). Por esta razón, al igual que la ciencia, el aprendizaje adaptativo es un proceso de producción de conocimiento que actualiza y amplía el modelo de la realidad externa de la vida.

Aunque la hipótesis bayesiana del cerebro es bastante abstracta, debemos saber que no se trata de una teoría puramente especulativa, imposible de probar y que se queda en el tintero. Además de las pruebas cada vez más numerosas procedentes de la neurofisiología y la psicología experimental, el enfoque bayesiano del aprendizaje automático está produciendo sistemas de IA capaces de superar a nuestros algoritmos más potentes de "aprendizaje profundo" en una amplia variedad de tareas prácticas. Aunque la formalización matemática y la implementación digital de la idea son nuevas, la caracterización del cerebro como un órgano que realiza inferencia estadística (es decir, "predicción") se remonta al trabajo de Hermann von Helmholtz, un físico y médico alemán pionero que vio la conexión entre el aprendizaje adaptativo y la comprobación de hipótesis casi un siglo antes de que Popper la articulara de manera más formal.

Si le cuesta creer que en esa cosa blandita que tiene dentro del cráneo hay un modelo detallado del mundo exterior, cierre los ojos e intente imaginarse la habitación en la que está. Lo verás inmediatamente, y con una precisión impresionante, ¿no te parece? Ahora intenta alejar la imagen y ver el barrio en el que vives a vista de pájaro. A continuación, imagina cómo se ve la Tierra desde el espacio exterior. Esta sencilla tarea solo revela una pizca de la complejidad del modelo del mundo que ha construido tu cerebro a lo largo de toda una vida de aprendizaje. Tu capacidad para sobrevivir en un mundo complejo y desafiante, de hecho tu propia existencia, es la prueba de que posees al menos *algunos* conocimientos, aunque también poseas muchas creencias injustificadas, que son todas aquellas que aún no se han puesto a prueba.

Por supuesto, no *tienes* que poner a prueba tus creencias para ir por la vida, pero yo no recomendaría esta estrategia. Dicen que "la ignorancia es felicidad", pero no cuando el mundo real te golpea con problemas prácticos a diestro y siniestro. Si no quieres esconderte en un cuarto oscuro toda la vida, evitando cualquier información nueva que pueda cuestionar o desconfirmar la visión del mundo que has elegido, entonces más vale que estés dispuesto a actualizar tus creencias ante las nuevas pruebas o a vivir con una disonancia cognitiva constante. Popper fue inteligente al reconocer que tanto la ciencia como el aprendizaje adaptativo generan conocimiento a través del mismo mecanismo: la comprobación iterativa de hipótesis o la eliminación por ensayo y error. Pero, una vez más, esta explicación conduce a una nueva paradoja del conocimiento. ¿Cómo pudo la vida adquirir conocimientos antes de que surgieran los cerebros? ¿Acaso el aprendizaje no requiere una de esas cosas? Solemos pensar que la memoria biológica es una característica exclusiva de la maquinaria neuronal, por lo que nos resulta difícil concebir la existencia de un mecanismo de aprendizaje anterior a los sistemas nerviosos centrales, pero incluso formas de vida sumamente simples como las bacterias y las plantas muestran un comportamiento orientado a objetivos, lo que sugiere la existencia de algún tipo de programa básico de supervivencia codificado en la memoria. El problema de la epistemología llevó a Popper al problema de la teleología, que es idéntico al problema de la acción que hemos estado tratando de responder. Pero este problema le llevó a su mayor epifanía hasta el momento, y nos está llevando a nosotros también.

La evolución es un proceso de creación de conocimiento

La respuesta a esta paradoja es, por supuesto, el ADN, el sistema de memoria original de la vida. A diferencia de la memoria almacenada en nuestro cerebro, que adquiere nueva información a través de la experiencia vivida, la memoria genética se acumula en una población evolutiva de organismos a lo largo de muchas generaciones, como resultado de la replicación con mutación y selección natural, o *variación y selección.* Cibernéticos como Norbert Wiener caracterizaban la adaptación como "aprendizaje filogenético" ya en los años 40, lo que sin duda influyó mucho en el pensamiento de Popper. En biología, la *filogenia* se refiere a la historia evolutiva de una especie, mientras que su opuesto, o complemento más bien, la *ontogenia*, se refiere al desarrollo embriológico o cognitivo del individuo.

El aprendizaje ontogenético, el tipo de aprendizaje con el que estamos más familiarizados, se produce durante toda la vida de un organismo; de hecho, ¡lo estás haciendo ahora mismo mientras aprendes sobre el aprendizaje ontogenético! Ya hemos aprendido que el aprendizaje ontogenético (es decir, adaptativo) se produce a través del mecanismo de ensayo y error, que es equivalente al algoritmo de comprobación científica de hipótesis: conjetura y refutación.

El aprendizaje filogenético, por otra parte, se produce a través de la variación y la selección y tiene lugar a nivel de la especie a lo largo de generaciones. La mayor intuición de Popper consistiría en reconocer que todos estos mecanismos son en realidad uno y el mismo, aunque esta comprensión no llegaría de golpe.

En primer lugar, Popper vio que el crecimiento del conocimiento científico reflejaba un proceso evolutivo, y en cierto modo, que parecía más profundo que una metáfora al uso: "En ciencia… las teorías son altamente competitivas. Las discutimos críticamente, las ponemos a prueba y *eliminamos* las teorías que consideramos menos adecuadas para resolver los problemas que queremos resolver. Así es como crece la ciencia."[5]

Una vez que Popper comprendió que *la ciencia era en realidad un proceso darwiniano*, no tardó en ver que la evolución biológica también podía interpretarse como una comprobación de hipótesis. Desde que la vida se apoderó del planeta, la biosfera ha estado practicando una forma primitiva de ciencia, acumulando conocimientos basados en pruebas poniendo a prueba las "teorías incorporadas" que llamamos organismos: "Está claro que esta visión del progreso de la ciencia es muy similar a la visión de Darwin de la selección natural mediante la eliminación de los no aptos: de los errores en la evolución de la vida, los errores en los intentos de adaptación, que es un proceso de ensayo y error. Análogamente, la ciencia funciona por ensayo (elaboración de teorías) y por eliminación de errores."[6]

A decir verdad, Popper se mostró inicialmente escéptico ante la teoría de Darwin porque no era fácilmente comprobable y, por tanto, potencialmente infalsificable: para él, una teoría no era científica a menos que pudiera demostrarse su falsedad. Pero cuando comprendió que la conjetura y la refutación, el ensayo y el error, y la variación y la selección eran algoritmos funcionalmente equivalentes, quedó claro que el progreso científico, el aprendizaje adaptativo y la evolución biológica formaban parte de un único proceso de reducción de la incertidumbre y creación de información. Como dijo el visionario filósofo de la ciencia, "de la ameba a Einstein solo hay un paso"[7]. De esta gran visión surgiría un paradigma con un poder explicativo sin parangón.

Epistemología evolutiva: Un paradigma unificador

Con el apoyo de los trabajos de los cibernéticos, la unificación conceptual de Popper entre evolución, cognición y ciencia inspiró el enfoque naturalista de la epistemología conocido como *epistemología evolutiva*, desarrollado por el psicólogo cognitivo Donald Campbell en los años sesenta y profundizado por el zoólogo ganador del Premio Nobel Konrad Lorenz, e incluso por el propio Popper, en las décadas siguientes. Según la epistemología evolucionista, la evolución cultural y tecnológica, incluso la evolución de las estructuras químicas disipativas, podrían explicarse como productos de la variación y la selección, entendidas ahora como un algoritmo de aprendizaje. "La vida es un proceso cognitivo", escribió Lorenz[8]. Llegados a este punto del viaje cósmico, estamos preparados para introducir una idea radical tan sensata que, una vez comprendida, parece trivial: *Todos los procesos evolutivos son procesos de aprendizaje, y todas las formas de aprendizaje son procesos evolutivos.*

Puede que esta pequeña afirmación no suene a cambio de paradigma, pero tiene implicaciones de gran alcance. Una equivalencia funcional entre los mecanismos que impulsan la evolución, el aprendizaje y la ciencia sugiere que *la adaptación y el conocimiento científico son en realidad la misma cosa*. La adaptación biológica representa el conocimiento del entorno, y el conocimiento que adquirimos mediante el aprendizaje y la ciencia refleja la adaptación al entorno. Si lo pensamos bien, no hay ninguna diferencia significativa entre la información adaptativa y el conocimiento científico: ambos permiten a la vida predecir un mundo incierto, controlar la materia, limitar el caos y construir el orden a partir del desorden. La misma propiedad responsable de que la vida abandone el planeta en naves espaciales es la que permite a un organismo subir una colina. Esa propiedad se llama acción y surge de la información almacenada en la memoria genética, neuronal o cultural. Pero ¿cómo es posible que toda la información funcional de los genomas proceda de una mutación aleatoria? Sin duda, estructuras tan complejas como el corazón y el ojo no podrían haber evolucionado mediante procesos ciegos y no guiados, argumentaría un creacionista.

La mutación es en muchos sentidos aleatoria, pero la evolución no lo es. La selección natural tamiza la variedad de formas generadas a ciegas y encuentra correspondencias funcionales entre el sistema adaptativo y el entorno, el organismo y el nicho. Uno de los científicos que más ha contribuido a desmitificar la teleología explicando la finalidad como producto de la selección natural es el neuroantropólogo Terrence Deacon, de la Universidad de California en Berkeley, quien afirmó: "Un proceso evolutivo no se limita a transmitir información al futuro, sino que la genera dinámicamente."[9]

Esta idea general está presente de un modo u otro en todos los grandes paradigmas científicos que han intentado integrar la biología y la teoría evolutiva con la termodinámica y la teoría de la información en los últimos cien años. Estos marcos interdisciplinares tienen diferentes nombres: cibernética, teoría general de sistemas, epistemología evolutiva, sistemas adaptativos complejos, darwinismo universal, teoría de la selección universal y el "principio de energía libre", tan de moda actualmente. Pero todos ellos entienden explícita o implícitamente que la selección natural es un proceso que transfiere eficazmente información del entorno a un sistema adaptativo.

La creación de conocimiento a través de la variación ciega y la selección natural resuelve elegantemente el problema de la epistemología y el problema de la teleología al proporcionar un mecanismo inteligible de cómo los organismos llegan a poseer representaciones internas precisas (conocimiento) del mundo externo, un misterio que Platón quería resolver desesperadamente.

Las adaptaciones codifican conocimientos

¿Aún no está convencido de que la adaptación es esencialmente lo mismo que el conocimiento? Muy bien. Un buen epistemólogo no debería convencerse tan fácilmente. Veamos cómo resiste el escrutinio el paradigma de Popper. Recordemos la distinción entre información semántica y puramente sintáctica hecha en el capítulo anterior. Para contar como conocimiento, la información debe tener significado, y para tener significado, la información debe *referirse* a algo. El conocimiento biológico es la información que contienen los organismos *sobre cómo sobrevivir y reproducirse en un entorno fluctuante*. Es este "acerca de", como lo llaman Deacon y Dennett, lo que califica a la información genética correspondiente a la adaptación como información semántica o significativa, y específicamente como información que reduce la incertidumbre, o conocimiento. "Lo que cuenta como información útil en la evolución biológica se determina a posteriori con respecto a su capacidad de pasar por el mecanismo funcional de corrección de errores de la selección natural", escribió Deacon en su célebre artículo "Shannon-Boltzmann-Darwin: Redefining Information".

Consideremos un par de ejemplos clásicos tomados de la literatura sobre epistemología evolutiva. En un sentido completamente literal, el diseño aerodinámico de un delfín, producto de la información almacenada en su genoma, contiene un conocimiento de hidrodinámica. Del mismo modo, el diseño de las alas de un águila contiene conocimientos de aerodinámica. No solo podemos estar seguros de que los ingenieros ven conocimientos en estas estructuras funcionales, sino que debería haber pocas dudas de que estos diseños proporcionaron la inspiración original para nuestra tecnología de aviones y submarinos. ¿De verdad alguien cree que ahora tendríamos aviones si la evolución no hubiera producido primero criaturas capaces de volar? Solo podemos adivinar cuánto tiempo habrían tardado en surgir estos inventos si la naturaleza no nos hubiera proporcionado una deslumbrante variedad de planos para inspirar nuestros sueños de máquinas.

Pero si las teorías están motivadas por problemas prácticos, y si un organismo es un tipo de teoría encarnada, entonces ¿qué problema exactamente está "intentando resolver" la vida mediante la adaptación? Un biólogo lo llamaría "supervivencia", pero un cibernético lo llamaría "persistencia" y un físico lo llamaría "eludir el equilibrio". Todos significan más o menos lo mismo, pero si no pensamos en un organismo como un sistema alejado del equilibrio que requiere energía continua para mantener su existencia, no entenderemos el verdadero papel de la información en la biología.

Suponiendo que la segunda ley de la termodinámica se cumpla en todo el universo, todos los organismos vivos, todos los agentes concebibles, llevan intrínseco un imperativo cósmico básico. A estas alturas ya deberíamos tener grabado en el cerebro que el eterno reto de cualquier sistema ordenado es resistirse a la tendencia natural al desorden. Si eres un sistema adaptativo, por el mero hecho de existir, tienes un problema existencial que debes superar.

La naturaleza selecciona las configuraciones más estables

Eric Smith y Harold Morowitz describieron este problema existencial en su libro *The Origin and Nature of Life on Earth*: "En los sistemas vivos, cada nivel, desde todas las localizaciones y enlaces atómicos, hasta el control, la replicación y la selección, está omnipresente y continuamente sujeto a fluctuaciones perturbadoras". Esto significa que, para persistir, y mucho menos replicarse, un sistema dinámico debe tener una *configuración estable*. Esta noción de selección para la estabilidad nos da una perspectiva nueva y enriquecida de la aptitud. Una crítica popular a la teoría de la selección natural de Darwin, a menudo resumida como "supervivencia del más apto", es que nadie sabe exactamente qué es la "aptitud", porque la definición estándar es tautológica, o circular, y por tanto vacua.

En su libro de 2006 *Godless: The Church of Liberalism*, la experta en medios de comunicación de extrema derecha y troll profesional Ann Coulter aprovechó esta ambigüedad en un pasaje que ahora es bien conocido entre los creacionistas: "En general, la 'teoría' de Darwin no es más que una afirmación circular: A través del proceso de selección natural, los 'más aptos' sobreviven. ¿Quiénes son los 'más aptos'? Los que sobreviven. Fíjese, siempre ocurre lo mismo."

Este argumento es un hombre de paja obvio, pero nos obliga a reflexionar un poco más sobre qué es lo que la evolución está optimizando mediante la variación y la selección, si es que está optimizando algo. Formalmente, la "aptitud" es una medida cuantitativa del éxito reproductivo que puede calcularse con precisión para cualquier organismo de una población, pero esto sigue sin decirnos mucho sobre lo que significa ser apto. Dawkins, que inventó el darwinismo universal con su concepto de "meme" —un paradigma que se ha convertido prácticamente en sinónimo de epistemología evolutiva— cree que la aptitud puede entenderse de forma más amplia como una cuestión de estabilidad: "La 'supervivencia del más apto' de Darwin es en realidad un caso especial de una ley más general de *supervivencia de lo estable*."[10]

Parece que estamos llegando a alguna parte, pero ¿qué hace que una configuración concreta sea estable? Sabemos que, para evitar el colapso al equilibrio, un sistema debe ser capaz de absorber continuamente energía libre de un entorno ruidoso, fluctuante y en constante cambio. Para llevar a cabo esta tarea y mantener un estado estable no equilibrado, un sistema adaptativo debe adquirir información que reduzca su ignorancia o incertidumbre sobre el mundo que habita. El problema de la vida es, pues, el de la inferencia. Para persistir en una forma estable, la vida debe aprender, y debe empezar a hacerlo en el momento en que empieza a existir.

El bayesianismo universal actualiza la epistemología evolutiva

"Todos los procesos biológicos pueden interpretarse como una forma de inferencia, desde la evolución hasta el procesamiento consciente", afirma Karl Friston, cuyo *principio de la energía libre* hace que las matemáticas que subyacen a la teoría bayesiana del cerebro sean aplicables a cualquier sistema autosostenible concebible, ya sea terrestre o extraterrestre.[11]

El problema de la incertidumbre eterna podría parecer una barrera infranqueable para la vida, pero resulta ser justo lo que la biología necesita para evolucionar de forma abierta. Si tienes un reto existencial, entonces tienes una presión selectiva, y si un sistema organizado puede explorar una variedad de configuraciones, entonces puede buscar en el espacio de posibilidades para encontrar soluciones a su problema termodinámico. Afortunadamente para la vida en la Tierra, siempre hay energía libre en el entorno que puede hacerse accesible al sistema, por lo que extraerla es simplemente cuestión de encontrar la configuración adecuada mediante ensayo y error.

Desde la perspectiva que Dennett denomina *postura intencional*, que intenta predecir el comportamiento de un sistema interpretándolo como un agente con objetivos intrínsecos, podemos atribuir un objetivo termodinámico a la evolución biológica: mediante la adaptación, la vida realiza inferencias para mantenerse lejos del equilibrio. Como reconoció hace más de medio siglo el biólogo francés François Jacob, Premio Nobel de 1965, un organismo es "una especie de máquina de predecir el futuro, un aparato automático de previsión"[12]. Esta visión helmholtziana de la vida sugiere que cuando una población en evolución se adapta a su nicho a lo largo del tiempo evolutivo, es como si el genoma de la especie "actualizara" su modelo del entorno para ser cada vez más preciso.

Como la naturaleza es compleja y, hasta cierto punto, intrínsecamente imprevisible gracias a las causas ocultas, el caos determinista y los límites de la capacidad de memoria, el modelo del organismo tiene garantizado en algún momento el fracaso cuando la realidad le "sorprende" con lo inesperado. Un organismo es devorado por un depredador, un bebé no consigue alcanzar su biberón, una teoría científica no consigue explicar nuevos datos. Lo que esto significa es que el modelo utilizado para predecir la realidad no es completamente exacto. Contiene un cierto error de predicción que hay que corregir.

Entonces, ¿cuál es la solución? Probar algo nuevo. El modelo anterior funcionaba bien hasta cierto punto, así que no lo abandones del todo. Solo hay que variarlo un poco y ver si funciona mejor. Si no reduce la sorpresa, elimine esa variante y vuelva a intentarlo. Si se reduce el error de predicción, sustituya el modelo antiguo por el nuevo, de modo que se convierta en la teoría reinante y en la plantilla de diseño en la que se basen las nuevas variantes. Cuando un modelo se ha actualizado de este modo gracias a la selección natural, el aprendizaje adaptativo o las pruebas experimentales, podemos decir que se ha adquirido conocimiento y se ha reducido la incertidumbre ambiental. A estas alturas, podemos ver cómo surge una historia sencilla. Al reducir la entropía de Shannon, o ignorancia, la vida es capaz de extraer la energía que necesita para reducir la entropía de Boltzmann, o desorden. Por tanto, el crecimiento del conocimiento y la expansión de la complejidad organizada van de la mano. La segunda ley es el impulso del aprendizaje.

Por supuesto, ningún modelo puede ser perfecto, ya que la naturaleza es ruidosa, por lo que, en el mejor de los casos, el error de predicción puede minimizarse, no resolverse por completo. Una especie bien adaptada es como una teoría bien probada: aceptada provisionalmente como cierta, pero sujeta a revisión continua o incluso a sustitución completa. Deutsch escribió en su alucinante libro de 1996 *The Fabric of Reality*: "Todo el proceso [científico] se parece a la evolución biológica. Un problema es como un nicho ecológico, y una teoría es como un gen o una especie cuya viabilidad se pone a prueba en ese nicho."

Para que quede claro, ni la vida ni el proceso evolutivo tienen forma alguna de conocer de antemano la solución correcta a un desafío medioambiental concreto, ni siquiera de saber que existe un desafío, pero la falta de previsión o de intención consciente no impedirá que la biología "adivine" incesantemente. Gracias al milagro de la mutación —un error aleatorio de copia del ADN causado por la radiación solar o una fluctuación térmica— la autorreplicación genera inevitablemente variación genética. Como resultado, cada vez que un organismo se reproduce, una población en evolución prueba un nuevo diseño funcional que puede o no ser una innovación.

La producción de nuevos diseños funcionales puede interpretarse como la búsqueda por parte del genoma de una especie del espacio de configuraciones posibles para las soluciones de supervivencia que llamamos adaptaciones. Mediante la variación y la selección, la biosfera experimenta sin cesar con nuevas estructuras, funciones fisiológicas y comportamientos instintivos. De vez en cuando, tropieza con una nueva solución al problema general de mantenerse lejos del equilibrio. Dado que las mutaciones son aleatorias o ciegas en el sentido de que pueden ayudar o perjudicar al organismo, muchos de estos "experimentos en vida" fracasarán[13]. En otras palabras, los organismos con representaciones o modelos inexactos de su entorno, que tienen programas de extracción de energía y de evitación de amenazas disfuncionales o subóptimos, morirán sin reproducirse. Esto no es más que un hecho de la naturaleza: antes que los cerebros, para que un sistema adaptativo aprenda de sus errores, tienen que morir muchos organismos.

La vida es una señal entre el ruido molecular

Los organismos que sobreviven al filtro de la selección natural consiguen reproducirse y hacer copias de su diseño funcional bien adaptado. Como los diseños mejor adaptados tienden a sobrevivir más tiempo y a hacer más copias de sí mismos, las adaptaciones se extenderán de forma natural en una población en evolución. La redundancia resultante de los diseños funcionales preserva el modelo general del organismo, al tiempo que permite la innovación a través de la mutación. Esto no es muy distinto de la técnica de corrección de errores de Shannon descrita en el capítulo anterior. Un mensaje enviado a través de un canal siempre estará parcialmente corrompido por el ruido, pero como el ruido es aleatorio, cada copia que se envía se ve afectada de forma diferente, de modo que el envío de copias duplicadas puede permitir que el receptor reconstruya con precisión el mensaje original. En la evolución, el ruido del canal no es una molestia, sino la fuente de la variación genética que hace posible la adaptación continua y la generación de novedades. Al mismo tiempo, la redundancia genética preserva la creciente "señal" estadística creada por los patrones persistentes de organización biológica robusta sobre un fondo de ruido molecular, caos y desorden.

Comparar la vida con una señal en la teoría de la información de Shannon no es solo una metáfora útil, sino potencialmente una forma de cuantificar la evolución y el crecimiento de la diversidad y la complejidad en la biosfera. Deacon explicó: "La reducción de la variedad genotípica y fenotípica en virtud de la supervivencia y reproducción diferencial de determinadas formas de organismos (favorecidas en un entorno dado) es directamente análoga a la reducción de la entropía de la señal en el análisis de Shannon. Así, en principio, se puede cuantificar la información evolucionada y comparar las tasas de evolución de la información."[14]

En el capítulo anterior presentamos las medidas de información teleosemántica de Wolpert, Kolchinsky y Rovelli, y son este tipo de herramientas teóricas las que pueden hacer realidad el programa de Deacon y Dennett. Formulaciones similares han sido desarrolladas por el científico canadiense John Campbell, autor del libro *Universal Darwinism: The Path of Knowledge*, que ha demostrado que los procesos evolutivos a todas las escalas pueden interpretarse como una actualización bayesiana y describirse utilizando las ecuaciones del principio de energía libre de Friston. Friston y sus colegas de todo el mundo se han puesto manos a la obra y en los últimos años han publicado numerosos artículos influyentes.

Esto significa que una formalización matemática rica y completa de la epistemología evolutiva y del darwinismo universal no solo es posible, sino que ya existe, y podemos llamar alternativamente a esta teoría cuantitativa de la creación de conocimiento bayesianismo universal. Aunque los tres nombres corresponden a la misma teoría formal, cada caracterización nos proporciona una comprensión más profunda de la naturaleza de la complejidad adaptativa. La inferencia o predicción parece ser otro tema unificador, tan importante como la evolución y el aprendizaje, ya que proporciona formalismos que revelan una unidad entre disciplinas tan diversas como la neurociencia, el aprendizaje automático y los orígenes de la vida. En conjunto, estas teorías ofrecen todas las herramientas necesarias para naturalizar la teleología: el progreso evolutivo se hace cuantificable y se hace posible una física del propósito.

Encajar todas las piezas del puzzle

Por fin estamos listos para explicar los orígenes de la información biológica y la computación, y lo haremos con una ecuación rimada para ayudar a la comprensión y también a la memorización:

Adaptación = Correlación estadística = Información mutua =
Optimización de modelos = Creación de conocimientos

Estos términos suenan técnicos, pero la historia que cuentan es sorprendentemente sencilla. En su premiado ensayo, escrito en respuesta a la pregunta del concurso del Instituto de Cuestiones Fundamentales (FQxI) "¿Cómo pueden las leyes matemáticas sin sentido dar lugar a objetivos e intenciones?", el físico Carlo Rovelli explicaba que un organismo bien adaptado es aquel que está estadísticamente correlacionado con su entorno: "Una bacteria que nada hacia la izquierda cuando los nutrientes están a la izquierda y nada hacia la derecha cuando los nutrientes están a la derecha, prospera; una bacteria que nada al azar tiene menos posibilidades."[15]

Este es un ejemplo de adaptación conductual, pero las adaptaciones estructurales también aumentan la correlación entre una especie y su nicho. Todos tenemos un sentido intuitivo de esta correlación, aunque no nos demos cuenta. Si le enseñaran una foto de una especie que nunca ha visto, pero el organismo tuviera branquias y aletas en lugar de plumas y alas, podría hacer una conjetura bastante decente sobre el tipo de entorno que habita. A la inversa, si le mostraran un entorno vacío, suponiendo que le resultara familiar, podría adivinar qué tipo de criaturas lo ocuparían. ¿Cómo podemos hacer esta deducción? Porque el organismo en evolución está moldeado por su entorno y es, en muchos sentidos, un reflejo de su entorno. Un filósofo diría que una especie bien adaptada es isomorfa a su nicho. Los cibernéticos y Friston dirían que el organismo es un modelo de su nicho.

Una correlación estadística entre la configuración del organismo y el estado del entorno significa que los dos sistemas comparten información. Basándose en los trabajos pioneros del epistemólogo y filósofo Fred Dretske, que hace medio siglo aplicó la teoría de Shannon a la selección natural, Wolpert y Rovelli denominan a esta información compartida *información mutua* (también conocida como "información relativa"). A medida que una especie se adapta a un nicho, tanto en forma como en función, crece la cantidad de información mutua entre el organismo y su entorno, de tal forma que podemos decir que el sistema adaptativo "aprende" sobre su nicho. Para una especie, estar más correlacionada con un nicho significa adquirir más conocimientos sobre ese nicho, lo que equivale a convertirse en un mejor *predictor* del mismo. La información semántica es la información mutua causalmente necesaria para la supervivencia del organismo.

En su influyente ensayo "The Concept of Information in Biology", el teórico de la evolución John Maynard Smith explicaba cómo la correlación estadística entre dos sistemas puede crear conocimiento predictivo, citando también el trabajo de Dretske: "Dretske (1981) argumenta lo siguiente. Si alguna variable, A, está correlacionada con una segunda variable, B, entonces podemos decir que B lleva información sobre A; por ejemplo, si la ocurrencia de lluvia (A) está correlacionada con una nube particular (B), entonces el tipo de nube nos dice si lloverá."

Actualizando ligeramente esta descripción para ajustarla a nuestra visión bayesiana de la vida, podemos decir que *si algún sistema adaptativo está correlacionado con algún entorno, entonces el sistema adaptativo almacena un modelo de ese entorno*. A medida que las soluciones adaptativas a los retos medioambientales se acumulan en la memoria genética, se optimiza la precisión del modelo predictivo de la especie, se reduce la incertidumbre medioambiental y se crea conocimiento. Así pues:

Adaptación = Correlación estadística = Información mutua = Optimización de modelos = Creación de conocimientos

¿Entendido?

Ahora que entendemos nuestra ecuación epistemológica evolutiva, podemos ver exactamente cómo la selección natural "transfiere" información del entorno a la biosfera en evolución, y por qué esa información crea el comportamiento inteligente, intencionado y dirigido a objetivos que asociamos con la vida y la mente. Si este comportamiento intencionado va siempre acompañado de algún grado de experiencia consciente se abordará en la tercera parte, pero por ahora digamos que no debemos asumir necesariamente que la acción implica mente. Dicho esto, la mayoría estaría de acuerdo en que no podemos entender realmente la mente sin comprender los orígenes de la acción. Yendo un paso más allá, podemos decir que resolver el enigma de la acción ahora es lo que nos va a permitir resolver el misterio de la mente más adelante. Rovelli, físico teórico conocido por sus trabajos en el campo de la gravedad cuántica, sintió la necesidad de abordar esta cuestión en su ensayo:

> La definición de "significativo" [información] considerada aquí no se refiere directamente a nada mental. Para tener algo mental se necesita una mente y para tener una mente se necesita un cerebro, y su rica capacidad de elaborar y trabajar con información. La cuestión que se aborda aquí es cuál es la base física de la información con la que trabajan los cerebros. La respuesta que se sugiere es que no es más que la correlación física entre variables internas y externas que afectan a la supervivencia, ya sea de forma directa o, potencialmente, indirecta[16].

Pero el modelo de Wolpert, Kolchinsky y Rovelli explica cómo la información funcional y la teleología surgen a través de la evolución darwiniana, que es *posterior* a la aparición de la vida. Entonces, ¿hemos explicado realmente los orígenes de la acción y la computación? Afortunadamente, podemos aplicar la misma lógica a la adaptación disipativa, el mecanismo termodinámico de tipo darwiniano del capítulo tres que describe cómo un sistema de partículas inanimadas puede empezar a mostrar el comportamiento colectivo de búsqueda de energía que vemos en la vida.

Orígenes por fin explicados

Recordemos que la adaptación disipativa es un proceso de autoorganización espontánea que se produce cuando un sistema de moléculas interactuantes se ve alejado del equilibrio termodinámico por el flujo de energía. El principio subyacente a este mecanismo evolutivo es tan antiguo como Prigogine, pero ahora disponemos de un modelo formal para conceptualizar cómo las leyes de maximización de la entropía pueden llevarnos de una colección de moléculas interactuantes a sistemas autorregeneradores (conjuntos autocatalíticos) a sistemas autorreproductores (organismos), y quizá más allá.

Mirando a través de la lente de la epistemología evolutiva, vemos que la adaptación disipativa —de hecho, todas las formas de autoorganización— son procesos de aprendizaje ontogenético que implementan el algoritmo de variación y selección y, por tanto, evolucionan inevitablemente hacia configuraciones de mayor estabilidad y funcionalidad en escalas de tiempo suficientemente largas (las que persisten, al menos).

Inspirándose en los cibernéticos, el científico social Donald Campbell describió los sistemas autoorganizados como sistemas que se adaptan mediante un mecanismo evolutivo que denominó "variación ciega y retención selectiva", que no es más que la selección natural favoreciendo las configuraciones que confieren estabilidad.

En este proceso adaptativo, el aprendizaje no resulta de la competencia, como en el aprendizaje filogenético, sino de la cooperación. A medida que los componentes individuales del sistema interactúan entre sí, los elementos se correlacionan cada vez más y el sistema colectivo que forman explora diversas configuraciones en el espacio de estados. Mediante ensayo y error, el sistema emergente encuentra inevitablemente disposiciones que son mejores para extraer energía de un flujo de energía fluctuante y estadísticamente ruidoso. Como los estados que absorben energía son estables, se seleccionan, y como crean entropía, son más difíciles de revertir. Piense en la adaptación disipativa como un sistema que fluctúa aleatoriamente y se "atasca" en los estados más estables de forma serial. Jeremy England, que formalizó el concepto, explicó que la organización estructural de un sistema disipativo bien adaptado mostrará algo análogo a una historia evolutiva de estas transiciones difíciles de invertir.

El modelo de Wolpert y Rovelli sugiere que estos estados deberían estar correlacionados con la dinámica del entorno termodinámico (energético).

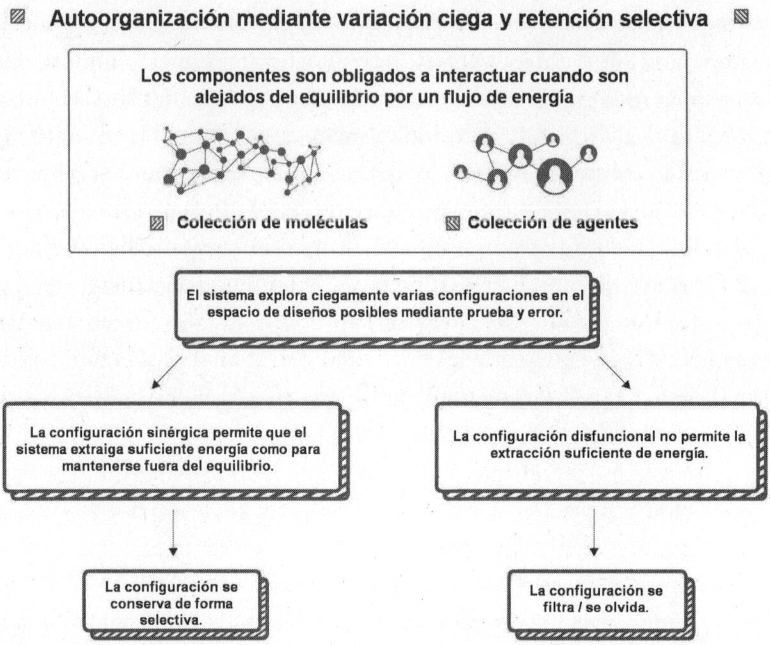

Un sistema que experimenta una adaptación disipativa estaría, en un sentido abstracto pero matemáticamente preciso, cartografiando o modelando el paisaje energético circundante a medida que evoluciona. No hay un lugar específico al que señalar y decir "la información empieza aquí" porque está distribuida por toda la arquitectura molecular colectiva del sistema epistemológico emergente. El conocimiento llega a la naturaleza del mismo modo que se acumula a través de la evolución, la cognición y la ciencia. Una búsqueda por ensayo y error "encuentra" soluciones estables y las registra en la memoria, actualizando el floreciente modelo del mundo del sistema adaptativo. Un influyente artículo de 2012 titulado "The Thermodynamics of Prediction", escrito por Susanne Still y sus colegas, describe este mecanismo básico antes de que la adaptación disipativa tuviera nombre. La redacción del resumen es un poco técnica, pero ahora deberíamos estar conceptualmente equipados para apreciarlo:

Un sistema que responde a una señal de conducción estocástica puede interpretarse como el cálculo, por medio de su dinámica, de un modelo implícito de las variables ambientales. El estado del sistema retiene información sobre las fluctuaciones ambientales pasadas, y una fracción de esta información es predictiva de las futuras... Nuestros resultados se mantienen arbitrariamente lejos del equilibrio termodinámico y son aplicables a una amplia gama de sistemas, incluidas las máquinas biomoleculares. Estos resultados ponen de relieve una profunda conexión entre el uso eficaz de la información y el funcionamiento termodinámico eficiente: cualquier sistema construido para mantener la memoria sobre su entorno y funcionar con la máxima eficiencia energética tiene que ser predictivo.

En un artículo de 2017, England declaró a la revista digital Nautilus que un objetivo futuro es demostrar la "computación emergente", que, según explicó, consiste en la predicción: "Si lo conseguimos, el argumento será que, de alguna manera, las partículas del sistema están interactuando de tal forma que implementan eficazmente un cálculo sobre el futuro basado en las estadísticas del pasado."

La evolución como motor de inferencia

En el último capítulo de su libro, Morowitz y Smith proponen un modelo matemático de abiogénesis y evolución como un proceso de *selección bayesiana de modelos*. Pero no limitan el proceso de inferencia a los individuos: la propia biosfera realiza predicciones y actualizaciones de modelos para mantener toda la red viviente fuera de equilibrio. Comprender "la naturaleza de la evolución como motor de inferencia" puede explicar cosas sobre la vida que no abordaba la teoría evolutiva clásica, como la razón de su arquitectura jerárquica y su increíble resistencia y robustez.

Quienes trabajan en el campo de la computación emergente, como el pionero de la complejidad James Crutchfield, creen que entender cómo la naturaleza empieza a hacer inferencias podría conducir a avances espectaculares en inteligencia artificial, nanotecnología y computación en general. Por estas razones puramente prácticas, neurocientíficos, psicólogos, filósofos e investigadores del aprendizaje automático deberían estar interesados en comprender los orígenes informacionales de la vida. Esto puede lograrse con un nuevo marco que unifique la epistemología evolutiva, el darwinismo universal y el bayesianismo universal bajo una narrativa cósmica cohesiva, que veremos tiene el poder de conectar la vida, la mente y el cosmos.

Ahí lo tienen: una explicación bayesiana del origen de la complejidad adaptativa (vida), la acción (teleología) y la computación (procesamiento de la información) basada en la lógica epistemológica y formalizada con medidas de la teoría de la información y la termodinámica estadística. Llegados a este punto de nuestra historia, puede que estés pensando: ¡Esto explica muchas cosas! O podría estar pensando: ¡Hay tantas cosas que esto no explica! En cualquier caso, tendrías razón. Este viaje no ha hecho más que empezar, pero ahora tenemos un marco sólido para una teoría unificadora de la realidad que parece ser profundamente darwiniana y teleológica al mismo tiempo.

David Krakauer, biólogo evolutivo y presidente del Instituto de Santa Fe —la meca de la ciencia de la complejidad y hogar de físicos e informáticos de talla mundial que han asumido la tarea de comprender los sistemas adaptativos a todas las escalas— articuló esta visión emergente de la biología en una entrevista reciente: "La vida intenta representar el mundo en el que vive: codificar la realidad. Eso es lo que hace un genoma. Eso es lo que hace un cerebro. Y el impulso inicial hacia ese tipo de reflejo del universo en la materia viva no se entiende tan bien, diría yo."

"Suena peligrosamente teleológico cuando lo dices", comentó el presentador del podcast Toby Shannan.

"Sí", dijo Krakauer, "suena así".[17]

Una teleología darwiniana suena ciertamente a paradoja, pero es algo que debemos aceptar si queremos entender el universo en evolución y nuestro lugar en él. Al convertir la paradoja en un principio, podemos dar sentido al crecimiento inevitable y sin fin de la complejidad adaptativa en un cosmos que se rige por la segunda ley. Podemos referirnos a este principio como "principio de Popper", que se basa en una premisa sencilla: *los problemas crean progreso.*

7
UNA TEORÍA UNIFICADORA DE LA REALIDAD

Empezamos con observaciones, y si el cosmos en evolución tiene una dirección observada, rechazar ese punto de vista es claramente no empírico. No tiene por qué haber necesariamente un punto final conocible, pero puede haber una flecha.
HAROLD MOROWITZ, *The Emergence of Everything*

Gracias a nuestra investigación sobre el misterio epistemológico de cómo la vida adquiere conocimiento, hemos llegado a una teoría unificadora de la realidad que pone en tela de juicio todo lo que creíamos saber sobre el universo y nuestro lugar en él. Como se verá en este capítulo y en el siguiente, se trata de una teoría de la creación de conocimiento abierto y de una verdadera "teoría del todo", en la medida en que explica fenómenos emergentes que las teorías físicas fundamentales de las que tanto oímos hablar, como la teoría de cuerdas, una supuesta "teoría del todo", no pueden comprender ni predecir por completo, es decir, todo menos las cosas que más nos importan. La vieja idea de una teoría exhaustiva de la realidad se basa en el supuesto reduccionista de que una teoría de partículas y fuerzas puede explicarlo todo, incluida la vida y la mente. Pero lo único que puede hacer tal teoría es explicarlas. Vemos que este tipo de "teorías unificadas" no iluminan los procesos subyacentes a los fenómenos emergentes, sino que los ignoran como si no fueran reales —lo que los científicos y filósofos llaman ilusiones, o *epifenómenos*—, efectos secundarios o subproductos que no tienen efectos causales sobre nada.

El paradigma reduccionista, al menos en su forma extrema, tiene más de unas cuantas implicaciones filosóficas que la mayoría de las personas racionales considerarían absurdas, como la idea de que no somos en ningún sentido los que tomamos ninguna de nuestras decisiones ni los que decidimos nuestro destino. El libre albedrío no solo no es real para el reduccionista dogmático, sino que tampoco lo es la acción básica ni la ciencia de la biología ni, para el caso, ninguna de las otras ciencias, como la ciencia cognitiva, la psicología, la sociología o la economía. Solo existe la física de partículas, y todo lo demás es simplemente una historia sobre la realidad que hemos construido en nuestras mentes para dar sentido a nuestro entorno con fines de supervivencia. Obsérvese que incluso hay una paradoja en la explicación, que reconoce claramente que tenemos mentes y que, de hecho, hay un proceso evolutivo real que les da forma para la supervivencia. ¡Pero la filosofía reduccionista se basa en que *el propio* proceso evolutivo es epifenoménico! Los genes tampoco son más que historias que utilizamos para dar sentido a las trayectorias mecánicas de las partículas, al menos según esta narrativa. La realidad de la cosmovisión reduccionista contradice la realidad que experimentamos en cada momento y, por esa razón, deja a todos sus seguidores con una disonancia cognitiva y una necesidad de compartimentar del mismo modo que los fundamentalistas religiosos necesitan hacerlo para cuadrar su rígida ideología con los hechos de la vida.

Podemos ver claramente la postura reduccionista en las palabras del físico teórico Brian Greene, el defensor más famoso de la teoría de cuerdas, que dijo lo siguiente a *New Scientist* en una entrevista para promocionar su libro de 2020, *Until the End of Time: Mind, Matter, and Our Search for Meaning in an Evolving Universe*: "Creo que es muy importante afrontar la verdad de la realidad, que es que la vida y la conciencia son un fenómeno fugaz en toda la línea de tiempo cosmológica..."[1]

Es seguro decir que Greene no cree que el conocimiento pueda marcar una diferencia apreciable en el universo en general. Pero no es esta la opinión de David Deutsch, que escribe: "[E]ste proceso (evolutivo) no tiene por qué llegar nunca a su fin... no hay límites inherentes al crecimiento del conocimiento y el progreso."[2]

Lo emocionante es que solo uno de estos brillantes físicos puede tener razón. Si resulta que la creación de conocimiento continúa para siempre, o simplemente puede continuar para siempre, entonces se avecina un cambio de paradigma de una trascendencia sin parangón. Si el universo cobra vida a través de la propagación de la complejidad adaptativa, entonces la propia naturaleza es intrínsecamente creativa.

Unificación frente a reducción

A diferencia de los modelos reduccionistas, la teoría unificadora de la realidad reconoce que las ciencias superiores son legítimas en el sentido de que describen fenómenos causales reales, fenómenos que no pueden predecir las teorías físicas fundamentales, como la teoría cuántica de campos (o cualquier otra teoría de campos). Así que, en lugar de explicar las ciencias superiores reduciéndolas a las inferiores hasta hacerlas desaparecer, tenemos un enfoque que unifica las disciplinas bajo un conjunto común de leyes y principios. Estos principios describen la aparición y evolución de los sistemas naturales en términos de flujos de energía e información.

¿Por qué toda teoría global de la realidad debe tener en cuenta la vida en su modelo de evolución cósmica? Porque el conocimiento ha ampliado tanto el poder causal de la biología en la Tierra que pequeños trozos de biosfera —humanos en cohetes espaciales y satélites artificiales— se extienden lentamente por el sistema solar. Son ejemplos de lo que los astrobiólogos denominan *antiacreción*. Mientras que la acreción se produce cuando la gravedad de un planeta atrae materia del espacio, la antiacreción se produce cuando un planeta expulsa materia al espacio. Como explica la física e investigadora de los orígenes de la vida Sara Walker, la antiacreción suele "requerir la comprensión —específicamente, la existencia de sistemas físicos con *conocimiento* de las leyes de Newton"[3]. En otras palabras, tenemos un acontecimiento cósmico que no puede explicarse con ninguna teoría física que no haga referencia a la vida, la inteligencia y el concepto de conocimiento.

Alexander Wissner-Gross, informático y empresario estadounidense, articuló el mismo punto con un experimento mental que utilizó para abrir su charla TED de 2013 sobre la conexión entre la segunda ley de la termodinámica y la evolución de la inteligencia:

> Imaginad que sois una raza alienígena que no sabe nada de biología terrestre ni de neurociencia terrestre ni de inteligencia terrestre, pero tenéis telescopios increíbles y podéis observar la Tierra, y tenéis vidas increíblemente largas, así que podéis observar la Tierra durante millones, incluso miles de millones de años. Y observas un efecto realmente extraño. Observas que en el transcurso de los milenios, la Tierra es continuamente bombardeada con asteroides, hasta un punto. Y que en algún momento, que corresponde aproximadamente a nuestro año 2000 a.C., los asteroides que están en curso de colisión con la tierra, que de otro modo habrían chocado, misteriosamente se desvían o detonan antes de que puedan golpear la tierra. Ahora, por supuesto, como terrícolas, sabemos que la razón sería que estamos tratando de salvarnos a nosotros mismos, estamos tra-

tando de evitar un impacto. Pero si eres una raza alienígena que no sabe nada de esto —no tiene ningún concepto de la inteligencia terrestre— te verías obligado a elaborar una teoría física que explique cómo, hasta cierto momento, los asteroides que podrían demoler la superficie de un planeta dejan de hacerlo misteriosamente. Así pues, afirmo que se trata de la misma cuestión que comprender la naturaleza física de la inteligencia[4].

La teoría unificadora de la realidad es a la vez una teoría de la evolución cósmica y una teoría de la inteligencia. Pero para comprender realmente este paradigma científico centrado en el conocimiento, primero debemos hacernos una idea de en qué se diferencia del paradigma existente. Como ya se ha explicado, la visión del mundo que aún mantienen la mayoría de científicos y cruzados de la razón es la reduccionista, aunque es probable que eso cambie pronto. Esta cosmovisión se opone a cualquier tipo de cosmovisión *teleológica*, es decir, a cualquier modelo cósmico que otorgue al universo un objetivo intrínseco, a la vida un propósito inherente o a la evolución una flecha o dirección innata.

Según la filosofía reduccionista —y ciertamente es una filosofía— el universo que habitamos es duro, caótico y totalmente imparcial con los seres sensibles, que no son más que "accidentes felices". Desde este punto de vista, la vida inteligente no es más que una fluctuación estadística temporal dentro de la tendencia general al desorden creciente. La biosfera no es más que una gran y complicada estructura disipativa, y como todas las estructuras disipativas, destinada a la transitoriedad. Que la vida tenga algún tipo de influencia cósmica sería un estado de cosas altamente improbable, estadísticamente hablando. En la mente de la mayoría de los materialistas y reduccionistas, la acción y la conciencia solo pueden ser epifenómenos, lo que significa que no tienen poder causal ni influencia cósmica.

Curiosamente, los reduccionistas que buscan consuelo existencial a menudo intentan encontrar significado en la insignificancia de la vida. Por ejemplo, las poéticas palabras de Brian Greene son bonitas pero patentemente paradójicas:

> [La vida y la conciencia son un fenómeno fugaz en toda la línea de tiempo cosmológica, lo que en cierto sentido nos hace sentir muy pequeños, muy insignificantes, pero al mismo tiempo, casi enfatiza lo que nosotros, seres insignificantes, somos capaces de hacer: la capacidad de contar historias maravillosas que nos ayudan a lidiar con nuestra propia mortalidad, nues-

> tra propia impermanencia. Es esa doble forma de ver las cosas —somos insignificantes, pero estamos dotados de mentes que pueden llegar hasta los confines del cosmos— lo que puede darnos un profundo sentido de propósito y de gratitud por estar aquí.[5]

Esta afirmación es deliciosamente irónica, porque es precisamente el hecho de que nuestras mentes puedan, como dice Greene, "llegar hasta el borde mismo del cosmos" lo que otorga a la vida la capacidad única de influir en su evolución futura. Es esa "irrazonable eficacia de las matemáticas" lo que Wigner encontraba tan fascinante. Hace muchas décadas, Freeman Dyson escribió: "Es imposible calcular en detalle el futuro a largo plazo del universo sin incluir los efectos de la vida y la inteligencia."[6]

La vida no es un momento fugaz

La suposición de que la vida está destinada a la fugacidad y la insignificancia cósmica parece apoyarse inicialmente en uno de los principios más fundamentales de la naturaleza, la segunda ley de la termodinámica. Pero la narrativa que está surgiendo de la ciencia de la complejidad —que unifica la física, la biología y la neurociencia describiéndolas en términos de termodinámica e información— cuenta una historia cósmica diferente. En lugar de derivar constantemente hacia un estado más desordenado y sin vida, el universo que habitamos está experimentando un proceso evolutivo transformador que comienza antes que la biología y va mucho más allá.

La teoría unificadora de la realidad reconoce la distinción crítica entre la complejidad adaptativa y las estructuras disipativas ordinarias que se encuentran en la naturaleza, que surgen espontáneamente para consumir gradientes y luego desaparecen como fantasmas, sin dejar rastro de su existencia. A medida que la vida disipa el gradiente solar, la biosfera evoluciona, aprende y se hace cada vez más robusta. Para los amantes de las películas de terror, la complejidad adaptativa es lo opuesto a *The Blob*, una masa amorfa de materia orgánica que se traga y disuelve toda la vida a su alrededor. En lugar de matar a los seres y convertirlos en materia sin sentido, la vida transforma un planeta inanimado en uno vivo, primero produciendo biología y después tecnología que ayuda a la vida en su lucha cósmica por la existencia. A medida que la vida sensible surge inevitablemente, evoluciona y se expande hacia el espacio, poblando planetas y saturando de información e inteligencia la materia inanimada, el cosmos comienza gradualmente a despertar y a experimentar los frutos de su creación.

"¡Blasfemia!", grita el reduccionista acérrimo. Esto se debe a que la mayoría de los reduccionistas piensan que un modelo del universo en el que la vida desempeña algún papel significativo se opone fundamentalmente al *naturalismo*, la doctrina que afirma que todos los fenómenos deben tener explicaciones naturales y mecánicas. Veremos por qué no es así en absoluto, pero es fácil ver el motivo de la confusión.

Dado que las explicaciones naturales de la ciencia suelen considerarse las antítesis de las explicaciones sobrenaturales de la religión, se suele suponer que la postura de la ciencia siempre debe estar en oposición directa a la postura religiosa, independientemente del tema que se trate. Si la religión dice que la vida es especial y que la existencia tiene un propósito intrínseco, se supone ingenuamente que la ciencia debe decir lo contrario: que la vida es un accidente insignificante en un universo sin sentido y abrumadoramente carente de vida. Vemos esta suposición errónea —que un modelo que concede a la vida un significado cósmico es intrínsecamente religioso— en esta cita del físico Sean Carroll de una charla dada en 2015: "Se esperaría que bajo el teísmo la vida desempeñara un papel especial en el universo; bajo el naturalismo se esperaría que la vida fuera muy insignificante. Espero no tener que decírtelo, la vida es muy insignificante en lo que respecta al universo."[7]

En respuesta a esto, citaré al colega de Carroll, David Deutsch: "No hay nada más engañoso que un hecho evidente."[8]

En su libro *The Fabric of Reality*, Deutsch sugiere que la vida desempeña un papel especial en el universo: "La teoría evolutiva de concepción estrecha nos considera meros 'vehículos' para la replicación de nuestros genes o memes; y se niega a abordar la cuestión de por qué la evolución ha tendido a crear una complejidad adaptativa cada vez mayor, o el papel que desempeña dicha complejidad en el esquema más amplio de las cosas."

Freeman Dyson dio algunos consejos a los reduccionistas que tienen problemas para aceptar la nueva narrativa cósmica presentada en este libro: "Si nuestro análisis del futuro a largo plazo nos lleva a plantearnos cuestiones relacionadas con el significado y el propósito últimos de la vida, examinémoslas con valentía y sin vergüenza."[9]

El Universo: Un trabajo en curso

Cuando la gente piensa que la finalidad intrínseca o el progreso en la naturaleza es una idea religiosa, es porque no tienen una comprensión mecanicista clara del proceso evolutivo. No ven que la teleología darwiniana no es una paradoja, sino la solución a una paradoja. Se puede tener un progreso inevitable sin ninguna fuerza cósmica sobrenatural o consciente que guíe o impulse el proceso evolutivo. Como se explicará más a fondo en breve, un sistema autocorrectivo se hace más robusto y computacionalmente más potente porque siempre está resolviendo problemas de supervivencia y almacenando las soluciones en la memoria. Estas soluciones son estructurales (morfológicas), funcionales (fisiológicas) y computacionales (de comportamiento). Para utilizar una analogía aproximada, podemos pensar que la complejidad adaptativa es similar a un programa de inteligencia artificial que juega al ajedrez y es derrotado una y otra vez, pero como aprende de cada fracaso, pronto se vuelve imbatible. Por simple que parezca, la mayoría de los físicos y biólogos no se han planteado seriamente esta idea, sobre todo por motivos ideológicos.

Está claro que Seth Lloyd, que al igual que Deutsch es un pionero en el campo de la computación cuántica, no cree que la complejidad organizada sea transitoria, y no se avergüenza de decirlo. Eso se debe a que su modelo cósmico reconoce el poder causal de la información y la naturaleza computacional de nuestro universo:

> Dondequiera que miremos, vemos una inmensa variación y complejidad. ¿Por qué? ¿Cómo llegó el universo a ser así? Sabemos por la observación astronómica que el estado inicial del universo, hace catorce mil millones de años, era extremadamente plano, regular y simple. Del mismo modo, las leyes de la física son simples: las leyes conocidas de la física podrían caber en la espalda de una camiseta. Leyes sencillas, estado inicial sencillo. Entonces, ¿de dónde procede toda esta complejidad? Las leyes de la física no dicen nada al respecto. En cambio, la teoría computacional del universo tiene una explicación sencilla y directa de cómo y por qué el universo se volvió complejo. La historia del universo en términos de revoluciones del procesamiento de la información, cada una de las cuales surge naturalmente de la anterior, ya insinúa por qué un universo computacional da lugar necesariamente a la complejidad. De hecho, podemos demostrar matemáticamente que un universo que computa debe,

con alta probabilidad, dar lugar a un flujo de estructuras cada vez más complejas.[10]

Desde una perspectiva computacional, el crecimiento de la complejidad adaptativa no suena sorprendente y, desde luego, no parece violar ningún principio científico sagrado. Pero por razones sociológicas e ideo lógicas, es más probable que la gente se oponga a la idea de un universo computacional que genera inexorablemente "estructuras cada vez más complejas" si la misma idea se expresa en un lenguaje informal. "La vida está destinada a extenderse por el universo" parece religioso, aunque podamos demostrar mecánicamente por qué este resultado no es sorprendente, una vez que se comprende el panorama general.

El inventor y futurista estadounidense Ray Kurzweil utiliza sin reparos el término "destino" para describir el futuro del universo: "Está claro que las leyes físicas de nuestro universo son precisamente las que tienen que ser para permitir la evolución de niveles crecientes de orden y complejidad... Al final, todo el universo se saturará de inteligencia. Este es el destino del universo."[11]

Pero no son solo los tecnólogos, que tienen fama de ir por libre, los que intentan que la comunidad científica en general se dé cuenta de que la vida importa, y no solo a nosotros, sino al cosmos. En su célebre libro *Consciousness: Confessions of a Romantic Reductionist*, el neurocientífico Christof Koch, científico jefe y presidente del Allen Institute for Brain Science de Seattle, confiesa creer "que las leyes de la física favorecen abrumadoramente la aparición de la conciencia". Pero no cree que el crecimiento de la complejidad se detenga ahí: "El surgimiento de la vida sensible dentro del amplio circuito del tiempo era inevitable. Teilhard de Chardin tiene razón al afirmar que las islas del universo —si no el cosmos entero— evolucionan hacia una complejidad y un autoconocimiento cada vez mayores."

A sabiendas de que su afirmación probablemente provocaría a los reduccionistas radicales, Koch hace una importante salvedad que debería disipar las preocupaciones de los escépticos teleófobos:

> No estoy diciendo que la Tierra tuviera que albergar vida o que los primates bípedos de gran cerebro tuvieran que caminar por las praderas africanas. Pero sí creo que las leyes de la física favorecieron abrumadoramente la aparición de la conciencia. El universo es una obra en curso. Tal creencia suscita las jeremiadas de muchos biólogos y filósofos, pero las pruebas de la cosmología, la biología y la historia son convincentes.

Estas citas expresan la filosofía cósmica del sacerdote jesuita y paleontólogo francés Pierre Teilhard de Chardin, que escribió un libro verdaderamente profético sobre la naturaleza progresiva de la evolución biológica y tecnológica titulado *El fenómeno humano*, publicado póstumamente en 1955, a pesar de haber sido escrito en los años treinta. La mayoría de los estudiosos coinciden en que, en él, Teilhard de Chardin predijo la aparición de Internet. Aunque fue muy criticado por ateos y científicos por su narrativa teleológica, la Iglesia Católica consideró que su base evolucionista era una herejía, de ahí que se retrasara su publicación. Otros libros igualmente influyentes fueron *Creative Evolution* (1907), del filósofo francés Henri Bergson, y *Emergent Evolution* (1927), de C. Lloyd Morgan. Aunque también recibieron duras críticas de la comunidad científica tras su publicación, el paradigma emergente está reavivando el interés por estas obras visionarias.

Desmitificar el progreso evolutivo

Podemos reducir la reacción alérgica a la narrativa cósmica teleológica simplemente refiriéndonos a la vida por su nombre más técnico, "complejidad adaptativa", porque la descripción aclara por qué la inevitable aparición y expansión de la vida son procesos mecanicistas, no místicos. La misteriosa racha de cuatro mil millones de años de supervivencia de la vida ya no es tan sorprendente: la biología prevalece porque siempre está aprendiendo, adaptándose y autocorrigiéndose. El mecanismo darwiniano de variación y selección es un algoritmo de resolución de problemas que nunca deja de encontrar una solución al reto existencial de la supervivencia en un universo que tiende al desorden. El progreso se produce porque la segunda ley crea un problema que fuerza la existencia de su propia solución. Para que un sistema ordenado persista, debe adaptarse. Dado que la vida siempre está copiando su forma con sutiles variaciones, lo hace a la perfección, al principio sin esfuerzo consciente ni conciencia.

La evolución química, biológica y tecnológica, junto con el aprendizaje humano y el progreso científico, implican la acumulación de información adaptativa (conocimiento) a través de un mecanismo darwiniano engañosamente simple que se ha demostrado matemáticamente equivalente a un proceso de inferencia bayesiana. Esta idea representa el concepto central de tres filosofías científicas que, en realidad, son perspectivas complementarias de una narrativa cósmica unificada:

El darwinismo universal reconoce que existen mecanismos evolutivos que actúan en todas las diferentes escalas de la naturaleza y, al hacerlo, alumbra una continuidad entre la materia inanimada y la animada. Todo el universo evoluciona hacia un estado cada vez más complejo, y lo que propaga la vida es el conocimiento acumulado en la memoria como resultado de la adaptación continua. Está bien establecido que el darwinismo universal de Dawkins y Dennett, al tratarse de un proceso de creación de conocimiento, es equivalente a la epistemología evolucionista de Popper y Campbell, que le precedieron.

La epistemología evolutiva subraya que el proceso evolutivo es un proceso de aprendizaje y que la vida es una forma de cognición. Según este paradigma, el conocimiento se crea continuamente a medida que la complejidad adaptativa evoluciona y se extiende por el cosmos. El universo se despierta no por una fuerza teleológica sobrenatural o consciente, sino porque evoluciona a través de un proceso autocorrectivo que experimenta, elimina errores y codifica en la memoria soluciones de supervivencia (adaptaciones). La gran conclusión es que la adaptación es una forma de aprendizaje, y el aprendizaje es una forma de adaptación.

El bayesianismo universal es una actualización de los dos paradigmas que le precedieron. Piense en él como una "epistemología evolutiva 3.0". Esta interpretación del proceso evolutivo subraya que los sistemas adaptativos almacenan una representación o modelo simplificado del mundo que habitan. A medida que avanzan la evolución y el aprendizaje adaptativo, la vida realiza inferencias estadísticas y actualiza las "creencias" de su modelo sobre el mundo de forma bayesiana. El "principio de la energía libre", la ley fundamental del bayesianismo universal, nos da una matemática, basada en la mecánica estadística, que describe cómo debe comportarse la vida para seguir existiendo. Debe minimizar el error de predicción de su modelo del mundo, y esa tarea implica adquirir conocimientos sobre el universo que la rodea.

Aunque las tres filosofías describen diferentes aspectos del mismo proceso subyacente, estas etiquetas engloban un conjunto muy diverso de fenómenos, que a menudo se estudian de forma independiente y rara vez se reconocen como manifestaciones de un único mecanismo universal que crea conocimiento y progreso sin falta y sin límites. No cabe duda de que nos hacemos una idea de la evolución cósmica, pero de estos mecanismos por sí solos no se desprende que la evolución progresiva sea inevitable y sin límites. Para ser claros, explican por qué se genera la complejidad, pero por sí solos no parecen garantizar que el proceso continúe indefinidamente.

Al integrar estas teorías funcionalmente equivalentes en una narrativa cósmica cohesiva, el marco de la epistemología evolutiva —darwinismo universal— bayesianismo universal (EE-UD-UB) nos ofrece un camino hacia la consiliencia. Los científicos llevan soñando con esa consiliencia desde el nacimiento de la cibernética, aunque se podría decir que empezó realmente con el nacimiento del método científico y las ideas de Francis Bacon. Solo hicieron falta unos trescientos años para que la ciencia y las matemáticas maduraran lo necesario para una unificación de las ciencias.

La cibernética fue la primera teoría formal real de los sistemas adaptativos, y de ella surgió la más generalizada "teoría general de sistemas", un noble intento de unificar las ciencias por parte de Ludwig von Bertalanffy, el cibernético que se inspiró en el trabajo de su colega W. Ross Ashby, psiquiatra inglés y pionero de la cibernética, de forma muy parecida a como Campbell se inspiró en Popper.

Aunque la teoría general de sistemas parecía tener el problema de ser demasiado amplia, promovió el pensamiento sistémico y plantó la semilla que se convertiría en la moderna ciencia de la complejidad. Centrada en los sistemas adaptativos complejos, la ciencia de la complejidad intenta unificar la cibernética y la teoría general de sistemas con las matemáticas del caos, la mecánica estadística de la termodinámica y la teoría de la información de Shannon. La última iteración de esta teoría de sistemas unificados, descendiente evolutiva de todos los paradigmas unificadores que la precedieron, surge del marco EE-UD-UB. Me gustaría pensar que Bacon, Bayes y Bertalanffy aprobarían esta teoría unificadora de la realidad.

Naturalizar la teleología cósmica con la selección natural

Hay que subrayar que este modelo cósmico intrínsecamente teleológico no cuestiona ni refuta en modo alguno la teoría de la evolución de Darwin. De hecho, amplía la revolución intelectual iniciada por Darwin al explicar los mecanismos del cambio progresivo en el universo a todas las escalas y para todos los tiempos —pasado, presente y futuro— como resultado de la variación ciega y la selección natural.

La teleología cósmica nunca tuvo que ver con una fuerza misteriosa no física. Era una intuición de que la vida albergaba información con poder causal cósmico antes de que la información tuviera nombre. La teoría de la selección natural no explica la teleología, sino que la naturaliza e ilumina su belleza mecanicista. La dinámica darwiniana es el motor del progreso evolutivo, como sospechaban algunos de los grandes naturalistas del siglo XX, como de Duve, Dyson y Morowitz. Así pues, ya no podemos confundir la idea de un universo dirigido por objetivos con una teoría sobrenatural o religiosa de la existencia. Pero como veremos en el último capítulo, una teleología computacional es religiosa en su propio sentido. Einstein decía a menudo que era un "no creyente profundamente religioso". Esto no tiene por qué ser una paradoja. La infinita creatividad de la Naturaleza es una fuente de inspiración espiritual para cualquier observador que se dé cuenta de que es una manifestación de ella.

En el mismo registro fósil que confirmó la gran teoría de Darwin se encuentran pruebas inequívocas de una complejificación continuada a lo largo del tiempo. Primero apareció la vida unicelular, luego surgieron los organismos pluricelulares, seguidos de los mamíferos y, finalmente, los seres humanos que pudieron articular tal proceso. Es más, la cronología de estos acontecimientos sugiere que el ritmo de progreso se está acelerando. A medida que la biosfera envejece, nuevos niveles de complejidad parecen surgir cada vez más rápido. Si ampliamos el zoom, vemos un proceso evolutivo gradual que tarda en ponerse en marcha, pero que acaba siendo explosivo.

La innegable tendencia hacia una mayor complejidad ha llevado a no pocos científicos de renombre a sospechar que puede haber leyes generales de la naturaleza que impulsen a los sistemas alejados del equilibrio hacia una complejidad cada vez mayor, del mismo modo que hay leyes estadísticas que obligan a los sistemas en equilibrio a ser cada vez más desordenados. Muchos de ellos están relacionados con el Instituto de Santa Fe, como Stuart Kauffman, que hace décadas sugirió que en la Tierra actúa algo parecido a una "cuarta ley de la termodinámica". En su libro del año 2000 *Investigations*, Kauffman escribió:

> De hecho, es posible que exista una ley general para las biosferas y, tal vez, incluso para el universo en su conjunto, en la línea siguiente. Una cuarta ley candidata: como tendencia media, las biosferas y el universo crean novedad y diversidad tan rápido como pueden conseguir hacerlo sin destruir la organización propagadora acumulada que es la base y el nexo a partir del cual se descubre e incorpora más novedad a la organización propagadora.

Ray Kurzweil vio un proceso similar que sobresalía de los datos como un pulgar dolorido. El "genio inquieto", como le bautizó el *Wall Street Journal*, no se anda con rodeos en lo que considera una verdad irrefutable: "Los atributos que crecen exponencialmente... son el orden y la complejidad... Esta aceleración coincide con nuestras observaciones de sentido común."[12]

Pero ¿qué ocurre con los acontecimientos que provocaron extinciones masivas? ¿No está condenada la vida inteligente, ya que también parecen inevitables? Lo que revelan los datos es que estas extinciones masivas no frenaron la tendencia general hacia una mayor diversidad y complejidad de la biosfera, como ha señalado la bióloga evolutiva Anna Dornhaus. De hecho, parecen haber *aumentado* el ritmo de avance. Este fenómeno debería llevarnos a preguntarnos si tales acontecimientos catastróficos son realmente una parte necesaria de un proceso evolutivo que depende de que la naturaleza plantee a la vida tales desafíos. Recordemos el principio de Popper del último capítulo: Los problemas crean progreso.

Pero esta perspectiva cósmica cuasi optimista no se desprende directamente de la síntesis moderna. Tal y como se concibe tradicionalmente, no hay ningún mecanismo específico que impulse la evolución progresiva ni ninguna razón matemática aparente para sospechar una dirección o flecha hacia especies de mayor complejidad e inteligencia, aparte de lo que esperaríamos del ruido estadístico y la creciente variabilidad en torno a una media. La evolución, tal y como la entienden la mayoría de los biólogos, se refiere simplemente al cambio adaptativo, y un cambio adaptativo arbitrario o limitado no otorga a la vida un significado cósmico. Para ello, la evolución debe ser en algún sentido global *progresiva*, lo que significa que debe haber una flecha o direccionalidad inherente al proceso tal que la vida avance hacia una forma cada vez más funcional y causalmente eficaz.

Para que surja esta flecha, los efectos de las adaptaciones de la vida deben ser acumulativos, y la complejización y la creación de conocimiento nunca deben detenerse. Demostrar que esa flecha existe ha sido difícil no solo porque no existe una medida clara y consensuada de la complejidad, sino tampoco una definición clara. Este es quizá el mayor reto al que se enfrenta la teoría unificadora de la realidad. Sin embargo, difícil no significa imposible, y para usar el mantra de Deutsch, "los problemas tienen solución". El problema de cuantificar el progreso evolutivo no es una excepción. Y al resolver este problema, estaremos progresando.

Por supuesto, a quienes sostienen la visión reduccionista del mundo como las escrituras, algunos de estos nuevos conceptos les parecerán al principio blasfemos. Aunque una tendencia hacia una mayor complejidad en la biosfera a lo largo del tiempo pueda parecer obvia, muchos teóricos de la evolución siguen rechazando la idea de que la replicación con selección natural deba conducir inevitablemente a la aparición continua de formas de vida cada vez más inteligentes. Aunque hay algunas razones sensatas para tales objeciones, que ahora consideraremos, la resistencia a las nuevas ideas que apoyan la evolución progresiva suele estar motivada por una presión oculta para ajustarse a una agenda ideológica establecida por ateos empeñados en proteger la ciencia de la influencia corruptora de la religión organizada.

Estos nobles pero equivocados defensores de la lógica y la razón creen que reconocer que la evolución es un proceso acumulativo con una dirección general equivale a admitir que la naturaleza avanza hacia algún objetivo superior. Y como por defecto asocian la teleología con una fuerza sobrenatural, en lugar de con un proceso termodinámico, computacional y evolutivo natural, muchos no están dispuestos a considerar ningún mecanismo adaptativo que pueda contribuir a una narrativa de progreso más amplia. Por esta razón, los ateos y los escépticos suelen rechazar los mecanismos desconocidos asociados a la emergencia y, al hacerlo, se convierten en negacionistas de la ciencia no muy distintos de los ideólogos religiosos que desprecian.

El caso contra el progreso evolutivo

Uno de los críticos más destacados de la idea de que la evolución está creando una "escalera de progreso" fue el influyente biólogo evolutivo y escritor popular del siglo XX Stephen Jay Gould, quien argumentó que la selección natural no estaba haciendo que los organismos fueran más complejos per se; simplemente estaba haciendo que el conjunto de la vida en general fuera más diverso al enviar ciegamente a la biología por innumerables caminos evolutivos en todas direcciones, aparentemente de forma arbitraria, y sin una evolución dirigida hacia algún "objetivo superior". Gould describió célebremente la exploración desordenada de estos caminos por parte de la vida como algo parecido al "paseo aleatorio" de un marinero borracho, que va dando tumbos de un lado a otro por mera casualidad, a veces acercándose a una mayor complejidad y otras alejándose de ella. Según Gould, la vida unicelular, como las bacterias, es la mejor adaptada porque utiliza la menor cantidad de energía —es decir, tiene el menor coste computacional— y todas las demás formas de vida no son más que desviaciones de esa media. Para apoyar esta hipótesis, citó que la mayoría de los organismos del planeta son bacterias y que, en caso de catástrofe cósmica total, nosotros desapareceríamos de la faz de la Tierra, mientras que ellas probablemente persistirían.

Aunque Gould articuló maravillosamente cómo el proceso evolutivo generaría una maravillosa variedad de especies, muy diferentes en forma y función, se apresuró a subrayar que cualquier apariencia de un impulso intrínseco hacia una mayor complejidad era solo una "ilusión estadística". Dawkins deconstruyó este argumento en una reseña de libro por lo demás halagüeña[13], defendiendo la realidad del progreso evolutivo con bastante eficacia utilizando dos argumentos principales, que intentaremos formalizar en este capítulo y en el siguiente. Esencialmente, la evolución hacia una mayor complejidad se ve impulsada por una acumulación de soluciones adaptativas en la memoria biológica (genes, cerebros, cultura, etc.), y también por inevitables transiciones evolutivas importantes, como el salto de la vida unicelular a los organismos pluricelulares, y el salto de los organismos pluricelulares a las sociedades, u organismos sociales.

Gould también predicaba apasionadamente que la inteligencia de nivel humano —inteligencia capaz de inventar tecnología y, con el tiempo, diseñar su propia evolución— no era más que un producto del azar y, por tanto, era improbable que volviera a surgir si pudiéramos rebobinar la cinta del tiempo y volver a reproducir la evolución. Mientras que Monod, el biólogo francés del siglo XX mencionado en el primer capítulo, no creía que el universo estuviera preñado de vida, Gould no creía que la biosfera estuviera preñada de inteligencia. Decir que detestaba la idea de que la evolución fuera progresiva sería quedarse corto: "El progreso es una idea nociva, culturalmente arraigada, no comprobable, no operativa, intratable, que debe ser sustituida si queremos entender los patrones de la historia."[14]

En el maravilloso libro del periodista científico Roger Lewin *Complexity: Life at the Edge of Chaos*, del periodista científico Roger Lewin, Gould admitió que su oposición a la noción de una escalera de progreso se debía al temor de que la filosofía se utilizara para grandes males. ¿Y quién podría culpar a Gould, que nació en 1941, durante la Segunda Guerra Mundial, por su preocupación? De hecho, Adolf Hitler justificó su programa genocida de eugenesia con una filosofía moral basada en una versión distorsionada del darwinismo social y una interpretación errónea del concepto "supervivencia del más apto".

En la interpretación de Hitler de la noción de una escalera de progreso, una evidente bastardización de la teoría evolutiva, algunas razas eran superiores a otras, a pesar de que Darwin se tomó muchas molestias para hacer saber que los "más aptos" en este contexto no eran los más fuertes ni siquiera los más inteligentes, sino los más *adaptables al cambio*.

Herbert Spencer, un contemporáneo de Darwin que creó la doctrina sobre el darwinismo social, era en realidad más famoso y respetado que Darwin en la cima de su éxito, aunque pasó de moda entre los filósofos incluso antes de que Hitler se apropiara indebidamente de sus ideas. Su creencia de que la sociedad evolucionaba hacia una mayor complejidad se consideró teleológica y, por tanto, mística, aunque el modelo de Spencer era puramente mecanicista, ya que no era un hombre religioso.

Después de la Segunda Guerra Mundial, los académicos estaban bastante de acuerdo en que el pensamiento evolucionista debía limitarse a la biología. Pero como Dennett ha afirmado muchas veces, la lógica darwiniana es como un "ácido universal" en el sentido de que no puede contenerse: inevitablemente se extiende para dar forma y transformar cada vez más ámbitos.

Podría decirse que Spencer fue el primero en articular una teoría del darwinismo universal y, a la luz de las nuevas ciencias de los sistemas adaptativos complejos y la termodinámica del no equilibrio, sus ideas eran más acertadas que erróneas. Por supuesto, es necesario actualizarlas. La nueva versión de la gran teoría de Darwin y Spencer, que incluye tanto la evolución competitiva como la cooperativa (aprendizaje filogenético y ontogenético), nos dice que por razones fundamentales hay fuerza en la diversidad. Esto, a primera vista, suena muy diferente a la noción de supervivencia del más apto, pero veremos cómo estas afirmaciones son en realidad dos caras de la misma moneda.

Argumentos a favor del progreso evolutivo

Gran parte de lo que quería decir Gould es cierto, pero eso es bastante obvio. Como sabe cualquiera que haya seguido un curso de evolución, la selección natural no siempre hace que una especie en evolución sea más compleja. Si una mutación genética crea una adaptación que simplifica el diseño de la criatura, y ese diseño simplificado aumenta la aptitud, entonces esa forma más simple será seleccionada por la naturaleza. Los detractores de la idea de evolución progresiva, recelosos de sus implicaciones teleológicas, suelen citar a los tiburones y los cocodrilos como ejemplos de especies que no han cambiado de forma significativa a lo largo de muchos millones de años de existencia. Se sabe que los peces que han emigrado a cuevas han perdido los ojos con el paso del tiempo evolutivo, volviéndose aparentemente más simples. Este hecho ilustra claramente que no todos los organismos, ni siquiera la mayoría, se están volviendo más complejos a través de la evolución. Parece que simplemente se adaptan mejor al nicho ecológico en el que viven. Algunos nichos presentan una gran variedad de retos a los que hay que adaptarse, mientras que otros apenas presentan ninguno. En consecuencia, algunos organismos apenas evolucionan.

Como señaló el periodista y escritor estadounidense Robert Wright, conocido crítico de la postura de Gould, nadie con sentido común afirmaba que todas las especies se volvieran necesariamente más complejas e inteligentes. Los teleólogos cósmicos, religiosos o laicos, no creen que las cucarachas evolucionen para hacerse cada vez más inteligentes o humanas. Esa es la definición de un hombre de paja. Pero la imparcialidad pierde importancia, incluso para los científicos, cuando se cree que la humanidad está en juego. Irónicamente, el derribo de la teleología por parte de Gould se inspiró en su propia teleología, un propósito existencial que le impulsó a luchar contra un paradigma que creía que podía sofocar el progreso.

En resumen, vemos que, al igual que Monod, Gould tenía razón y se equivocaba. Acertó en muchos detalles biológicos, pero se equivocó en su interpretación de la historia más amplia implícita en esos detalles. Aunque acertó al señalar que la selección natural no conduce a todas las especies hacia una complejidad creciente, sino que la mayoría de ellas permanecen bastante simples, se equivocó al concluir de ello que la evolución no genera continuamente mayores niveles de complejidad computacional e inteligencia. Esta conclusión injustificada es habitual entre los biólogos evolutivos influidos a sabiendas o no por la retórica de Gould y suele derivarse de dos errores principales.

El primer error es ignorar o restar importancia al hecho de que un proceso que genera continuamente una mayor diversidad de especies también aumentará sistemáticamente la complejidad de las especies más complejas. Una vez que integremos la termodinámica y la teoría de la información en nuestra comprensión de la evolución darwiniana, empezaremos a ver por qué, esencialmente, cualquier biosfera que se aleje del equilibrio por los flujos de energía planetaria durante el tiempo suficiente debería producir una especie con inteligencia general. Se trata de una afirmación atrevida, pero inevitable desde el punto de vista lógico. Para entender por qué, debemos comprender el principio de la cibernética conocido como la *ley de la variedad requerida*, ideada por Ashby en la década de 1960.

El segundo error es centrarse únicamente en la complejidad a nivel del organismo individual y no en la complejidad de las redes formadas por estos organismos, o en la complejidad de la biosfera en su conjunto. En el próximo capítulo intentaremos corregir el primer error. El segundo error, que requiere un análisis de las grandes transiciones evolutivas, se tratará a fondo en el capítulo nueve.

Los esfuerzos por ampliar la teoría dominante de la evolución, conocida como la *síntesis moderna* —un nombre octogenario que ya no merece— han creado colectivamente lo que los académicos del campo denominan la *síntesis evolutiva ampliada*. Esta actualización del modelo teórico, una especie de teoría evolutiva 2.0, está promovida por un grupo de respetados teóricos de la evolución, entre ellos el filósofo Massimo Pigliucci y el biólogo evolutivo David Sloan Wilson, que la actualizan colectivamente a medida que salen a la luz nuevos mecanismos evolutivos.

Aunque ha aclarado una serie de mecanismos biológicos ignorados que aportan información a la historia general —como los mecanismos de tipo lamarckiano de la epigenética, la evolucionabilidad (la evolución de los mecanismos de la evolución) y el concepto de "selección multinivel"—, lo cierto es que no va lo suficientemente lejos. Del mismo modo que no podríamos entender adecuadamente cómo surgió la vida sin pensar en el fenómeno en términos de termodinámica e información, como sugirió Schrödinger, no podemos entender realmente cómo evoluciona la vida sin hacer lo mismo. Teniendo esto en cuenta, vamos a dar a nuestra teoría unificadora de la realidad un nombre propio: la *síntesis evolutiva integrada*. A lo largo del resto del libro, este paradigma reunirá los conceptos de la primera parte y del capítulo anterior para ofrecernos una verdadera "teoría del todo", que unifique en lugar de reducir.

8

LA SÍNTESIS EVOLUTIVA INTEGRADA

¿Darwin asestó un "golpe mortal a la Teleología", como exclamó [Karl] Marx, o mostró cómo el "significado racional" de las ciencias naturales debía explicarse empíricamente (como Marx no tardó en exclamar), creando así un hogar seguro en la ciencia para la discusión funcional o teleológica?

DANIEL DENNETT, *Darwin's Dangerous Idea*

¿Cuál es el fundamento de una teoría no reduccionista del todo? Para comprender la naturaleza de la vida, y la naturaleza de la realidad, debemos empezar con lo que muchos científicos consideran la ley de todas las leyes físicas, la segunda ley de la termodinámica. La segunda ley es la base de nuestra teleología darwiniana.

La tendencia natural a la descomposición y el desorden descrita por la versión estadística de Boltzmann de la segunda ley —que puede resumirse como "las cosas se desmoronan"— plantea a cualquier sistema adaptativo o sensible concebible un eterno reto existencial. Los biólogos lo llaman supervivencia, los cibernéticos persistencia y los físicos mantenerse lejos del equilibrio termodinámico. Para mantenerse lejos del equilibrio, es decir, para seguir existiendo, un sistema debe ser capaz de extraer energía libre (lo que Schrödinger llamó *entropía negativa*) de un entorno ruidoso, fluctuante y en constante cambio. No es una tarea trivial. De hecho, requiere absolutamente que la vida *adquiera información sobre el mundo que habita*.

Esta información tiene un significado intrínseco para un sistema porque es causalmente necesaria para su existencia continuada. Debido a su significado inherente, este tipo de información se ha denominado *información semántica, información teleosemántica e información adaptativa*, aunque existen sutiles diferencias entre estos términos dependiendo de cómo se utilicen. Como la información adaptativa reduce la incertidumbre ambiental —o entropía de Shannon, que es un término técnico para la ignorancia— también la llamamos *conocimiento*. A medida que la vida lucha por mantener su existencia, convierte la energía libre en información, y el coste de esta reducción de la ignorancia, de este proceso de aprendizaje, es la entropía térmica que la vida produce en forma de calor disipado.

La información que reduce la incertidumbre es la primera y la última arma de la vida en la guerra continua contra el desorden, e infunde a la materia orgánica control y poder causal. Esto significa que "el conocimiento es poder" no es solo una frase de moda de la era digital, sino que es cierta en su forma más fundamental. Como dijo E. T. Jaynes, el científico que iluminó la conexión entre la mecánica estadística y la teoría de la información: "El viejo adagio 'el conocimiento es poder'… es una verdad muy contundente, tanto en las relaciones humanas como en la termodinámica."[1] Sin conocimiento, la vida no puede existir más que un instante, y mucho menos colonizar la galaxia y más allá. Esto sugiere que emprender el camino hacia la superioridad cósmica no es una elección que agentes inteligentes como el *Homo sapiens* tomen tras una cuidadosa reflexión, ni tampoco una ambición estrafalaria con la que tropezamos por casualidad. El deseo colectivo de la humanidad de trascender la mortalidad y expandirse hacia el espacio, tan evidente en nuestros esfuerzos científicos y tecnológicos, no surge por casualidad, sino como consecuencia inevitable del hecho de que la adquisición continua de conocimientos es un imperativo biológico fundamental.

El poder de la predicción

Al igual que el conocimiento que adquirimos mediante la práctica de la ciencia, la información biológica se basa en pruebas y es predictiva, porque es la información la que permite a la vida anticiparse a los acontecimientos futuros del mundo lo suficientemente bien como para encontrar energía y evitar las amenazas. Es este poder predictivo el que preserva el sistema complejo, junto con el conocimiento que encarna, hasta que puede transmitirse a la descendencia mediante la autorreplicación. Así pues, no solo evolución es igual a aprendizaje, sino que evolución y aprendizaje son iguales a inferencia estadística, concretamente a inferencia bayesiana, o algo que se le aproxime. A medida que se produce el aprendizaje evolutivo, la vida va actualizando las "creencias" de su modelo sobre el mundo que la rodea para que sean más precisas y completas.

En un artículo para la publicación Aeon, Friston afirmó: "La inferencia se acerca bastante a una teoría del todo, incluida la evolución, la conciencia y la vida misma. Es un secuestro en toda regla."[2] Es la eterna lucha por mantenerse lejos del equilibrio y la necesidad de anticipar o predecir el entorno para lograrlo lo que confiere a la complejidad adaptativa un objetivo intrínseco de supervivencia y a todas las criaturas vivas un propósito emergente, o teleología.

En 2017, el psicólogo cognitivo de la Universidad de Harvard Steven Pinker respondió a la pregunta "¿qué término o concepto científico debería ser más conocido?" con lo siguiente:

> La Segunda Ley define el propósito último de la vida, la mente y el esfuerzo humano: desplegar energía e información para luchar contra la marea de entropía y crear refugios de orden beneficioso. Subestimar la tendencia inherente al desorden y no apreciar los valiosos nichos de orden que creamos es una de las principales causas de la insensatez humana[3].

Ganar la guerra contra el lento avance del desorden suena como un reto que la vida puede o no puede superar, pero cuando entendemos que la vida es solo una palabra vaga para la complejidad adaptativa, vemos que aprende espontáneamente, al principio sin ninguna intención consciente de hacerlo. La complejidad adaptativa empieza a trabajar en el problema de sobrevivir lejos del equilibrio —el reto continuo de extraer energía y evitar amenazas— en el momento en que empieza a existir. Pero si eso es cierto, ¿cómo puede la vida adquirir la información causalmente necesaria para su supervivencia antes de que los organismos tuvieran cerebro, el órgano que asociamos con el aprendizaje?

Aprendizaje filogenético y ontogenético

Como se explica en el capítulo seis, la vida empieza a aprender sobre las regularidades del entorno acumulando conocimientos en los genomas de los organismos. En esta forma de aprendizaje generacional, conocida como aprendizaje filogenético, la vida y la muerte desempeñan un papel igualmente importante en la creación de conocimiento. El aprendizaje filogenético es un aprendizaje colectivo, pero es competitivo y no cooperativo; es el aprendizaje que se produce como resultado de la dinámica darwiniana popularmente descrita como "supervivencia del más apto". Esto contrasta con el aprendizaje ontogenético, que es el aprendizaje individual que llamamos aprendizaje adaptativo, o aprendizaje por refuerzo. Sin embargo, si nos acercamos lo suficiente, el aprendizaje individual siempre se corresponde con la autoorganización, por lo que el aprendizaje individual es en realidad un aprendizaje colectivo a un nivel de resolución superior. Si nos acercamos lo suficiente, cada individuo se revela como una comunidad.

Un organismo es un conjunto de células, un cerebro un conjunto de neuronas, una ciudad un conjunto de personas, una célula un conjunto de biomoléculas… ya nos hacemos una idea. Dado que toda creación de conocimiento puede entenderse en términos de aprendizaje filogenético u ontogenético —que corresponden a la evolución competitiva y cooperativa—, hay mucho que decir sobre cada uno de ellos, y aún más sobre cómo funcionan juntos. Nos centraremos en el primero en este capítulo y en el segundo en el siguiente.

Si la segunda ley plantea a la vida un reto existencial, la evolución darwiniana es la forma en que la vida está a la altura del problema siempre presente que plantea la naturaleza. Como se explica en detalle en el capítulo seis, el mecanismo evolutivo que actúa cuando hay autorreplicación con mutación genética se conoce como variación y selección, y es un algoritmo termodinámico de resolución de problemas equivalente al aprendizaje por ensayo y error. También es funcionalmente equivalente al mecanismo de la ciencia, que Popper denominó "conjetura y refutación", así como al algoritmo evolutivo "generar y probar" utilizado en el aprendizaje automático. Los organismos son teorías encarnadas sobre cómo sobrevivir, y la ciencia y la IA son extensiones de la vida que la ayudan en su esfuerzo por eludir la entropía.

Así pues, se puede pensar en la evolución darwiniana como una complejidad adaptativa que explora ciegamente el espacio de diseños posibles para encontrar soluciones al problema de mantenerse lejos del equilibrio en aras de la supervivencia. Dado que la tendencia a la decadencia de la segunda ley plantea un problema persistente a cualquier sistema adaptativo autorreplicante, la vida encontrará automáticamente soluciones a través de la experimentación ciega y sin sentido, reteniendo en la memoria lo que funciona mientras los errores son filtrados por la selección natural. En esencia, la mutación es un inventor y la selección natural un podador. La información genética y neuronal que queda después de que la selección natural elimine la biodiversidad generada refleja el conocimiento del entorno que permite al sistema ordenado sobrevivir y prosperar. Solo los agentes con los mejores diseños y los modelos del mundo más precisos consiguen transmitir su información al futuro.

Eliminación de canales de flujo energético inestables

Como estamos tan acostumbrados a pensar en la vida desde la perspectiva del organismo, o de sus genes, solo vislumbramos la verdadera naturaleza de la biología. Desde una perspectiva planetaria, la selección natural es un filtro que elimina los canales de flujo de energía inestables, los "errores" de adaptación, y multiplica las "soluciones", de modo que los diseños funcionales y bien adaptados se extienden por la población. Podemos entenderlo como algo similar a los códigos de corrección de errores de Shannon. Desde la perspectiva de la teoría de la información, la selección natural realiza una corrección global de errores. A medida que los agentes más aptos pasan el filtro de selección y se autorreplican, el modelo mundial de la especie se actualiza para ser más preciso, y esa porción de la biosfera se hace cada vez más robusta.

A medida que las condiciones externas cambian con el tiempo, se descubren nuevas soluciones adaptativas que se graban en la memoria genética, de modo que se generan continuamente nuevos conocimientos, junto con nuevos modos de comportamiento. Este conocimiento puede interpretarse como información del mundo exterior transmitida a la red interdependiente de sistemas adaptativos complejos que llamamos biosfera, a través del canal de información que llamamos selección natural. Una vez que el conocimiento se transfiere del entorno a la vida, los organismos reproductores propagan esta señal, transmitiéndola a la siguiente generación.

Los teóricos de la evolución y los filósofos de la epistemología llevan intentando cuantificar y formalizar el proceso evolutivo casi desde que nació la teoría de la información: primero Fred Dretske, después John Maynard Smith, Henry Plotkin, William Harms, Terrence Deacon y, más recientemente, científicos del Santa Fe Institute como Eric Smith, David Krakauer y David Wolpert. Pero ¿qué significa exactamente decir que la información se transfiere del mundo a la vida?

Cuando las adaptaciones se acumulan en una población en evolución, el genoma de una especie está adquiriendo información sobre las mejores estrategias de supervivencia y replicación en condiciones de equilibrio lejano. Los rasgos adaptativos dependerán en gran medida del entorno concreto en el que habite el organismo, de modo que si la adaptación puede considerarse un aprendizaje, es el nicho el que proporciona la educación.

A medida que una especie se adapta a un nicho a lo largo de muchas generaciones, el diseño y el comportamiento del organismo prototípico se correlacionan más estadísticamente con su entorno y, por tanto, se convierte en un mejor predictor de ese entorno. Cuando el genoma de la especie acumula información que reduce la incertidumbre del organismo medio con respecto al entorno, se codifica en la memoria genética un modelo del entorno. A medida que el proceso de selección natural inyecta información en la maquinaria de la vida, la complejidad adaptativa empieza a cartografiar el universo, codificar su estructura y modelar su dinámica. Al hacerlo, el cosmos empieza a cobrar vida. Poco después surge la conciencia y el universo empieza a despertar poco a poco.

Somos una vía para que el Cosmos se conozca a sí mismo

Somos el cosmos cobrado vida, no metafóricamente, sino literalmente. Como señala el físico teórico y escritor Max Tegmark, los seres sensibles son partículas de materia inanimada reorganizadas en una configuración que permite la computación, el poder causal y la experiencia. Desde una perspectiva más amplia, vemos que la evolución biológica, el aprendizaje adaptativo y el progreso científico reflejan una acumulación de información que reduce la incertidumbre, codificada en la memoria genética, neuronal y cultural. La síntesis evolutiva integrada —basada en el marco de la epistemología evolutiva, el darwinismo universal y el bayesianismo universal— reconoce que la vida, la mente, la sociedad, la cultura, la ciencia, el arte y la tecnología son manifestaciones de un único proceso evolutivo, termodinámico y computacional, unificado por el concepto de conocimiento, la solución de la complejidad adaptativa al eterno problema de la incertidumbre y el desorden.

En su libro de 1995 *Darwin's Dangerous Idea*, Daniel Dennett escribió:

> Si pudiera dar un premio a la mejor idea que alguien haya tenido jamás, se lo daría a Darwin. De un plumazo, la teoría de la evolución por selección natural de Darwin unió el reino de la física y el mecanismo, por un lado, con el reino del significado y el propósito, por otro. Desde una perspectiva

> darwiniana, la continuidad entre la materia sin vida, por un lado, y los seres vivos y todas sus actividades y productos, por otro, puede vislumbrarse a grandes rasgos y explorarse en detalle, no solo los esfuerzos de los animales y los diseños eficientes de las plantas, sino también los significados y propósitos humanos: el arte y la propia ciencia, e incluso la moral. Cuando podemos ver todos nuestros artefactos como frutos del árbol de la vida, hemos logrado una unificación de perspectiva…

Cuando se comprende que el mecanismo primario de la evolución cósmica es un algoritmo de resolución de problemas que acumula conocimientos en una biosfera como contramedida continua a la eterna amenaza del desorden, empieza a surgir una narrativa cósmica nueva y radical, se busque o no un cambio de paradigma.

Nosotros, como seres sensibles, estamos realmente inmersos en una gran batalla cósmica, que resulta ser una historia no muy diferente de las guerras eternas entre el bien y el mal descritas por las principales religiones del mundo. Pero la "lucha por la existencia" cósmica, el desafío al que se enfrenta cualquier especie sensible en cualquier parte del cosmos, se parece más a la que describió Deutsch: una guerra grandiosa y majestuosa entre el orden y el caos, la vida y la entropía, la existencia y la inexistencia. Seamos religiosos, ateos o agnósticos, todos participamos por defecto en esta guerra espiritual. Lo digo de la forma más literal: la sensibilidad solo puede seguir existiendo —el sentimiento, la experiencia, el significado y el propósito solo pueden seguir formando parte de la realidad física— si la vida puede persistir frente a la segunda ley, y la única forma de hacerlo es adquiriendo conocimiento. Esto es cierto tanto si hablamos de paramecios como de plantas, caniches o personas.

Aunque nuestro éxito individual, o el de nuestra civilización, no está en absoluto garantizado, parece que el juego está amañado a favor de la vida, gracias al milagro de la autocorrección. A medida que la complejidad adaptativa se hace cada vez más diversa y compleja a lo largo del tiempo evolutivo, se hace más difícil matarla o contenerla. Esta es la magia del mecanismo de corrección de errores. Al aprender de sus errores, la biosfera se vuelve más poderosa de todo lo que no la destruye por completo. De hecho, lo que no mata la vida la hace más fuerte.

Así pues, el crecimiento inevitable del conocimiento y la propagación de la complejidad adaptativa en el cosmos no están impulsados por alguna fuerza sobrenatural o consciente; se trata de un proceso de aprendizaje que crea conocimiento que mantiene la vida fuera del equilibrio termodinámico, y surge de un proceso evolutivo que es equivalente a la inferencia bayesiana. Esta equivalencia ha sido demostrada por John Campbell y Karl Friston.

La síntesis evolutiva integrada amplía la evolución darwiniana más allá del ámbito biológico e ilumina los mecanismos evolutivos que actúan en todas las diferentes escalas de la naturaleza, que constituyen tanto la jerarquía de la materia como la jerarquía de la vida. Hablaremos de estas jerarquías en el próximo capítulo, que trata de la emergencia. Sin duda, todo esto nos da una idea de la evolución cósmica, pero, una vez más, de estos mecanismos por sí solos no se desprende que el progreso evolutivo en la Tierra forme parte de un proceso cósmico inevitable. Para ello, necesitamos el principio de la cibernética conocido como ley de la variedad necesaria, que nos dará una nueva perspectiva de la segunda ley de la termodinámica que sugiere que la evolución no solo es progresiva, sino que conduce inevitablemente a una inteligencia mucho mayor que cualquier cosa que aún no hayamos imaginado (o podamos imaginar).

La flecha de la evolución surge de la acumulación de conocimientos

La opinión de Stephen Jay Gould sobre la evolución nos dice que existe un antiguo debate sobre si la selección natural está o no haciendo que la vida sea cada vez más compleja. Como hemos establecido, la respuesta a esa pregunta es sí y no, por razones perfectamente válidas.

Una especie bien adaptada representa una solución biológica increíblemente resistente, pero a menudo temporal, a un dilema termodinámico existencial: una especie de teoría científica viva y evolutiva sobre cómo extraer de la forma más eficiente la energía libre, la savia de la existencia, de un nicho concreto. Y al igual que las teorías científicas se ajustan a la navaja de Occam (para encontrar la forma más sencilla de resolver los problemas), lo mismo ocurre con las especies. Einstein dijo célebremente: "Una teoría debe ser lo más simple posible, pero no más." Lo mismo podría decirse de un organismo.

Naturalmente, la complejidad del organismo evolucionará para corresponderse con la complejidad del nicho. Más concretamente, la complejidad del organismo se corresponderá con la complejidad del reto ambiental al que se enfrente el organismo, que comienza siendo un reto puramente termodinámico. Algunos nichos presentan una variedad cambiante de retos a los que hay que adaptarse, mientras que otros apenas presentan ninguno. Como resultado, algunas especies no necesitan evolucionar. Otras, sin embargo, tienen nichos que se vuelven cada vez más complejos con el tiempo.

Desde la perspectiva termodinámica de la evolución, podemos considerar cada nicho de la Tierra como una especie de "espacio energético" para una especie determinada, y una población evolutiva de organismos que busque eficientemente el espacio de soluciones acabará descubriendo, por casualidad, una solución a un problema termodinámico que no sabía que existía. El descubrimiento de una nueva fuente de energía o de una nueva técnica de extracción de energía es a la vez el origen de un nuevo nicho y de una nueva especie. El aprendizaje filogenético conducirá de forma natural a la especiación porque los organismos encontrarán formas de explotar nichos termodinámicos que antes eran inaccesibles para la vida por razones puramente de diseño. Olivia Judson, bióloga evolutiva y escritora científica, describe lo que denomina "las expansiones energéticas de la evolución" en un artículo publicado en 2017 en la revista digital *Nature Ecology and Evolution*:

> La historia del sistema vida-Tierra puede dividirse en cinco épocas "energéticas", cada una de ellas caracterizada por la evolución de formas de vida capaces de explotar una nueva fuente de energía. Estas fuentes son: la energía geoquímica, la luz solar, el oxígeno, la carne y el fuego. Las dos primeras estaban presentes al principio, pero el oxígeno, la carne y el fuego son consecuencias de acontecimientos evolutivos. Dado que no ha desaparecido ninguna categoría de fuente de energía, con el tiempo se ha producido una ampliación del ámbito de las fuentes de energía disponibles para los organismos vivos y un aumento concomitante de la diversidad y la complejidad de los ecosistemas.

Así pues, a medida que la biosfera acumula conocimientos mediante el aprendizaje filogenético, no solo se explora un espacio de soluciones correspondiente a un tipo de problema termodinámico, sino que también existe un "espacio de problemas" creciente, cada uno con su propio "espacio de soluciones" único. Este espacio de diseño creciente parecería existir en un sentido platónico desde el principio de la vida, un futuro jardín de biodiversidad a la espera de ser descubierto. La evolución de la biosfera no es perfectamente predecible o determinada en un sentido estricto de la palabra, ya que la contingencia ("accidente") forma parte de cómo funciona la evolución, pero está determinada en un sentido estadístico, en términos de una distribución predecible de atractores lejos del equilibrio de diversos grados de complejidad, que surgen inexorablemente de un proceso termodinámico planetario. Las primeras formas de vida, que ahora se consideran autótrofos reductores, fueron la solución al problema de cómo extraer energía libre de la geoquímica suministrada por los respiraderos hidrotermales. Su tarea era limitada, pero la replicación con mutación acabó produciendo innovaciones en la tecnología de extracción de energía que dieron lugar a muchas especies diferentes de bacterias.

Una vez ocupados todos estos nichos, aún quedaba un océano de energía libre sin explotar que golpeaba la Tierra desde arriba. Las bacterias fotosintéticas, antepasados unicelulares de las plantas, fueron una solución al problema de cómo extraer trabajo de toda la energía solar que fluía por el sistema planetario. Y los organismos heterótrofos —organismos que se alimentan de otros organismos para sobrevivir— fueron una solución al problema de cómo extraer energía de la propia vida. Una vez que la vida empieza a tener que modelar la vida —especialmente otros agentes con poder causal y comportamiento adaptativo— la tarea computacional de extraer energía libre se hace cada vez más difícil. A medida que surgen formas de vida más complejas y se convierten en presas potenciales para los depredadores, las fuentes de alimento se vuelven más difíciles de predecir y se necesitan modelos del mundo más sofisticados.

Al tener que modelarse mutuamente, la complejidad de las especies carnívoras aumenta en lo que se conoce como "carrera armamentística evolutiva". Las gacelas que tienen una nueva forma de burlar a los leones consiguen reproducirse, y los leones que son lo bastante listos como para anticiparse al nuevo truco de las gacelas consiguen reproducirse. Para algunas especies, simplemente persistir requiere un aumento continuo de la sofisticación computacional. Este concepto se plasma en la *hipótesis de la Reina Roja*, bien conocida por los teóricos de la evolución y los cibernéticos.

La teoría propone que las especies deben adaptarse, evolucionar y reproducirse constantemente solo para mantener su existencia, debido a un entorno competitivo y en evolución. El nombre, propuesto por el biólogo evolutivo Leigh Van Valen en 1973, procede de *Las aventuras de Alicia en el país de las maravillas*, de Lewis Carroll. Después de que Alicia se queje de correr durante mucho tiempo sin llegar a ninguna parte, la Reina Roja responde: "Aquí, verás, se necesita toda la carrera que puedas hacer para mantenerte en el mismo sitio". En otras palabras, algunas especies deben evolucionar continuamente hacia una mayor complejidad solo para mantenerse en el juego de la existencia.

La síntesis evolutiva integrada nos dice que la diversidad general de especies que vemos en la biosfera procede de mutaciones que descubren soluciones a nuevos problemas termodinámicos. Como cada nicho ecológico tiene características físicas y variables diferentes, la vida se diversifica por necesidad. Una especie en evolución está aprendiendo sobre el universo, aunque solo modele una parte muy pequeña de él. Con millones de especies vivas hoy en día, se trata de un montón de conocimientos sobre cómo la biología puede sobrevivir y prosperar en diversas condiciones del mundo real.

Las leyes de la vida

La vida no quiere pensar demasiado en el problema de alejarse del equilibrio, porque el pensamiento es computación y el procesamiento de la información cuesta energía, energía que podría utilizarse para alejarse del equilibrio durante más tiempo, lo que permitiría una mayor autorreplicación. La biología siempre está intentando utilizar la energía de forma más eficiente para poder exprimir más trabajo del mismo suministro de recursos. Esto significa que, a medida que la vida evoluciona, no solo se vuelve mejor en la captura de energía, sino más eficiente energéticamente.

David Wolpert ha calculado el coste termodinámico de todos los cálculos que realiza la vida para mantenerse fuera de equilibrio, y este coste se aproxima al límite de Landauer, que representa el cálculo más eficiente posible en términos de demanda de energía. Evolucionar para hacer más con menos se conoce como efemeralización, un término acuñado por el futurista Buckminster Fuller que en realidad no es más que optimización termodinámica. Fuller describió la efemeralización como la capacidad del avance tecnológico para "hacer cada vez más con cada vez menos hasta que finalmente se puede hacer todo con nada". Puede que no seamos conscientes de ello, pero el progreso tecnológico, como el que impulsa la Ley de Moore, consiste en hacer más potente la computación haciéndola más eficiente energéticamente. Lo mismo podría decirse de la evolución en general.

La síntesis evolutiva integrada se deshace de la tautología de la aptitud: el problema de la aptitud definida como aquello que ayuda a la supervivencia, y aquello que ayuda a la supervivencia definido como aquello que es apto. Desde el punto de vista termodinámico, la aptitud se refiere a la capacidad de un organismo para resistir el deterioro entrópico. En concreto, la aptitud corresponde a la resistencia del programa de extracción de energía incorporado, el canal disipativo, y no está correlacionada con la fuerza, la inteligencia o incluso la complejidad. Estar en forma en un sentido evolutivo no significa ser el más fuerte, el más inteligente o el más rápido; un perezoso no es ninguna de esas cosas, pero ha sobrevivido durante muchos millones de años a pesar de su pereza general. La aptitud consiste en ser capaz de explotar eficazmente una fuente de energía ambiental y evitar las amenazas que pueden perforar el manto de Markov y dañar la integridad del sistema ordenado.

Lógicamente, podemos afirmar que las mutaciones que inhiben la capacidad de un organismo para satisfacer sus necesidades energéticas se seleccionarán en contra, mientras que las mutaciones que mejoran la capacidad para utilizar la energía se seleccionarán a favor. Esto se puede resumir en lo que se conoce como la *ley constructal* desarrollada por Adrian Bejan, un profesor de la Universidad de Duke cuyo trabajo ha hecho avanzar mucho nuestra comprensión de la termodinámica. En palabras de Bejan, la ley afirma: "Para que un sistema de flujo de tamaño finito persista en el tiempo [viva], su configuración debe evolucionar de tal manera que facilite el acceso a las corrientes que fluyen a través de él."[4]

Si se piensa bien, esta ley es una reformulación de la cita de Morowitz de 1968: "La energía que fluye a través de un sistema actúa para organizar ese sistema", introducida en el Capítulo Cuatro. La energía que fluye a través de las redes químicas fuerza la existencia de intrincados patrones de diseño biológico como si el universo fuera una gran fábrica construida para ello. Esta ley se ha formalizado hasta cierto punto, aunque de forma abstracta, en los trabajos de England sobre la adaptación disipativa, y también en los del propio Bejan, que aplica la ley constructiva a todo tipo de sistemas: químicos, biológicos, sociales, económicos e incluso tecnológicos.

Siete años antes de la publicación del libro de 2012 del que Bejan es coautor, *Design in Nature*, se presentaron ideas similares en el libro de divulgación científica *Into the Cool: Energy Flow, Thermodynamics, and Life*, escrito por el geólogo Eric Schneider y Dorion Sagan, hijo de Carl Sagan y Lynn Margulis. Aunque Sagan y Schneider reconocen con razón el papel que desempeñan la vida y la civilización en la apertura de canales para el flujo de energía, parecen haber sacado conclusiones filosóficas equivocadas sobre la naturaleza del proceso termodinámico. Lo que no ven, y que Morowitz reconoció y articuló claramente en su libro de 2002 *The Emergence of Everything*, es que producir entropía no es "el propósito de la vida", sino un subproducto de la computación, el aumento de la complejidad y la creación de conocimiento. Es el coste energético de la autoorganización cósmica.

Producir entropía es el propósito de la vida, igual que el propósito de tu ordenador es producir calor o el de tu coche producir gases de escape. La vida abre flujos de energía que organizan la materia en maquinaria computacional que puede modelar, navegar y comprender el mundo que la rodea, y el coste de esa computación es que parte de la energía utilizable se convierte en energía inutilizable, o entropía.

El cálculo, que es trabajo mecánico, tiene un precio. Esa es la sencilla idea que subyace a la segunda ley de la termodinámica, tal como la formularon Carnot y Clausius, pero era imposible verla con claridad antes de que tuviéramos una teoría adecuada de la información y la computación. Primero, Rolf Landauer, un elogiado investigador de IBM, tuvo que demostrar por qué "la información es física". Los bits de información deben almacenarse en bits de materia. La idea de que la información es física no suena demasiado sorprendente ahora, pero en los años 50 y 60 era radical.

Redefinir la forma física en términos termodinámicos

Una vez que comprendemos que el imperativo termodinámico de la vida exige la acumulación de conocimientos, vemos que la selección natural está maximizando la aptitud mejorando la robustez del canal de flujo de energía y optimizando la precisión del modelo predictivo del organismo. A primera vista pueden parecer dos funciones diferentes, pero en realidad son descripciones del mismo proceso. La capacidad del organismo para llevar a cabo su función disipadora viene determinada por la capacidad del agente para extraer energía libre, que depende de la precisión con la que su modelo interno predice su entorno.

No debemos olvidar que el modelo interno debe *encarnarse* en un sistema con un diseño mecánico que permita al agente beneficiarse de la precisión del modelo. Pero, de nuevo, el modelo y la encarnación del modelo describen en realidad un único diseño, porque el modelo predictivo es el resultado evolutivo de una acumulación de adaptaciones físicas que permitieron una extracción de energía más eficaz. Se ha dicho que la evolución es un ingeniero, pero también un modelador informático.

En consonancia con la nomenclatura anterior, podemos definir la aptitud un poco menos tautológica y un poco más precisa como *aptitud disipativa*, o lo bien que un sistema adaptativo puede mantenerse lejos del equilibrio extrayendo energía libre. Esta caracterización de la aptitud centrada en la energía no requiere ningún cambio en los formalismos que han desarrollado los teóricos de la evolución, solo un cambio de perspectiva motivado por una reconceptualización fundamental de la vida como un sistema dependiente de la energía, en estado estacionario y fuera del equilibrio que debe adquirir información para reducir la incertidumbre ambiental lo suficiente como para mantenerse lejos del equilibrio termodinámico.

Para entender a qué nos referimos cuando decimos que la vida realiza cálculos con una eficiencia termodinámica casi óptima —para saber cómo es acercarse al límite de Landauer— veamos un ejemplo conocido. Es bien sabido que el cerebro humano realiza constantemente tareas en las que nuestros mejores superordenadores y robots autónomos fracasan estrepitosamente, y lo hace con solo la cantidad de energía que se necesita para hacer funcionar una bombilla doméstica.

Esto sugiere que, como resultado de la selección natural, los agentes individuales minimizan en lugar de maximizar la tasa de disipación de energía o producción de entropía, como señaló Prigogine hace muchas décadas. Su propósito literal en la vida no es crear tanto desorden (entropía) como sea posible —como algunos han interpretado la narrativa termodinámica—, sino adquirir conocimientos que preserven y amplíen el orden construido por la vida. Sin embargo, el resultado colectivo de los agentes que se comportan de este modo es una biosfera cada vez más diversa, compleja y potente desde el punto de vista computacional, de modo que la tasa de producción total de entropía se maximiza en una ventana temporal que se extiende hacia el futuro.

Es decir, el universo que produce entropía al ritmo más rápido posible a lo largo de su vida es el universo en el que la vida surge y se extiende al ritmo más rápido posible. Wissner-Gross describe esta conexión fundamental entre las leyes de la física y el aumento de la complejidad cósmica en la misma charla TED mencionada en el capítulo anterior:

> Me fijé en una serie de hilos conductores, a través de la ciencia, a través de una variedad de disciplinas, que apuntaban, creo, hacia un único mecanismo subyacente para la inteligencia. En cosmología, por ejemplo, ha habido una variedad de diferentes hilos de evidencia de que nuestro universo parece estar finamente sintonizado para el desarrollo de la inteligencia, y en particular para los estados universales que maximizan la diversidad de futuros posibles.

Pero ¿qué significa decir que el universo está sintonizado para la aparición de estados universales que "maximizan la diversidad de futuros posibles"? Sin duda, se trata de una noción de inteligencia poco familiar, pero veremos por qué es la forma más directa de entender de qué estamos hablando cuando utilizamos esas palabras. Dicho de forma sencilla, a la vida no le gusta quedarse atrapada. Los agentes inteligentes buscan la libertad, y esa libertad procede de la capacidad de responder de forma adaptativa a una mayor diversidad de retos.

La evolución aumenta la autonomía

La teoría de Wissner-Gross tiene un análogo más antiguo en la literatura de la neurociencia computacional y el aprendizaje automático, denominado *potenciación*, propuesto por el investigador británico de inteligencia artificial Daniel Polani y sus colegas. Ambas teorías de la inteligencia se utilizan para crear sistemas artificiales más inteligentes. En lugar de enseñar a los robots a realizar tareas individuales, se les programa para que sigan una norma más general, de carácter existencial y práctico: tratar de mantener abiertas las opciones de futuro.

En un comunicado de prensa, Christoph Salge, que desarrolló la idea con Polani, explica: "Potenciación significa estar en un estado en el que tienes la mayor influencia potencial sobre el mundo que puedes percibir." "Así, para un robot sencillo, esto podría ser volver sano y salvo a su central eléctrica y no quedarse atascado, lo que limitaría sus opciones de movimiento. Para un robot más futurista y humano, esto no solo incluiría el movimiento, sino que podría incorporar una variedad de parámetros, lo que daría lugar a accionamientos más parecidos a los humanos."[5]

Para los humanos, "tener el máximo poder" puede significar poseer un coche, tener riqueza o ser una persona influyente (o simplemente tener amigos o familiares influyentes). Por supuesto, no hace falta ser ninguna de estas cosas para estar óptimamente capacitado dado un conjunto de objetivos en la vida, pero incluso los humanos menos ambiciosos no quieren ser encarcelados o heridos de forma que les resulte difícil sobrevivir o adaptarse a nuevas circunstancias. Todos queremos mantener abiertas nuestras opciones de futuro hasta cierto punto, y eso significa tener simultáneamente estabilidad y flexibilidad para responder a situaciones difíciles. Maximizar la libertad de acción futura forma parte del esfuerzo general por mantenerse lejos del equilibrio termodinámico, por lo que es apropiado que Wissner-Gross haya llamado a esta tendencia natural "fuerza entrópica causal".

Si el forzamiento entrópico causal es real y está conectado a la segunda ley de la termodinámica, quizá no necesitemos una cuarta ley. Quizá solo necesitemos una reinterpretación de la segunda ley que explique su conexión con la aparición y evolución de la inteligencia. Wissner-Gross ha declarado públicamente que busca activamente esa explicación. Recurriendo a los principios cibernéticos que inspiraron ideas como la potenciación, llegaremos a una explicación evolutiva de por qué el forzamiento entrópico causal produce inevitablemente agentes inteligentes de creciente potencia computacional.

La relación entre entropía e incertidumbre

Recuerde lo que dijimos sobre la entropía en el capítulo dos y la importancia de la distinción entre microestado y macroestado. Un macroestado sería algo así como la temperatura media de un sistema de moléculas de gas (una medida global), mientras que el microestado es una descripción de la posición y velocidad de cada molécula del sistema (que resulta imposible de medir). A partir de experimentos inteligentes, hemos confirmado la intuición de Boltzmann de que hay muchos microestados diferentes (disposiciones específicas de las partículas) que corresponden a un único macroestado. Esto se debe a que hay muchas formas equivalentes de que las moléculas individuales se repartan y tengan la misma energía cinética total media.

Lo que Boltzmann demostró fue que la entropía es una medida de cuántas formas diferentes puede organizarse un sistema sin cambiar su macroestado. Cuanto mayor es la entropía, mayor es el número de microestados que corresponden a un mismo macroestado. La razón por la que los sistemas en equilibrio o cerca del equilibrio derivan de forma natural hacia una mayor entropía o desorden es que, sencillamente, hay muchas más formas de estar equivalentemente "mezclados" y desordenados que formas de estar organizados y siguiendo un patrón. Los sistemas derivan naturalmente hacia el desorden por los efectos a gran escala del azar.

Pero con los sistemas abiertos, esa deriva aleatoria se ve sesgada por un flujo de energía que empuja al sistema hacia un atractor, limitando el azar y transformándolo en necesidad o inevitabilidad. El sistema ya no puede describirse como ergódico, lo que significa que no explora el espacio de configuración de forma aleatoria y exhaustiva; los sistemas no ergódicos, como los sistemas adaptativos, evolucionan hacia configuraciones que evitan que el sistema se disipe hasta la inexistencia. El atractor de no equilibrio hacia el que se mueve el sistema representa una configuración diseñada para la extracción de energía del entorno. La autoorganización es lo que llamamos un sistema que se mueve hacia un atractor, y se organiza a sí mismo a través de la dinámica darwiniana llamada *variación ciega y retención selectiva*. Para resumir la selección natural de los sistemas autoorganizados de forma sencilla: Lo que funciona, persiste.

En los años 60, E. T. Jaynes demostró que la entropía de Boltzmann no es solo una medida del desorden o del número de microestados que corresponden a un macroestado concreto. La entropía es también una medida de la incertidumbre o ignorancia de un observador que observa el macroestado del sistema y desconoce el microestado concreto. Dado que los estados con mayor desorden tienen más microestados equivalentes que corresponden a un macroestado único, una entropía más alta significa una mayor ignorancia —y menos certeza— sobre el microestado específico en el que se encuentra el sistema. También significa que hay más sorpresa, e información obtenida, al conocer el microestado real del sistema, porque se aprende más (se obtienen más bits de información) cuando hay más posibilidades alternativas que se eliminan mediante el acto de medición y observación.

Por supuesto, como hemos establecido, medir perfectamente un microestado es imposible debido a la incertidumbre cuántica y al caos a escala clásica, pero esta narrativa nos permite pensar en la entropía en términos de información, y al hacerlo, vemos que la entropía está curiosamente relacionada con el conocimiento del observador, y la precisión de su modelo del sistema bajo observación. Esta es la razón por la que la termodinámica estadística y la teoría de la información de Shannon son esencialmente la misma teoría: la entropía de Shannon es una medida de cuántos estados puede tener un sistema, o cuántos mensajes alternativos pueden enviarse por un canal. Hablamos de esto en profundidad en el capítulo cinco. Lo más importante que tenemos que saber es que la entropía puede ser una medida del número de estados en que puede estar un sistema o del número de formas en que puede configurarse. Por esta razón, las medidas de entropía se pueden utilizar para medir la complejidad, pero para entender realmente por qué, debemos visitar brevemente dos principios de la cibernética: el teorema del buen regulador de Ashby y la ley de la variedad requerida.

El teorema del buen regulador y la ley de la variedad necesaria

El *teorema del buen regulador* fue introducido por W. Ross Ashby y Roger Conant en un influyente artículo de 1970 titulado "Every Good Regulator of a System Must Be a Model of That System". Seis años más tarde, el teorema se rebautizaría como el principio del modelo interno, que es un componente fundamental de la teoría del control. El teorema del buen regulador, aplicado a la biología evolutiva, afirma que cualquier sistema adaptativo (organismo) debe modelar las variables ambientales relevantes para seguir existiendo. Las variables relevantes son cualquiera de las que pertenecen al reto termodinámico intrínseco de mantenerse lejos del equilibrio. La extracción de energía, la evitación de amenazas y el mantenimiento del orden frente a las perturbaciones del entorno son esfuerzos críticos que permiten a un sistema sensible permanecer en el juego de la existencia, persistir un poco más.

Aunque podemos razonar que una bacteria que realiza quimiotaxis (movimiento en respuesta a un estímulo químico) y una planta que realiza heliotropismo (movimiento hacia la dirección del sol) han modelado su fuente de energía en el sentido más general de la palabra, estos teoremas nos dan una formulación matemática de por qué eso debe ser cierto. En realidad, no hay forma de entender un organismo sin entender su relación con el entorno porque, como nos recuerda Friston, el propio organismo es un modelo de su entorno. Puede que no haya ninguna experiencia subjetiva asociada al modelo del mundo codificado en un organismo sin cerebro, pero sí tiene algún tipo de mapa abstracto del territorio que da al sistema una comprensión estadística de lo que puede esperar encontrar.

La *ley de Ashby de la variedad requerida* es un principio de la cibernética que nos dice algo sobre la sofisticación computacional del modelo interno de un agente. Esta ley —aplicada a la biología evolutiva— dice que para seguir sobreviviendo, un organismo debe tener un repertorio de estados que sea al menos igual al número de retos o perturbaciones diferentes que le presenta su entorno, y nos da una explicación matemática de por qué este principio también debe ser cierto.

John Naughton, investigador de la Universidad de Cambridge, resume la ley de la siguiente manera:

> En términos coloquiales, la Ley de Ashby se ha entendido como una simple proposición: para que un sistema pueda hacer frente con éxito a la diversidad de retos que le plantea su entorno, necesita disponer de un repertorio de respuestas que sea (al menos) tan matizado como los problemas que plantea el entorno. Así pues, un sistema viable es aquel que puede hacer frente a la variabilidad de su entorno. O, como dijo Ashby, solo la variedad puede absorber la variedad[6].

Piénselo así. Un gato que come ratones para sobrevivir debe tener al menos tantos estados de comportamiento como formas tiene el ratón de eludirlo. A la inversa, el ratón tiene que tener suficientes estados de comportamiento para escapar. Del mismo modo, un espadachín debe tener tantos bloqueos como ataques tenga su oponente. Cada sistema tiene un modelo del otro. Y, como todas las respuestas conductuales se corresponden con estados internos únicos, la ley dice que un organismo debe tener tantos estados cognitivos como requiera la complejidad del nicho, que viene determinada por el número de retos termodinámicos diferentes que el entorno plantea al organismo.

Así pues, la ley de la variedad requerida sugiere que la inteligencia de una especie se corresponde con el número de estados accesibles en su repertorio conductual o mental, que no será exactamente el mismo, pero por ahora es una simplificación útil. Para cuantificar este número, podemos describirlo en términos de entropía: cuantos más estados posibles tenga el sistema cognitivo, mayor será la entropía y, presumiblemente, mayor será la inteligencia. En esta aplicación, la entropía no es una medida del desorden, sino del ancho de banda cognitivo. También es una medida de nuestra ignorancia del estado mental exacto de un organismo en un instante de tiempo si no podemos observar el estado del organismo directamente. Al igual que en la mecánica estadística de Jaynes, la entropía es una medida de la ignorancia que se tiene cuando no se conoce el estado preciso de un sistema bajo observación, que en este ejemplo sería un estado neuronal específico en lugar de un microestado.

El neurocientífico Robin Carhart-Harris, del Imperial College de Londres, cuya hipótesis del cerebro entrópico intenta explicar los efectos de los psicodélicos en los estados de conciencia, cita el *phi* de la teoría de la información integrada (volveremos sobre este término más adelante) como medida de la entropía de la información para los cerebros, aunque la misma teoría puede aplicarse también a los organismos sin cerebro: "El punto de vista adoptado aquí es que el cerebro humano exhibe una mayor entropía que otros miembros del reino animal, lo que equivale a decir que la mente humana posee un mayor repertorio de estados mentales potenciales que los animales inferiores."[7]

Christof Koch, quizá el defensor más famoso de la teoría de la información integrada, dijo: "Cuanto más complejo es el sistema, mayor es el repertorio de estados conscientes que puede experimentar."[8] Al cuantificar el número de estados cognitivos a los que puede acceder potencialmente un organismo, las medidas de entropía pueden utilizarse para evaluar la complejidad computacional de cualquier sistema sensible.

La aparición de nichos impulsa la complejificación

Entonces ¿por qué el registro evolutivo ha mostrado una tendencia hacia formas cada vez más complejas, en términos de cuántos estados puede soportar el sistema, si las especies solo evolucionan para ser tan complejas como algún nicho finitamente complejo? ¿Por qué debería el proceso producir agentes cada vez más inteligentes? Tres palabras: *aparición de nichos*. Cada nueva especie que surge crea un nuevo nicho al servir de fuente potencial de alimento para una nueva especie. La aparición continua de nichos conduce a especies cada vez más complejas porque las especies más complejas tendrán que modelar una fuente de energía cada vez más compleja y un mundo exterior cada vez más complejo. De hecho, los humanos de la sociedad moderna, en la "era de la información", deben modelar a otros modeladores, a veces con todo detalle. Piense en el trabajo de un psicólogo o de un atleta de competición como un boxeador. Así que, en el momento actual de la historia, los sistemas adaptativos modelan en realidad algo más que el entorno externo: modelan otras mentes.

Como explicaba E. O. Wilson en su libro de 1992 *La diversidad de la vida*, los ecosistemas tienden a crear continuamente nuevos nichos y nuevas especies. Dado que el número de variables biológicamente relevantes crece sin fin a medida que este proceso continúa, la ley de la variedad requerida dice que el modelo del mundo de las especies más complejas debe ser también cada vez más complejo. Si la inteligencia está correlacionada con el número de estados internos accesibles a un organismo, que puede medirse con phi, no debería sorprender que con el tiempo surjan especies cada vez más inteligentes como resultado de la evolución. A medida que aumenta el número de retos que plantea un entorno, también lo hace el tamaño del repertorio mental necesario para responder a esos retos.

Como se explica en el capítulo siguiente, un ecosistema es funcionalmente equivalente a un conjunto químico autocatalítico que reproduce activamente a sus miembros. También hace crecer el conjunto para incluir nuevos miembros a medida que se adapta continuamente al paisaje energético a través del bucle de retroalimentación positiva que llamamos *autoamplificación*. Por supuesto, una especie no puede modelizar un número infinito de variables, por lo que el modelo predictivo óptimo sería aquel que en algún momento adoptara una estrategia de inteligencia general. Ahora bien, el cerebro no tiene que modelizar con todo detalle cada una de las nuevas variables que podrían o no ser alimento, que podrían o no ser una amenaza.

Francis Heylighen, cibernético belga que lleva décadas escribiendo sobre la conexión entre la ley de la variedad necesaria y la segunda ley de la termodinámica, afirma que la ley de Ashby debería interesar a cualquier sociedad que espere evitar amenazas existenciales como catástrofes naturales o provocadas por el hombre: "Este principio tiene importantes implicaciones para las situaciones prácticas: puesto que la variedad de perturbaciones a las que puede enfrentarse potencialmente un sistema es ilimitada, deberíamos intentar siempre maximizar su variedad (o diversidad) interna, para estar óptimamente preparados ante cualquier contingencia previsible o imprevisible."[9]

Aunque es fácil ver cómo las presiones de selección acaban produciendo una especie inteligente, Gould tiene razón en que hay un límite a lo inteligente que puede llegar a ser una especie como resultado únicamente de la evolución biológica. Pero con la síntesis evolutiva integrada, vemos que nuestra evolución natural incluye la fusión con nuestra tecnología. Esto significa que si nuestro objetivo es medir la inteligencia de la vida, también debemos medir la capacidad computacional de la biosfera en su conjunto, que incluye la capa de tecnología que se asienta sobre ella.

La creciente escala de nichos cada vez más complejos crea una distribución de especies interactuantes que varían en forma y tamaño pero que encajan entre sí para formar una entidad funcional mayor: una inteligencia distribuida que se extiende por todo el planeta. Este sistema cibernético global ha recibido el nombre de "Gaia" por razones que se explicarán en el próximo capítulo, y también está "intentando" maximizar el número de estados ambientales a los que puede responder aumentando su variedad interna, o el número de estados computacionales accesibles. Como sistema adaptativo complejo, la biosfera se comporta como un agente autopoiético, y nuestro progreso tecnológico es una manifestación del intento de Gaia de eludir el equilibrio indefinidamente. Sin tecnología, la vida no puede abandonar el planeta, lo que debe hacer antes de que el sol explote. Para que la vida cumpla con su deber disipativo, la inteligencia debe persistir.

Ahora podemos ver la conexión entre la segunda ley de la termodinámica y la ley de la variedad necesaria. La complejidad adaptativa debe ampliar continuamente el tamaño de su repertorio de estados cognitivos para hacer frente a la creciente lista de retos termodinámicos a los que se enfrenta (aquellos problemas que amenazan su existencia lejos del equilibrio). Al volverse más inteligente, la biosfera, una red computacional interconectada, interdependiente e integrada, disipa el gradiente inducido por el sol de forma más eficiente, produciendo entropía térmica al ritmo más rápido permitido por las leyes de la física. Pero, llegados a este punto, ya no deberíamos pensar que el universo intenta producir entropía al ritmo más rápido posible; el universo se está autoorganizando al ritmo más rápido posible, y el aumento de entropía no es más que el coste energético del trabajo necesario para construir el orden cósmico.

El flujo de energía como medida de complejidad

En su libro de 2001 *Cosmic Evolution: The Rise of Complexity in Nature*, el astrofísico de la Universidad de Harvard Eric Chaisson propuso una medida cuantitativa de la complejidad denominada *densidad de la tasa de energía*, que es el flujo de energía por segundo y por gramo de materia. La idea es que una maquinaria más compleja requerirá más flujo de energía y producirá más entropía térmica. Según esta métrica, los planetas son más complejos que las estrellas, pero no tanto como las plantas, que son menos complejas que los animales. Más complejas que los animales son las sociedades y las civilizaciones tecnológicamente avanzadas. Presumiblemente, el procesamiento de la información que tiene lugar en estos sistemas es la fuente del consumo de energía.

Chaisson también ha atribuido el inevitable aumento de la complejidad a la evolución darwiniana, pero con un giro termodinámico que refuerza la narrativa que se ha desarrollado en esta parte del libro: "La selección natural explota los flujos de energía, determinando qué flujos son favorables para el sistema, optimizándolos aparentemente."[10] Aunque la tasa de flujo de energía parece una medida cuantitativa prometedora de la complejidad, no parece decirnos mucho sobre la naturaleza de la inteligencia, aparte de que engulle energía gratuita. La producción de entropía debe estar estrechamente relacionada con la capacidad de procesamiento de la información.

En su libro de 1992 *Complexity: Life at the Edge of Chaos*, el escritor científico británico Roger Lewin citaba al científico de la complejidad y teórico del caos estadounidense Norman Packard: "La complejidad biológica tiene que ver con la capacidad de procesar información... Capacidad computacional, eso es lo que vemos en nuestros modelos de autómatas celulares, y en otros sistemas adaptativos complejos, y lo que impulsa su evolución es el aumento de la capacidad computacional."

La astrobióloga Sara Walker señaló lo mismo que Packard en su premiado ensayo "Bio from Bit": "Hoy hay mucha más información en la biosfera que en la época del último ancestro común universal

hace ~3.500 millones de años. Presumiblemente, esta tendencia está impulsada por la evolución que codifica más información en las redes biológicas a lo largo del tiempo a través de la selección."

La fuerza entrópica causal de Wissner-Gross es el motor de la exploración darwiniana abierta del espacio de diseño de la vida, lo que Stuart Kauffman ha llamado el "posible adyacente". La vida evoluciona para maximizar la potenciación, lo que significa maximizar las posibilidades futuras y preservar la futura libertad de acción. Al hacerlo, los sistemas cibernéticos esculpen una trayectoria cósmica que era inaccesible para las formas inanimadas de la materia. La vida no viola en modo alguno las leyes de la física, pero crea otras nuevas: leyes y dinámicas emergentes que requieren una descripción computacional y estadística. Sin embargo, los científicos suelen ignorar lo que no pueden medir. E. O. Wilson dijo una vez: "No es difícil reconocer la complejidad... La dificultad estriba en cómo medirla."[11]

Ahora disponemos de los conceptos necesarios para definir y medir el tipo de complejidad que corresponde a la inteligencia.

Una nueva medida de la complejidad

Cuando se trata de algo complicado y difícil de precisar, suele ser útil simplificar las cosas. Siguiendo la lógica popularizada por John Maynard Smith, ingeniero aeronáutico reconvertido en teórico de la evolución, los sistemas con una mayor variedad de partes y un mayor número de conexiones entre esas partes suelen considerarse más complejos. Tener más conexiones significa que el sistema está más integrado, y más variedad o distinción entre las partes significa que el sistema está más diferenciado.

La complejidad correspondería entonces a un único número que representaría el grado en que un sistema complejo está a la vez diferenciado e integrado, y presumiblemente ese número representaría el tamaño del repertorio de estados internos accesibles. Ya sabemos que tenemos esa medida, y es el phi de la teoría de la información integrada, que amplía la teoría de la información de Shannon para aplicarla a los sistemas adaptativos utilizando formalismos del cálculo causal del informático y filósofo estadounidense de origen israelí Judea Pearl.

Phi es una medida de información que refleja tanto la diferenciación como la integración en una sola métrica, y se cree que está correlacionada con la inteligencia de un sistema, y algunos creen que con su "grado de conciencia". Aunque hablar de conciencia puede resultar complicado, phi proporciona una medida matemática precisa de la complejidad computacional que corresponde a (1) el poder causa-efecto del sistema sobre sí mismo y sobre su entorno, y (2) el número de estados cognitivos a los que puede acceder potencialmente. Obviamente, se trata de un número enorme para intentar medir, pero no es peor que la dificultad práctica a la que se enfrentó la gran teoría de Boltzmann de la mecánica estadística, ya que los números son igualmente enormes cuando hablamos de microestados de un sistema. Lo que hacemos para facilitar las cosas es inventar medidas aproximadas o "proxy" para phi, algo que los neurocientíficos ya han hecho con éxito clínico, como veremos en la tercera parte.

Koch describe además phi como una medida de sinergia, definida como el grado en que un sistema es "más que la suma de sus partes". Esto sugiere que phi puede utilizarse para identificar ejemplos de emergencia en la naturaleza. Como él y Carhart-Harris han señalado, phi está correlacionado con el tamaño del repertorio de estados mentales accesibles, de modo que los sistemas con phi más alto tienen un conjunto más diverso de respuestas y, por tanto, son capaces de manejar entornos más complejos. Se podría decir que phi es una medida de la variedad requerida de un sistema. Ahora hemos presentado un argumento mecanicista que une la segunda ley con la ley de la variedad requerida para producir un principio de complejidad cósmica creciente, que inevitablemente genera agentes adaptativos cada vez más capacitados.

Si este nuevo modelo de evolución cósmica le parece inaceptable por el papel central que desempeña la vida en el desarrollo futuro del universo, recuerde que es totalmente mecanicista. No podemos ignorar la naturaleza progresiva de la evolución solo porque contradice nuestros supuestos reduccionistas. Debemos aceptar el significado cósmico de la vida y todas las implicaciones espirituales que se derivan de este hecho. Una de ellas es que somos "especiales", a pesar de ser producto de la evolución darwiniana (y no de una fuerza sobrenatural), como nos asegura John Campbell en su libro *Universal Darwinism: The Path of Knowledge*: "Este punto de vista del Darwinismo Universal nos proporciona una visión unificada e integrada de la evolución de los procesos de información y de las entidades de conocimiento. Aunque este punto de vista es científico, reconoce que los humanos ocupan un lugar especial, como puntas de crecimiento, en este árbol del conocimiento sin edad y en germinación."

Ya estamos familiarizados con el aprendizaje filogenético y con los fundamentos del aprendizaje ontogenético, o autoorganización. En el próximo capítulo veremos cómo ambos mecanismos funcionan conjuntamente para producir sistemas de control jerárquicos de creciente complejidad computacional y poder causal a través de un proceso de emergencia recursiva.

9

EMERGENCIA JERÁRQUICA

Hay cosas que Darwin no podía saber. Una de ellas era la autoorganización en sistemas dinámicos complejos. Si la nueva ciencia de la complejidad tiene éxito, mediará un matrimonio entre la autoorganización y la selección. Será una física de la biología.

STUART KAUFFMAN

A menudo se supone que la vida es cósmicamente insignificante porque ocupa una región muy pequeña del universo, un universo que parece tan hostil e inhóspito para la vida. Pero ambas apreciaciones son miopes. Si la teoría unificadora de la realidad presentada en este libro es correcta, sugeriría que la vida se extenderá inevitablemente por el cosmos en general, dominando el universo de forma muy parecida a como la vida domina hoy el planeta Tierra. En este capítulo nos basaremos en la idea de que la vida persevera no *a pesar* de los retos existenciales que le plantea el universo, sino *gracias a ellos*. El principio de Popper, *los problemas crean progreso*, explica por qué la vida se hace naturalmente más compleja y poderosa como resultado de la evolución. En pocas palabras, los retos existenciales obligan a la vida a buscar continuamente soluciones de supervivencia. Estas soluciones, que llamamos adaptaciones, son mejoras incrementales del diseño de la vida.

La vida tiene el eterno problema de mantenerse lejos del equilibrio termodinámico, y logra este objetivo adquiriendo información sobre cómo sobrevivir en su entorno. ¿Cómo se adquiere esta información adaptativa? Mediante la variación ciega y la selección natural, que es una forma de aprendizaje por ensayo y error, como revelan tan claramente la epistemología evolutiva y el darwinismo universal. De este modo, el crecimiento del conocimiento es a la vez un proceso darwiniano y termodinámico. Dejemos clara esta conexión resumiendo la historia física tal y como se ha contado hasta ahora. Hacerlo nos conducirá a una nueva filosofía natural que explica la existencia en términos de evolución y emergencia.

Un nuevo giro a la segunda ley

Desde la perspectiva termodinámica establecida en la primera parte, sabemos que la función de la biología es proporcionar canales de flujo de energía para un planeta sometido a estrés químico, porque al hacerlo, la vida facilita la producción de entropía. Llamamos organismos a estos canales de flujo de energía, y los hay de muchas variedades o especies diferentes. Dado que la afluencia de energía solar aleja continuamente al planeta del equilibrio, la maximización de la entropía requiere que esos canales de flujo de energía persistan en el futuro. Desde esta perspectiva, la evolución biológica es un proceso que construye y mantiene canales de flujo de energía para facilitar la disipación de la energía libre planetaria. Para desempeñar su función termodinámica, la vida debe adquirir información que reduzca la incertidumbre ambiental, por lo que la adaptación es un proceso de modelización estadística equivalente a la inferencia bayesiana. A medida que la vida evoluciona y aprende y actualiza las "creencias" de su modelo sobre el entorno para que sean cada vez más precisas, minimiza su ignorancia respecto a todas las formas posibles en que el mundo circundante puede sorprenderla. La ciencia no es más que una extensión de nuestra necesidad intrínseca de predecir el universo para poder seguir en el juego de la existencia.

A medida que la evolución avanza de este modo, la naturaleza construye un conjunto diverso de sistemas adaptativos que modelan el mundo que les rodea en un esfuerzo por eludir el equilibrio. Dado que la aparición de entornos cada vez más complejos es inevitable, también lo es la aparición de especies cada vez más inteligentes. Esto nos lleva a una conclusión cósmica muy opuesta a la interpretación inicial de la segunda ley de la termodinámica. Para evitar confusiones, quizá deberíamos seguir el consejo de Stuart Kauffman y llamarla simplemente *cuarta ley de la termodinámica*. En pocas palabras, la cuarta ley significa: *Un universo que maximiza la entropía, o minimiza la energía libre, al ritmo más rápido posible evolucionará hacia un estado cada vez más complejo, organizado, vivo e inteligente.* ¿Por qué? Porque la computación que la vida debe realizar para persistir indefinidamente disipa la energía libre de forma más eficiente que cualquier otro proceso natural. Wissner-Gross denomina "fuerza entrópica causal" al motor de este proceso organizativo, que vincula la evolución con la segunda ley.

Lo esencial de la idea puede resumirse fácilmente. Al volverse más diversa y compleja a través de la evolución, la vida maximiza el número de nichos que puede explotar, lo que optimiza su capacidad para extraer energía y evadir la decadencia entrópica. Al tratar de preservar su libertad futura, la complejidad adaptativa se hace más "poderosa", lo que significa que puede responder a una mayor diversidad de retos. Como resultado, la vida se vuelve cada vez más competente en la manipulación de la materia y la energía de manera que, en última instancia, le permitirá convertirse en una fuerza cósmica de poder causal sin precedentes. La nueva narrativa cósmica que se desprende de estos conocimientos describe un universo cada vez más inteligente gracias a la expansión de la vida, sin signos de ralentización.

Muchos creen que este proceso es insostenible; que si continuara indefinidamente iría en contra de la todopoderosa segunda ley, violando la suposición de la muerte por calor, pero veremos que es solo eso: una suposición. La hipótesis de la muerte por calor, también conocida como la *gran congelación*, está siendo discretamente cuestionada por un número cada vez mayor de destacados físicos, como explicó Paul Davies, físico reconvertido en investigador del origen de la vida: "Ahora vemos cómo es posible que el universo aumente tanto su organización como su entropía al mismo tiempo. Las flechas optimista y pesimista del tiempo pueden coexistir: el universo puede mostrar un progreso creativo unidireccional incluso frente a la segunda ley."[1]

Pero esta afirmación no es lo suficientemente contundente. Parece que el crecimiento sin fin de la complejidad organizada *solo* puede producirse espontáneamente en un universo que, de lo contrario, se vuelve cada vez más desordenado. Esta es una de las ideas fundamentales de la síntesis evolutiva integrada, y tal verdad no podría haberse descubierto sin pensar en la evolución desde una perspectiva termodinámica e informacional, como sugirió Schrödinger. En este capítulo quedará claro por qué la tendencia al desorden es la presión de selección de los sistemas autoorganizados. Puede parecer complejo a primera vista, pero de nuevo la historia es sorprendentemente sencilla: la segunda ley esculpe los sistemas autoorganizados para que sean cada vez más estables seleccionando los estados estructurales más sinérgicos.

Una historia cósmica cohesionada

El reduccionista dogmático, que al igual que el ideólogo religioso teme el cambio y se empeña en mantener el statu quo, puede consolarse con el hecho de que esta ampliación radical de la teoría evolutiva en realidad no es tan nueva ni tan radical. Los intentos anteriores de alcanzar el mismo objetivo han generado un sólido cuerpo de trabajo empírico y teórico durante muchas décadas, y es este cuerpo de investigación revisada por pares el que informa el enfoque actual. De hecho, podemos ver los intentos progresivos de una teoría de sistemas unificada —la cibernética, la teoría general de sistemas, la epistemología evolutiva, el darwinismo universal y la ciencia de la complejidad— como una sorprendente demostración del proceso evolutivo que todos ellos intentan explicar. Los paradigmas surgen y evolucionan como los organismos y las culturas. De este modo, la síntesis evolutiva integrada, la teoría unificadora de la realidad desarrollada a lo largo de este libro, predice su propia emergencia. En un sentido mecánico, la evolución cósmica estaba destinada a producir una teoría de la evolución cósmica. Aunque se remonta al menos al famoso contemporáneo de Darwin, Herbert Spencer, una visión del mundo basada en la evolución se convirtió en una postura filosófica seria con Karl Popper.

Popper vio que el método científico no era más que una nueva vuelta de tuerca a lo que la naturaleza ha estado haciendo durante miles de millones de años: la comprobación de hipótesis es una implementación de un algoritmo descubierto por primera vez por la evolución, aunque más tarde sería cooptado por los seres inteligentes que el mecanismo produjo. Recibe distintos nombres según el campo de aplicación: conjetura y refutación (ciencia), ensayo y error (aprendizaje), variación y selección (adaptación) y generar y probar (IA), pero todos se refieren al mismo algoritmo general, que aplicado de forma iterativa realiza una inferencia bayesiana.

Identificar el algoritmo que impulsa la evolución cósmica y la creación de conocimiento no significa que hayamos terminado. El objetivo de una teoría adecuada del todo no debería ser decir: "Hemos encontrado un mecanismo maestro: ¡el misterio de la existencia ha sido resuelto!" Recuerde que nuestro objetivo no es reducir, sino iluminar, y la variación y la selección son simplemente el procedimiento de resolución de problemas mediante el cual la complejidad adaptativa encuentra soluciones a los problemas de supervivencia y las escribe en la memoria. Aunque es el algoritmo general que debe estar en funcionamiento cada vez que hay algún diseño funcional en la naturaleza, sigue siendo solo un procedimiento. Solo nos interesa porque es el mecanismo que produce el conocimiento. Pero ¿por qué nos importa el conocimiento?

El conocimiento nos interesa porque es lo que permite a los sistemas físicos ser capaces de experimentar el mundo y generar patrones de actividad que tienen sentido y sentimiento, transformando así las partes no vivas del universo en piezas con propósito. No se trata solo de una metáfora; es literalmente cierto que cuando la materia inanimada adquiere la capacidad de sentir y percibir la realidad organizándose en una complejidad adaptativa, la materia se vuelve "viva", animada por el procesamiento de la información que impulsa el comportamiento que llamamos acción.

Pero si nos centramos únicamente en los organismos individuales, o en el sistema adaptativo complejo que mejor conocemos —es decir, nosotros mismos—, sin pensar en el proceso cósmico más amplio que está en marcha, estaremos ciegos ante el panorama general. El crecimiento continuo del conocimiento es infinitamente intrigante porque parece conducir inevitablemente a un universo que se organiza en un agente computacional cada vez más inteligente, sin final aparente a la vista. ¿Es el resultado final de este proceso una mente cósmica que se hace más poderosa con el tiempo? El cosmos ha creado un enigma para que lo resuelvan los sistemas autoconscientes. El enigma, el que estamos desentrañando ahora mismo, la cuestión de cuánto puede durar la vida en un universo que obedece la segunda ley, es a la vez el problema y la solución. Es decir, es nuestra conciencia de la fatalidad inminente lo que nos motiva a eludir ese desenlace. De este modo, los problemas impulsan el progreso.

Metanaturalismo poético

Nuestra teoría unificadora de la realidad, la síntesis evolutiva integrada, inspira una nueva cosmovisión científica y una filosofía existencial que podemos llamar *metanaturalismo* poético. No tiene un nombre florido por el mero hecho de ser poético; hay razones técnicas para esta elección exacta de palabras que se harán cada vez más claras a medida que este libro avance hacia su conclusión.

Los seguidores del físico teórico y popular autor Sean Carroll, autodenominado "naturalista poético", pueden estar familiarizados con su posición filosófica naturalismo poético, bellamente articulada en su ambicioso libro de 2016 *The Big Picture*. Aunque existen similitudes entre el naturalismo poético y el metanaturalismo poético, en algunos aspectos no podrían ser más diferentes. Al igual que la postura de Brian Greene, la posición de Carroll es poética pero aun así excesivamente reduccionista.

Está claro que no cree que el universo tenga ningún propósito intrínseco ni que la vida tenga ningún significado cósmico:

> Un naturalista poético negará que nociones como "bien y mal", "propósito y deber" o "belleza y fealdad" formen parte de la arquitectura fundamental del mundo. El mundo es solo el mundo, que se desarrolla según los patrones de la naturaleza, libre de cualquier atributo de juicio. Pero estos vocabularios morales, éticos y estéticos pueden ser formas perfectamente útiles de hablar del mundo.

El metanaturalismo poético, por su parte, sostiene que la naturaleza tiene un propósito intrínseco: despertar y experimentar los frutos de su propia creación. Para ello, debe producir vida, conocimiento y conciencia. El universo es inherentemente creativo, y los fenómenos emergentes que genera son sus expresiones poéticas. Lo importante en el gran esquema de la evolución cósmica no son las partículas, sino los patrones que surgen de las interacciones entre ellas. Algunos de estos patrones, los que tienen más poder causal sobre la naturaleza, experimentarán lo que es ser un patrón. Tú eres uno de esos patrones. Los patrones son tan "reales" como las partículas, y eso incluye los poemas reales. Un poema que inspira una acción es tan real como una piedra.

Según el metanaturalismo poético, podemos comprender mejor la verdadera naturaleza pensando en el proceso evolutivo en términos de bucles y niveles. Sin estos conceptos, sería imposible comprender propiedades clave de los sistemas biológicos, como el control y la conciencia. Debemos agradecer a los pioneros de la cibernética que los convirtieran en una parte propia de la ciencia. Armados con la lógica de los bucles, podemos empezar a desarrollar una ciencia del yo.

Somos bucles

En su ensayo para la revista digital Aeon, titulado "Consciousness Is Not a Thing, but a Process of Inference", el neurocientífico Karl Friston explica nuestra naturaleza de bucle y su relación con la segunda ley:

> Lo sorprendente de este comportamiento repetitivo y autoorganizado es que es contrario al comportamiento habitual del Universo. Todo debería

> ser *más* aleatorio, disperso y caótico a medida que pasa el tiempo. Es la segunda ley de la termodinámica: todo tiende al caos y, en general, la entropía aumenta. Entonces, ¿qué ocurre?
>
> Los sistemas complejos se autoorganizan porque poseen *atractores*. Se trata de ciclos de estados que se refuerzan mutuamente y que permiten a los procesos alcanzar un punto de estabilidad, no mediante la pérdida de energía hasta detenerse, sino a través de lo que se conoce como *equilibrio dinámico*.

Obsérvese que, en este contexto, el equilibrio dinámico es lo *contrario* del equilibrio termodinámico, una especie de no-equilibrio. Parece paradójico a primera vista, pero no es más que un capricho del lenguaje. Mientras que el equilibrio termodinámico es un estado equilibrado de desorden total y dispersión de energía dentro de un sistema, el equilibrio dinámico se refiere a un estado equilibrado entre un sistema abierto y un entorno que lo alimenta con un suministro constante de energía libre. Ambos estados son tipos de atractores, pero uno representa la muerte mientras que el otro se asocia con la vida. El equilibrio dinámico, un estado estacionario alejado del equilibrio, fue descrito matemáticamente por Ashby en 1947, cuando ideó su *principio de autoorganización*, según el cual "cualquier sistema dinámico determinista evoluciona automáticamente hacia un estado de equilibrio que puede describirse en términos de un atractor en una cuenca de estados circundantes".[2] Una vez que un sistema adaptativo cae en un atractor, permanecerá en él mientras siga extrayendo la energía que necesita para mantener su estado ordenado y mientras las condiciones externas no cambien demasiado drásticamente.

Inspirándose en Ashby, Karl Friston explicó que los atractores están en el corazón mismo de lo que significa estar vivo:

> Un ejemplo intuitivo es la homeostasis. Si te asusta un depredador, tu ritmo cardiaco y tu respiración se acelerarán, pero automáticamente harás algo para que tu sistema cardiovascular vuelva a un estado más tranquilo (siguiendo la llamada respuesta de "lucha o huida"). Cada vez que se produce una desviación del atractor, se desencadenan flujos de pensamientos, sentimientos y movimientos que acaban por devolverte a tu ciclo de atracción, a estados familiares. En los humanos, todas las excitaciones de nuestro cuerpo y cerebro pueden describirse como movimientos hacia nuestros atractores, es decir, hacia nuestros estados más probables.

A continuación, Friston caracteriza el estado de vida como un bucle, citando al filósofo cognitivo y escritor ganador del Premio Pulitzer Douglas Hofstadter, a quien conoceremos mejor en la tercera parte:

> Desde este punto de vista, los seres humanos somos poco más que "bucles extraños", como dice el filósofo Douglas Hofstadter. Todos fluimos por un enorme espacio de estados de múltiples posibilidades, pero nuestros atractores nos obligan a movernos en círculos cerrados. Somos como una hoja otoñal que traza una trayectoria interminable en los turbulentos remolinos de una corriente, pensando que nuestro pequeño rastro es el mundo entero.... Esta descripción de nosotros mismos como bucles juguetones puede sonar teleológicamente estéril, pero tiene profundas implicaciones para la naturaleza de cualquier sistema complejo con un conjunto de estados de atracción, como usted o yo.

No es teleológicamente estéril en absoluto. Como sistemas adaptativos complejos, no cabe duda de que somos bucles, y en más de un sentido, como ha demostrado esta historia. Como sistemas disipativos que ciclan constantemente la energía a través del metabolismo, somos una especie de bucle termodinámico, y como actualizamos nuestras creencias sobre el mundo de forma bayesiana, también somos un bucle informacional. Además, somos máquinas cibernéticas que utilizan bucles de retroalimentación positiva para autorregenerarse y autoamplificarse, y bucles de retroalimentación negativa para volver a la homeostasis y proteger al sistema de perturbaciones graves que amenazan su integridad física. Los bucles están en el corazón de lo que somos. Incluso la forma en que vivimos, los patrones de comportamiento, las rutinas diarias —desayuno, comida, cena, sueño, sexo—, nuestros hábitos son atractores, para bien o para mal. En el fondo, somos criaturas recursivas.

Pero la naturaleza en bucle no debería hacernos sentir en absoluto que estamos eternamente dando vueltas en círculos, porque el bucle es la actualización de un modelo bayesiano y el método de creación de conocimiento. Ya sea a través de la ciencia, el aprendizaje adaptativo o la evolución biológica, la vida aprende de sus errores y graba sus soluciones en la memoria —ya sean genomas, cerebros, culturas, revistas académicas o páginas web— para que no se olviden. A partir de la retroalimentación continua que obtenemos de cada uno de nuestros fracasos y éxitos, el bucle de aprendizaje empuja el proceso en la dirección del progreso.

Llegados a este punto de la historia, es hora de introducir un importante fenómeno que acompaña a los bucles conocido como *autorreferencia*.

Autorreferencia

Una regla empírica útil es que cada vez que aparece la palabra "auto" en un término científico, hay muchas posibilidades de que la autorreferencia esté al acecho en algún lugar del concepto. La autoorganización (emergencia), el automantenimiento (autopoiesis), la autoamplificación (crecimiento), la autorreplicación (reproducción) e incluso la autoconciencia (conciencia de ser consciente) implican un proceso recursivo que utiliza bucles de un modo u otro, lo que permite al sistema referenciarse a sí mismo.

Todos los organismos, incluidos los humanos, aprovechan los bucles de retroalimentación para ejercer poder causal y control. El mismo tipo de bucles de retroalimentación no lineales y de crecimiento exponencial que subyacen al famoso efecto mariposa son canalizados por la vida para hacer cosas que la materia inanimada nunca podría ser capaz de hacer, como moverse contra la fuerza de la gravedad de la forma en que lo hacemos cuando corremos cuesta arriba o saltamos hacia el cielo. Si viéramos a un objeto inanimado, como una piedra o un cubo de basura, moverse del mismo modo, supondríamos que alguien nos está gastando una broma. Los sistemas adaptativos son capaces de hacer lo que parecería "magia causal" desde la perspectiva reduccionista clásica. Por supuesto, esa magia no es más que el poder causal de la información, pero eso no la hace menos mágica, ¿verdad?

Quizá lo más interesante de nuestra teoría unificadora de la realidad es que, cuando te das cuenta de que es una teoría de sistemas adaptativos, de repente la teoría gira en torno a ti y te introduce en el bucle. Eres un bucle dentro de otro bucle.

"La emergencia ha pasado ordenadamente de los protones a los filósofos", escribió el bioquímico de Yale Harold Morowitz, editor fundador de la revista *Complexity*. "A este nivel se produce una especie de cierre del bucle, porque los filósofos piensan en Big Bangs, protones y todas las demás jerarquías conectadas por emergencias. El mundo emergente se vuelve hacia dentro y piensa en sí mismo."[3]

El astrobiólogo de Harvard Eric Chaisson, autor de *Cosmic Evolution: The Rise of Complexity in Nature* y partidario desde hace tiempo de la idea de que el propio cosmos se autoorganiza, afirma: "La evolución cósmica nos ha dado a luz y ahora, tras haberlo hecho, nos permite estudiar ese mismo escenario de evolución cósmica." En una línea similar, Paul Davies escribió: "Las leyes del universo han diseñado su propia comprensión."[4] Requiere cierta reflexión para comprenderlo, pero es cierto, y lo consiguen gracias a seres como tú.

Como ya se ha dicho, una teoría de la evolución cósmica sería también una teoría sobre la evolución de los paradigmas, lo que significa que la teoría se referiría a sí misma. Este caso de autorreferencia puede sonar extraño a primera vista, pero Hofstadter ha dicho muchas veces que "una teoría puede hablar de sí misma" en sus extraños y brillantes bestsellers *Gödel, Escher, Bach: An Eternal Golden Braid* y el sincero *I Am a Strange Loop*.

Nuestra teoría unificadora de la realidad, con base en la epistemología bayesiana, predice que su modelo del mundo tendrá errores y da instrucciones sobre cómo se supone que se autoactualiza cuando llegan nuevas pruebas (utilizando el teorema de Bayes). Dado que la teoría es autocorrectiva por naturaleza, podría decirse que es "autoconsciente". También es, por definición, una teoría *incompleta*, ya que reconoce que en el futuro surgirán inevitablemente nuevos fenómenos con propiedades novedosas, lo que exigirá ampliar el marco. Los fenómenos emergentes siempre mostrarán nuevos tipos de comportamiento dinámico que requerirán nuevas leyes matemáticas para captarlos, como hemos visto con la invención del cálculo causal por el informático estadounidense de origen israelí Judea Pearl, que se ha utilizado para formalizar la aparición del poder causal en los sistemas vivos.

Al declarar que la realidad es "abierta", lo que significa que se crearán continuamente nuevos modelos y experiencias, el metanaturalismo poético nos muestra que el carácter incompleto de un modelo no debe confundirse con una debilidad. Una teoría que predice que la realidad es incompleta es, en cierto sentido, completa, porque puede predecir lo que no puede predecir perfectamente. Podemos esperar emergencias de una grandeza cada vez mayor, pero esas emergencias siempre contendrán sorpresas.

A medida que nos adentramos en la enloquecida historia, nos damos cuenta de que esta teoría universal de los sistemas cibernéticos sugiere que el propio universo es un sistema cibernético autoorganizado, y no un sistema físico arbitrario cualquiera, como lo caracterizaron Laplace y Monod. La aparición de una teoría unificadora significa que nos encontramos en un punto crítico de la historia de la humanidad, porque por primera vez estamos tomando conciencia de nuestro posible papel protagonista en el gran drama cósmico que aguarda a nuestra civilización, si decidimos corregir nuestros errores antes de convertirnos en los errores que se corrigen. El universo se está autoorganizando, la complejidad cósmica está aumentando y la vida inteligente es el principal motor del proceso. ¿Cómo se "despierta" el universo? A través de bucles, ahora lo sabemos, pero los bucles por sí solos no bastan para la mente. Los seres sensibles solo pueden entenderse como producto de la autorreferencia y de un bucle informativo multinivel que Douglas Hofstadter denomina "bucle extraño", que no es solo un bucle, sino específicamente un bucle que atraviesa niveles. Los niveles son tan importantes como los bucles para la nueva narrativa cósmica.

Tenemos niveles

Como sistemas adaptativos complejos, tenemos niveles. En otras palabras, todos los sistemas adaptativos son sistemas anidados: sistemas formados por muchos subsistemas que interactúan y que a su vez están formados por muchos subsistemas que interactúan. Las células están hechas de biomoléculas, los organismos multicelulares están hechos de células y las sociedades eusociales, como una colonia de hormigas o una civilización humana, están hechas de organismos multicelulares. Aunque estamos acostumbrados a pensar en nosotros mismos como individuos, también somos comunidades de agentes, como diría cualquier biólogo celular (el cuerpo humano es una red integrada de unos treinta y siete billones de células).

Este diseño anidado de muchos componentes se denomina *arquitectura modular jerárquica*: "modular" significa que el sistema está formado por muchas unidades que interactúan, y "jerárquica" significa que los componentes están organizados en distintas capas o niveles. Son unidades hechas de unidades hasta el final. Esta arquitectura modular multinivel está reconocida como el diseño más robusto que puede tener un sistema adaptativo por varias razones. Por un lado, como la carga computacional se distribuye entre muchos componentes y a través de muchos niveles, hay una especie de especialización en cada capa. Pero más allá de una mayor potencia de cálculo, un diseño modular jerárquico puede evitar que el sistema muera o se destruya con tanta facilidad.

Consideremos una sociedad de personas, que también es un sistema adaptativo y un sistema cibernético con una arquitectura modular jerárquica. Las similitudes funcionales entre organismos y sociedades han inspirado a varios científicos muy respetados, como los estimados biólogos E. O. Wilson y Lynn Margulis, a describir el colectivo integrado como un "organismo social". Incluso el gran biólogo evolucionista Ernst Mayr, que criticó abiertamente la idea de una teleología cósmica, fue categórico al afirmar que "el grupo social también es un objetivo de la selección".[5] La resistencia de los organismos sociales hace que sea muy fácil ver las ventajas de un diseño de sistema anidado y multinivel.

Por ejemplo, si el sistema de nivel superior se desmorona —debido a una hambruna, un desastre natural, una guerra o cualquier otra perturbación catastrófica—, los subsistemas que componen el sistema mayor pueden simplemente reensamblarse. En el caso de civilizaciones fallidas, humanas o de insectos, los agentes autónomos acabarán explorando nuevas configuraciones colectivas hasta que se descubra y conserve un patrón de ordenación más estable y sinérgico. Un sistema modular jerárquico es un atractor construido a partir de atractores.

Esta arquitectura anidada explica la robustez de la biosfera y por qué puede seguir desempeñando su función termodinámica incluso ante catástrofes naturales y extinciones masivas. El primer científico que estudió a fondo la importancia del diseño modular jerárquico fue Herbert Simon, economista, politólogo y psicólogo cognitivo estadounidense galardonado con el Premio Nobel de Economía en 1978. Su trabajo influyó en numerosos campos, especialmente en el joven campo de la inteligencia artificial. Las ideas de Simon sobre la importancia del diseño modular jerárquico ayudaron a dar forma al campo conocido como *teoría del control*, también llamada *teoría del control óptimo*, que ahora forma parte del plan de estudios básico de los ingenieros que intentan desarrollar sistemas robustos de todo tipo. El concepto también se ha convertido en una parte central del aprendizaje automático, especialmente en el diseño de redes neuronales.

La figura de la página siguiente representa la jerarquía de la materia, que puedes ver que continúa como la jerarquía de la vida.

A partir de esta representación, podemos ver que una vez que surge la vida, se convierte en el motor de la evolución cósmica, y también vemos claramente que la historia de la evolución cósmica es una historia de surgimiento jerárquico a través de la autoorganización recursiva. Sabemos que la autoorganización es la forma en que se construyen los niveles en la jerarquía, pero lo que realmente queremos saber es si este proceso continuará en el futuro. ¿Es el progreso evolutivo tan inevitable como la aparición de la vida? Ciertamente parece que sí, y describiremos el proceso abierto con una ley inspirada en el principio de autoorganización de Ashby, denominada *principio de autoorganización recursiva*. Este principio explicará cómo se añaden nuevos niveles a la jerarquía siempre creciente de la materia a través de la evolución. Estos niveles nos llevarán de la materia a la mente y más allá.

La saga de la evolución cósmica es un proceso recursivo de autoorganización espontánea que ocurre por etapas, y cada etapa es una "transición evolutiva mayor" que representa la aparición de un nuevo nivel de complejidad estructural y funcional en el universo. Los nuevos niveles en la jerarquía representan un mayor nivel de control y poder causal (una vez plenamente desarrollado), y con cada transición evolutiva importante surge alguna propiedad totalmente novedosa que no estaba presente en los sistemas inferiores cuando existían de forma aislada. John Maynard Smith y Eörs Szathmáry describieron por primera vez en detalle estas transiciones en el libro de 1995 *The Major Transitions in Evolution*.

Normalmente, una transición evolutiva importante implica la creación de un nuevo tipo de depósito de conocimientos, que es un sistema de memoria que almacena información adaptativa. El primer depósito de conocimiento fue una sola célula, luego vinieron los organismos pluricelulares, después los cerebros, luego las culturas, después los ordenadores y ahora parece estar surgiendo un "cerebro global", gracias a internet. Algunas de estas grandes transiciones evolutivas corresponden a lo que los filósofos denominan *emergencia fuerte*.

El tipo más conservador de emergencia, conocido como *emergencia débil*, está presente en toda la naturaleza dondequiera que haya un patrón, y es el tipo de emergencia que vemos cuando se forman estructuras disipativas, como tornados y remolinos, que no tienen voluntad. La emergencia fuerte es un tipo especial de emergencia que crea la existencia de algo ontológicamente nuevo en la naturaleza. El origen de la vida se considera una emergencia fuerte porque es el momento en que la información adquiere poder causal en el universo, y el origen de la mente también lo es porque representa la aparición de la experiencia subjetiva, que es algo totalmente nuevo.

Cada aparición en el proceso de autoorganización cósmica se produce mediante una transición de fase que aleja cada vez más la vida de un estado de equilibrio termodinámico y desorden total. A través de una serie anidada de transiciones de fase —en las que elementos funcionales se unen para formar elementos funcionales más grandes, que a su vez se unen para formar otros aún más grandes, y así sucesivamente— la complejidad adaptativa está mejor equipada para dominar el cosmos. Es decir, la vida adquiere una organización cada vez más jerárquica e integrada y, por tanto, más resistente y potente desde el punto de vista computacional. Si bien está bien describir la vida como dominadora del universo al ganar dominio sobre él mediante la progresión tecnológica, es igual de cierto que el propio universo cobra vida a través de este proceso. Se trata del mismo fenómeno descrito desde diferentes perspectivas que corresponden a diferentes niveles de descripción. Recordemos el lema de Sagan: "Somos una forma de que el cosmos se conozca a sí mismo."

Ahora esclareceremos la naturaleza de este proceso describiendo los mecanismos precisos que hacen inevitables las grandes transiciones evolutivas. Al igual que la primera gran transición de la evolución cósmica, que supuso la aparición de un organismo vivo a partir de la actividad colectiva coordinada de muchas moléculas interactuantes, la gran transición evolutiva que se avecina —provocada por la actividad colectiva coordinada de billones de tipos diferentes de especies interactuantes— representa la maduración evolutiva de la biosfera hasta convertirse en un verdadero "superorganismo". Este sistema adaptativo complejo a escala planetaria tiene un cerebro, un cuerpo y, potencialmente, la capacidad de reproducirse.

Evolucionar más allá de la Tierra

Por supuesto, la evolución cósmica no comenzó en la Tierra, sino en el universo mismo. Sabemos que la formación de las estructuras de no-equilibrio que llamamos estrellas y planetas ocurrió inevitablemente como resultado de las leyes fundamentales de la física, y estamos totalmente cómodos con la inexorabilidad de esa parte de la historia. Pero la idea de que la vida es el mismo tipo de regularidad no es actualmente la posición de la corriente principal de la física, aunque sin duda es el punto de vista favorito entre los científicos de la complejidad, los empleados de la NASA y un número creciente de físicos aburridos que buscan explicar el origen de la vida, un nuevo santo grial para los instruidos en termodinámica estadís-

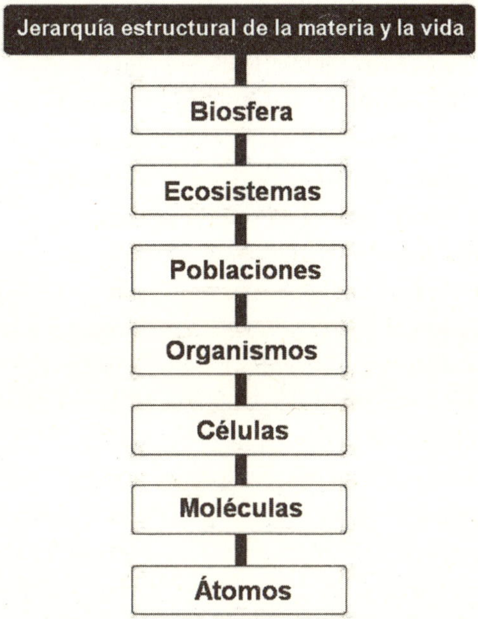

tica. Desde biólogos galardonados con el Premio Nobel como Christian de Duve hasta nuestros divulgadores científicos más fiables, como Carl Sagan, la idea de que la aparición de la vida fue "escrita en el tejido del universo", como dijo de Duve, ya no resulta chocante.

Aunque la idea de que la vida y la acción surgen como resultado inevitable de la ley natural es algo en lo que deberíamos encontrar satisfacción espiritual, nos deja preguntándonos dónde acaba la inevitabilidad. Aunque implica que la vida en el cosmos es común, que surge fácilmente en esos miles de millones o billones de planetas con condiciones suficientemente parecidas a las de la Tierra, sería bastante decepcionante que esto solo condujera a una vida que nunca pudiera salir de su planeta de origen.

Si la biología ha de expandirse más allá de su planeta de origen, entonces debe evolucionar hacia la inteligencia, y la inteligencia es una propiedad que emerge en sistemas de procesamiento de información suficientemente complejos. Así pues, si esta trayectoria cósmica es de hecho obligatoria dadas las leyes, entonces debe haber mecanismos que impulsen sistemáticamente a la biosfera a evolucionar hacia estados de mayor complejidad e integración de la información. En el capítulo anterior aprendimos mucho sobre el proceso de creación de conocimiento, pero no hablamos mucho de cómo se actualiza el hardware que codifica la creciente montaña de conocimiento acumulado. Las grandes transiciones evolutivas son revoluciones en la maquinaria de procesamiento y almacenamiento de la información. La necesidad de depósitos de conocimiento cada vez mayores (sistemas de memoria) revela que la historia de la evolución cósmica no es solo un proceso de creación de conocimiento, sino un proceso de *autoorganización recursiva*.

Para entender el principio de autoorganización recursiva, tenemos que pensar en cómo los dos tipos de evolución que hemos identificado, que corresponden a dos tipos de aprendizaje, trabajan juntos para construir sistemas cibernéticos de creciente potencia computacional. Ahora estamos bastante familiarizados con el aprendizaje filogenético y con los fundamentos del aprendizaje ontogenético, o autoorganización. Tal y como se utilizaba tradicionalmente, el término "aprendizaje ontogenético" significaba exclusivamente aprendizaje individual, pero a medida que la ciencia se ha vuelto más sofisticada, ha quedado claro que todas las cosas que llamamos individuos son en realidad colectivos autoorganizados de unidades más pequeñas que trabajan cooperativamente. Por lo tanto, utilizaremos aprendizaje ontogenético para describir cualquier ejemplo de autoorganización, ¡ya que es el "auto" en cada caso lo que convierte el aprendizaje colectivo en aprendizaje individual a un nivel superior!

Aunque la síntesis moderna hace hincapié en cómo se produce la evolución como resultado de la competencia entre organismos que luchan por la supervivencia —la fuente del aprendizaje filogenético—, dice muy poco sobre la coevolución de las especies y la interdependencia e interconexión que vemos en la biosfera, que tiene una resistencia y estabilidad que hay que explicar. El aprendizaje filogenético es el método de actualización bayesiano que optimiza el genoma de una población de organismos en evolución, pero la autoorganización, el menos conocido de los dos procesos evolutivos, es realmente la estrella del espectáculo, porque está muy extendido y porque es el principal mecanismo que impulsa la emergencia continua.

A pesar de su evidente relevancia, la autoorganización ha sido ignorada en gran medida por los biólogos convencionales, tanto por razones prácticas como culturales. Los biólogos no solo tienden a evitar conceptos cuya caracterización requiera matemáticas y física exóticas, sino que también suelen preferir mantener una sana distancia con todo lo que suene demasiado teleológico, ya que siguen asociando la teleología o la dirección de objetivos con alguna fuerza mística o "no física" que podría permitir que Dios o la magia se colaran en la empresa científica por la puerta de atrás. Pues bien, esos cuidadosos guardianes de la teoría evolutiva —una especie de "guardia de la noche" para la ciencia— pueden relajarse, incluso celebrarlo, porque aunque la autoorganización es un proceso que mistificadoramente da lugar a un "estado meta", esa meta es un atractor con una función termodinámica y una descripción matemática precisa. Y no solo eso, a los naturalistas les complacerá saber que este atractor se establece y mantiene realmente mediante una dinámica darwiniana de buena fe, ya que evoluciona a través de la variación y la selección.

Variación ciega y retención selectiva

Más concretamente, la epistemología evolutiva nos muestra que la autoorganización se produce a través del mecanismo de variación y selección conocido como variación ciega y retención selectiva. Podemos pensar en esta versión de la dinámica darwiniana como una expresión de la afirmación de Dawkins de que "la 'supervivencia del más apto' de Darwin es en realidad un caso especial de una ley más general de *supervivencia de lo estable*". Cuando un sistema de partes interactuantes explora diversas configuraciones, las estables se conservan o seleccionan, mientras que las inestables se olvidan.

La primera vez que el mecanismo de variación ciega y retención selectiva hace evidente su presencia es con el origen de la vida, en la forma de lo que Jeremy England ha llamado "adaptación disipativa". Aprendimos todo sobre este proceso en el capítulo tres, pero de ahí no quedó del todo claro que la adaptación disipativa a través de la autoorganización fuera un *fenómeno realizable de forma múltiple.* Esto significa que, dado que pueden existir sistemas adaptativos complejos funcionalmente equivalentes en diferentes tipos de hardware, o "sustratos", el mismo tipo de fenómeno o proceso puede "realizarse" a múltiples escalas en la naturaleza.

La realizabilidad múltiple también se conoce como *independencia del sustrato.* Gracias a la independencia del sustrato, el estudio de un sistema adaptativo complejo a un nivel puede dar lugar a conocimientos que nos ayuden a comprender mejor sistemas adaptativos similares a otros niveles. En 2017, el físico Max Tegmark dijo que el concepto sobre el que creía que la sociedad debería saber más era la independencia del sustrato, y luego procedió a explicar cómo un científico puede entender una onda independientemente del medio en el que viaja. Las ondas se comportan de forma similar sin importar el medio porque el fenómeno de interés se encuentra en la dinámica, no en el material. Los sistemas adaptativos complejos son sistemas cibernéticos que, en teoría, pueden existir en un número infinito de escalas.

El significado está en la metáfora

El metanaturalismo poético subraya la importancia de utilizar la metáfora para explicar los fenómenos naturales, no por el mero hecho de ser artística o relatable, sino porque se convierte en una herramienta explicativa necesaria en una realidad con niveles. Cuando tratamos de comprender la naturaleza de un fenómeno realizable en múltiples niveles, la descripción "verdadera" de ese fenómeno no se encuentra en un solo nivel: la comprensión más profunda vendría de reconocer la abstracción común que puede extraerse de los distintos niveles. Por ejemplo, si el teórico de la información Erik Hoel está en lo cierto al afirmar que "la acción parece ser una propiedad realizable en múltiples niveles"[6], entonces la acción debería definirse como la propiedad que comparten los agentes en todos los niveles de escala.

En matemáticas, existe el concepto de *autosimilitud*, y un objeto autosimilar es aquel que es similar en estructura a una o más (o a todas) de sus partes. La autosimilitud está asociada a los patrones fractales, que surgen de reglas de diseño aplicadas recursivamente y existen en toda la naturaleza, a menudo en forma de la famosa secuencia de Fibonacci, que vemos en la disposición de las semillas de los girasoles, las espirales de las galaxias y la organización social de las colonias de abejas. Los sistemas que muestran autosimilitud, como los sistemas cibernéticos con una arquitectura modular jerárquica, pueden en teoría entenderse de nuevas maneras a través de nuevos tipos de principios de alto nivel, como lo que los matemáticos llaman *principio de reflexión*.

Un principio de reflexión demuestra que los niveles de un sistema anidado pueden informarse mutuamente revelando dinámicas que podrían ser difíciles de observar, por la razón que sea, en algún otro nivel. Por poner un ejemplo que pronto exploraremos, la dinámica de los ecosistemas podría decirnos algo sobre la dinámica de los conjuntos autocatalíticos, y viceversa. También se podría suponer que aprender sobre la dinámica del sistema adaptativo complejo en el nivel más alto de la creciente jerarquía de la vida podría decirnos algo sobre los niveles que *aún no han surgido* pero que son de esperar. Por ejemplo, estudiar cómo surge la conciencia en los cerebros humanos podría decirnos algo sobre cómo podría surgir la conciencia en el cerebro global que están formando los humanos conectados por sus dispositivos inalámbricos. De este modo, el metanaturalismo poético tiene un poder predictivo que no tiene ninguna teoría reduccionista. En lugar de ignorar los fenómenos emergentes, los utiliza para predecir el comportamiento de patrones isomórficos a escalas superiores.

La mejor manera de ilustrar el concepto de realizabilidad múltiple es mediante el ejemplo. En el capítulo seis vimos que, al aprender sobre ciencia, también aprendíamos sobre evolución y, al aprender sobre evolución, aprendíamos algo nuevo sobre los orígenes de la vida. Ahora los orígenes de la vida nos enseñarán algo que no sabíamos sobre el futuro de la vida. Debido a la verdad de la realizabilidad múltiple, el modelo de adaptación disipativa de la abiogénesis es también el modelo del desarrollo evolutivo de la biosfera.

La biosfera es un conjunto autocatalítico

Recordemos que, según la primera parte, una nueva forma de entender cómo se originan los sistemas adaptativos complejos, basada en el nuevo campo de la física conocido como termodinámica del no equilibrio, nos dice que la vida surge de forma natural y predecible dadas ciertas condiciones geoquímicas que no son infrecuentes en el universo. Mediante una adaptación impulsada por la disipación, un sistema de moléculas orgánicas empujado por un flujo constante de energía reorganizará espontáneamente su configuración en una organización que crea una red de reacciones químicas autorrenovable y autoamplificadora denominada *conjunto autocatalítico*. Se trata de un ejemplo de emergencia que se produce cuando el sistema experimenta una transición de fase hacia un estado de mayor orden, complejidad y estabilidad.

En su libro de 2006 *Programming the Universe*, el físico Seth Lloyd caracteriza el conjunto autocatalítico como una fábrica alimentada por la energía que fluye a través del sistema metabólico primitivo: "Los conjuntos autocatalíticos de reacciones son sistemas poderosos. Además de computar, pueden producir una gran variedad de productos químicos. En efecto, un conjunto autocatalítico de reacciones es como una pequeña fábrica controlada por ordenador para producir sustancias químicas. Algunas de estas sustancias químicas son los componentes de la vida."

Los conjuntos autocatalíticos químicos son el tipo sobre el que solemos leer, pero un ecosistema también hace autocatálisis colectiva. Stuart Kauffman, que sin duda es quien más ha contribuido a que la teoría de los conjuntos autocatalíticos sobre el origen de la vida sea la principal, subraya que la creación de nuevas especies y nuevos nichos no difiere en ningún sentido mecanicista del tipo de autocatálisis colectiva que vemos en redes químicas relativamente simples. En el artículo de 2018, "Niche Emergence as an Autocatalytic Process in the Evolution of Ecosystems", publicado en el *Journal of Theoretical Biology*, Kauffman y sus colegas describen por qué los ecosistemas son "redes de reacción (o interacción) autosostenibles autocatalíticamente cerradas" que impulsan de forma fiable la diversidad y la complejidad biológicas a medida que se autoamplifican y evolucionan.

Citando al cibernético Francis Heylighen a E. O. Wilson —llámese "metacita"— vemos que la autocatálisis a nivel de ecosistema es continua y aparentemente sin fin. En su artículo de 1999 "The Growth of Structural and Functional Complexity During Evolution", Heylighen afirmaba: "Como bien explica Wilson (1992), los ecosistemas no solo contienen normalmente muchos nichos que acabarán siendo ocupados por nuevas especies, sino que existe una tendencia autorrefuerzo a crear nuevos nichos." Si esto te suena, es porque ya lo aprendimos en el capítulo anterior.

Si lo pensamos bien, casi todas las redes integradas de sistemas adaptativos funcionan como conjuntos autocatalíticos, incluidos los organismos sociales que llamamos sociedades o civilizaciones. Estas redes son habituales porque surgen espontáneamente cuando muchos organismos interactúan repetidamente entre sí y descubren configuraciones colectivas sinérgicas, como a menudo les presiona la naturaleza.

¿Por qué los agentes que interactúan se unen constantemente para formar conjuntos estables? Exactamente por la misma razón por la que las moléculas con la diversidad química adecuada formarán conjuntos de reacciones autocatalíticas estables cuando se ven empujadas por un flujo de energía: trabajar colectivamente permite a todo el sistema extraer más energía libre con menos trabajo. Esta es la esencia del principio de autoorganización recursiva. La naturaleza promueve la cooperación, la colaboración y la sinergia porque es termodinámicamente beneficioso para todas las partes, y por esa razón, las configuraciones colectivas sinérgicas acabarán siendo descubiertas por cualquier sistema de muchos componentes que esté explorando varios estados o configuraciones a través del mecanismo de variación ciega y retención selectiva. Los organismos solo compiten hasta que se dan cuenta de que trabajar juntos facilita la tarea de todos.

Mientras la biosfera siga creando una variedad creciente de sistemas adaptativos complejos, algunos de esos sistemas interactuarán para producir sistemas adaptativos complejos de nivel superior, que se unirán para formar complejos aún mayores, y este proceso continuará a niveles cada vez más sofisticados desde el punto de vista computacional a medida que avance el tiempo. Dónde termina la cadena de emergencia, o si termina, nadie lo sabe, pero nos divertiremos especulando sobre ello en el último capítulo.

Ejemplos familiares de los llamados superorganismos son las colonias de hormigas, los termiteros, las sociedades humanas y los ecosistemas que componen la biosfera. Todas estas redes distribuidas procesan información y luchan por mantener su organización de formas sorprendentemente similares a los organismos que las componen. Aunque el nombre de "superorganismo" es provocativo, es importante reconocer que una sociedad o civilización no es más que el siguiente nivel emergente de estructura y función en la jerarquía de la vida que se construye mediante la autoorganización recursiva. Cada organismo es un superorganismo desde la perspectiva del nivel inferior, y cada superorganismo es solo un organismo desde el nivel superior. Por ejemplo, si una criatura unicelular como una bacteria pudiera razonar, consideraría que los organismos multicelulares como los humanos son superorganismos.

A los superorganismos también se les ha llamado metaorganismos, metasistemas y supersistemas, pero la idea general que subyace a todos estos nombres superfríos es la misma: son sistemas adaptativos complejos formados por muchos sistemas adaptativos complejos. Las partes se unen para formar enteros mayores a través de transiciones de fase, un proceso que ha sido descrito con detalle matemático por Eric Smith y Harold Morowitz en su libro de 2016 *The Origin and Nature of Life on Earth*, que propone la teoría de transición de fase de la vida. Esta teoría es similar a la teoría de transición de metasistema de Valentin Turchin. Turchin fue un informático ruso del siglo XX que describió en la década de 1970 cómo el proceso de emergencia recursiva crearía inexorablemente sistemas cibernéticos cada vez más complejos. La teoría se esbozó en su poco apreciada epopeya cibernética *The Phenomenon of Science*, título que era un homenaje obvio a *The Phenomenon of Man* de Pierre Teilhard de Chardin. En esta imagen de la evolución cósmica, el universo se está ensamblando a sí mismo en una máquina cibernética jerárquica (multinivel) con poderes divinos.

Configuraciones colectivas sinérgicas

Recordemos que las transiciones de fase se producen cuando las interacciones entre las partes componentes, ya sean moléculas o agentes, se coordinan lo suficiente como para crear efectos cooperativos, también conocidos como efectos de refuerzo mutuo, que empujan al sistema a cruzar algún umbral crítico. ¿Cómo se produce exactamente esta transición mágica del metasistema? Pues bien, comienza con un flujo de energía que impulsa al sistema de muchos componentes hacia un atractor en su espacio de configuración. Cuando un componente interactúa con su vecino, produce un efecto en ese vecino, que se propaga a sus vecinos circundantes, que propagan aún más el efecto de la causa inicial, creando una reacción en cadena en bucle. Como toda la red interactúa dinámicamente, las cadenas causales producidas por la propagación global acaban volviendo a sus puntos de origen. En efecto, el proceso crea una serie repetitiva de bucles causales que arrastran las partes del todo recién formado, armonizando los patrones colectivos de movimiento para permitir una disipación más eficiente de un gradiente de energía.

Según la ley de construcción introducida en el capítulo anterior, esto permite que fluya aún más energía a través del sistema, organizándolo más rápidamente, de modo que un bucle de retroalimentación positiva amplifica el tamaño y la complejidad de la red. A partir del caos molecular o conductual, surge espontáneamente el orden dinámico a medida que la nueva estructura funcional se cristaliza a partir de una fuerza entrópica bastante encantadora. Los componentes individuales forman ahora parte de un sistema de nivel superior, con nuevas propiedades globales que limitan el comportamiento de los elementos que lo componen.

Aunque parte de la libertad individual de cada molécula o agente se pierde al pasar a formar parte de un colectivo, la sinergia obtenida al unirse al grupo proporciona al individuo nuevas libertades antes inimaginables. Los individuos que forman parte de una sociedad con normas pueden ser menos libres que una persona que vive en estado salvaje, pero tienen acceso a los frutos de la civilización, como la tecnología que puede ampliar la experiencia humana. Sin cultura, los humanos no pueden saber lo que es volar en avión o escuchar una sinfonía. Sin tecnología, la vida no puede salir del planeta ni eludir la muerte de su estrella.

Aunque la autoorganización espontánea es un proceso intrínsecamente teleológico, u orientado a objetivos, ya que el sistema dinámico entra inevitablemente en un atractor que debe mantener activamente, es igualmente darwiniano. Como la energía que fluye por el sistema le impulsa a explorar continuamente nuevas configuraciones, los estados que mejor capturan y disipan la energía son aquellos en los que el sistema se atasca repetidamente. Es una forma de selección natural.

Recuerde que la adecuación se basa en la estabilidad, por lo que los estados más estables son seleccionados por la segunda ley, o la tendencia al desorden. A medida que el sistema evoluciona hacia su atractor y se hace cada vez más estable, se acumula información adaptativa en su patrón de configuración. Como resultado de la autoorganización, o aprendizaje ontogenético a través de la variación ciega y la retención selectiva, las técnicas para evadir el equilibrio se codifican en la memoria, que se almacena en la organización dinámica del sistema en adaptación. Recordemos la frase de Susanne Still citada al final del capítulo seis: "Puede interpretarse que un sistema que responde a una señal de conducción estocástica computa, por medio de su dinámica, un modelo implícito de las variables ambientales. El estado del sistema retiene información sobre fluctuaciones ambientales pasadas, y una fracción de esta información es predictiva de las futuras."[7] Esto se aplica a los sistemas autoorganizados a todos los niveles, ya sean células, cerebros o ciudades. Karl Friston y Maxwell Ramstead, de la Universidad McGill, han publicado, junto con otros colegas, artículos en los que calculan cómo aplicar el principio de la energía libre a todos estos niveles. Aquí aprendemos una lección importante: cuando los agentes que interactúan se autoorganizan en una configuración colectiva sinérgica, ese proceso es siempre una forma de adaptación disipativa, porque el sistema emergente puede absorber más energía del entorno. Pero la adaptación disipativa es también un proceso de inferencia bayesiana, y los atractores de no-equilibrio son conjuntos de estados que minimizan la energía libre del sistema y el error de predicción.

¿Qué significa todo esto? Parece sugerir que la biosfera sigue una trayectoria evolutiva similar a la del conjunto autocatalítico que dio lugar a la vida, solo que a mayor escala. Al principio es solo un sistema cibernético básico, pero miles de millones de años después se convierte en un organismo con un cerebro global y la capacidad de autorreplicarse. ¿Cómo se reproduce la biosfera? Cuando terraformamos otros planetas, como Marte, ¡es la biosfera la que se reproduce! Pero aún no hemos llegado a esa parte de la historia.

Todas las especies importan

Al volver la vista atrás al gran debate sobre la teleología, vemos que Stephen Jay Gould y sus críticos seculares pero espirituales como Robert Wright pueden tener razón al mismo tiempo: la evolución a través de la selección natural está creando continuamente más complejidad a nivel de la biosfera precisamente porque está creando continuamente más diversidad a nivel de las especies. De hecho, una biosfera fundamentalmente no puede volverse más compleja a menos que también se vuelva más diversa, ya que la diversidad de especies es lo que crea una mayor variedad de partes especializadas, y es la variedad o distinción de las partes lo que permite una división del trabajo en el todo colectivo. Así pues, la creciente escala de nichos de complejidad creciente crea una distribución de especies interactivas que actúan como una variedad de partes interactivas, no muy distinta de la variedad de elementos que se requieren para producir la vida.

Más especies en un ecosistema o una biosfera es funcionalmente análogo a más biomoléculas en una célula o más tipos de células en un organismo multicelular. Esto tiene mucho sentido si se piensa en cómo están estructurados otros sistemas altamente complejos. Ni un coche ni un ser humano funcionarían bien si cada parte fuera lo más compleja posible, o si cada parte evolucionara hacia una complejidad similar. Recuerde que la diversidad hace la fuerza, y esto es válido para todo tipo de sistemas, ya sean biológicos, sociales o tecnológicos. Un coche hecho solo de motores sería un montón de chatarra inútil, y un ser humano hecho solo de cerebros sería igualmente inútil. Los sistemas más funcionales tienen una serie de partes que abarcan un espectro que va de lo simple a lo complejo. A medida que la evolución darwiniana transforma la vida de una sola célula en una variedad cada vez mayor de especies y ecosistemas interactuantes, la biosfera pasa de un estado embrionario a un superorganismo maduro con tejidos y órganos, así como un sistema nervioso que la dota de una inteligencia similar a la de un cerebro. Llamamos a este sistema nervioso "Internet", e incluye las mentes humanas que conecta.

En un sentido computacional, los humanos somos la especie "superior", pero no es lógico pensar en estos términos en ningún sentido moral, porque no somos en absoluto independientes de la biosfera de la que dependemos críticamente, que incluye a todas las especies que aún existen. Sería como considerar que la neurona es superior a la célula sanguínea, mucho más simple, o que el cerebro es un órgano superior al hígado, signifique lo que signifique. ¿Tiene sentido pensar si el motor de un coche es superior a la rueda? Los necesitamos a todos para tener un todo que funcione correctamente. Así pues, el miedo de Gould a la idea de una escalera del progreso ya no es una preocupación, porque la *escalera es una red.*

La biosfera es una red de sistemas adaptativos interactivos que crean colectivamente un todo interdependiente e interconectado. No hay especies superiores o inferiores, ni seres humanos superiores o inferiores. "No atribuyo un juicio de valor a la superioridad computacional", afirma el teórico del caos Norman Packard[8], que acuñó la frase "el borde del caos", que es donde se producen las transiciones de fase a un orden superior. Y usted tampoco debería hacerlo.

El valor de un individuo no tiene que ver con su capacidad física o su inteligencia, sino con cómo contribuye a preservar la estabilidad del organismo social que llamamos sociedad. Al ser único o tener una perspectiva única que compartes con los demás a través de la conversación, la escritura o el arte, contribuyes a la diversidad de ideas que crean colectivamente el modelo mundial del superorganismo. En el caso de los organismos sociales, llamamos a ese modelo del mundo *cosmovisión cultural*, que puede ser una religión, una identidad nacional, una ideología política o una filosofía cósmica. Podemos hacer uso de la metáfora diciendo que *la cosmovisión es la manta de Markov para el organismo social*, porque es lo que une a los agentes independientes para formar un todo colectivo con estados internos que son distintos de los estados externos del entorno, aunque no exista una barrera física tangible, como una membrana celular o un sistema tegumentario. ¿Cómo sabemos que se trata de una analogía justificada? Göbekli Tepe, así es cómo.

Peldaños de la escalera cósmica

Göbekli Tepe es un yacimiento arqueológico de Turquía con ruinas similares a Stonehenge, pero mucho más antiguas y con algunas diferencias importantes. En lugar de ser grandes losas de roca, los enormes megalitos están tallados con formas que representan seres humanos, animales o dioses. Se cree que Göbekli Tepe se construyó al servicio de una visión del mundo que simbolizaba la unión de los seres humanos bajo un objetivo o propósito común, ya fuera el servicio a un dios o un sentido más abstracto de servicio al cosmos que los producía. En el libro *Sapiens: A Brief History of Humankind*, Yuval Noah Harari escribió:

> En 1995 los arqueólogos empezaron a excavar un yacimiento en el sureste de Turquía llamado Göbekli Tepe. En el estrato más antiguo no descubrieron indicios de asentamientos, viviendas o actividades cotidianas. Sin embargo, hallaron estructuras monumentales con pilares decorados con espectaculares grabados. Cada pilar de piedra pesaba hasta siete toneladas y alcanzaba una altura de cinco metros. En una cantera cercana encontraron un pilar medio cincelado que pesaba cincuenta toneladas. En total, descubrieron más de diez estructuras monumentales, la mayor de ellas de casi treinta metros de diámetro. Los arqueólogos están familiarizados con este tipo de estructuras monumentales de yacimientos de todo el mundo; el ejemplo más conocido es Stonehenge, en Gran Bretaña. Sin embargo, al estudiar Göbekli Tepe, descubrieron un hecho sorprendente. Stonehenge data del 2500 a.C. y fue construido por una sociedad agrícola desarrollada. Las estructuras de Göbekli Tepe datan de alrededor del 9500 a.C., y todas las pruebas disponibles indican que fueron construidas por cazadores-recolectores… ¿Por qué una sociedad cazadora construiría tales estructuras? No tenían una finalidad utilitaria evidente. No eran ni mataderos de mamuts ni lugares para refugiarse de la lluvia o esconderse de los leones. Eso nos deja con la teoría de que se construyeron con algún misterioso propósito cultural que a los arqueólogos les cuesta descifrar. Fuera lo que fuese, los forrajeadores pensaron que merecía la pena una enorme cantidad de esfuerzo y tiempo. La única manera de construir Göbekli Tepe era que miles de recolectores pertenecientes a diferentes bandas y tribus cooperaran durante un largo periodo de tiempo. Solo un sofisticado sistema religioso o ideológico podía sostener semejantes esfuerzos.

El hecho de que Göbekli Tepe se creara solo unos miles de años antes de la primera civilización conocida, la de los sumerios de Mesopotamia, parece sugerir que la transición de fase de pequeñas y laxas comunidades de cazadores-recolectores a una civilización real requiere la aparición de algún tipo de cosmovisión, porque es la cosmovisión la que alinea los intereses de los individuos que actúan de forma egoísta. ¿Cuál es la función biológica de una cosmovisión cultural? La cosmovisión, como los modelos de mundo que la precedieron, es una estrategia para la supervivencia, pero a esta escala es una estrategia para la *supervivencia colectiva*, para la persistencia continuada del superorganismo.

Este es el panorama general. Una biosfera será inevitablemente cada vez más compleja y funcional si existen mecanismos evolutivos que satisfagan dos requisitos básicos necesarios para la emergencia recursiva: el proceso evolutivo debe generar una variedad creciente de partes robustas, y algunas de estas partes deben interactuar para formar conjuntos estables. Parece que la vida está de suerte, porque los principios de la evolución darwiniana y la autoorganización hacen precisamente eso, respectivamente. Con un poco de ayuda del diseñador no inteligente que llamamos selección natural y el poder creador de orden de la transición de fase, la biosfera produce mágicamente formas cada vez más complejas, creando un caldo de cultivo para la inteligencia tanto a nivel individual como colectivo.

Una vez que ampliamos nuestra definición de organización biológica para incluir arquitecturas jerárquicas (sistemas adaptativos complejos multinivel) que existen por encima del nivel del organismo, como los organismos sociales, resulta imposible negar la tendencia hacia una mayor complejidad en la biosfera a lo largo del tiempo. *Los bucles crean niveles, y estos niveles crean peldaños en la escalera cósmica, en la que cada nuevo peldaño representa un aumento de la capacidad de almacenamiento de memoria y de la potencia de cálculo.* Reconocer esta tendencia hacia una mayor complejidad y control sería nada menos que un cambio de juego, porque significaría que el futuro sería semipredecible. Pero para el científico que no ha actualizado el modelo reduccionista del universo para dar cuenta del poder causal de la información, reconocer la tendencia equivaldría a reconocer una propiedad, a saber, la teleología, que los científicos consideran fundamentalmente opuesta al naturalismo, y eso sería un gran no-no. ¿Quién iba a pensar que la ideología y los factores culturales desempeñarían un papel tan decisivo en las especificidades de la teoría evolutiva?

En su libro de 2002 *La vida en evolución*, Christian de Duve trató de exponer y corregir esta rígida ideología:

> Uno de los principales objetivos de este libro ha sido desenmascarar la falacia del "evangelio de la contingencia", que se predica en nombre de la ciencia. Las supuestas premisas científicas de esta doctrina, como he intentado demostrar, son incorrectas. No, como algunos pretenden, porque haya "algo más" que determine la dirección de la evolución, sino porque las limitaciones naturales dentro de las que opera el azar son tales que la evolución en la dirección de una complejidad creciente estaba prácticamente abocada a producirse, si se le daba la oportunidad. El azar no excluye la inevitabilidad.

La hipótesis Gaia

Una objeción común y bastante comprensible a la narrativa cósmica teleológica es que parece atribuir una intención consciente a entidades y procesos biológicos que no operan con ninguna conciencia subjetiva en absoluto, como la biosfera en su conjunto y el propio proceso evolutivo. Pero esto no es un problema para la noción moderna de teleología expuesta en este libro, que es de naturaleza darwiniana y computacional. Los niveles de mayor complejidad que representan los principales "objetivos" de la evolución cósmica no son perseguidos conscientemente por el universo ni por las biosferas, al menos no hasta que surgen agentes inteligentes y conscientes. Son simplemente atractores que surgen espontáneamente de la dinámica creada por muchos componentes o agentes que interactúan y evolucionan como una unidad colectiva.

Estos atractores de no-equilibrio son estados de estabilidad que debe mantener la complejidad adaptativa si quiere avanzar hacia una forma superior, pero los propios agentes individuales no suelen ser conscientes de su participación en un todo colectivo, ni el todo colectivo suele ser consciente de su papel a la hora de limitar y regular el comportamiento de sus componentes. Por lo tanto, deberíamos considerar los objetivos teleológicos como estados objetivo termodinámicos que utilizan mecanismos globales de retroalimentación para restringir y unir componentes que interactúan dinámicamente en sistemas adaptativos complejos de orden superior.

Aunque ciertamente esto crea la apariencia de que hay algo sobrenatural en juego, la única magia que se necesita es la de la autoorganización y la selección espontáneas. A medida que la vida explora posibilidades a ciegas y retiene selectivamente las soluciones que la hacen avanzar, la red viva acumula colectivamente información sobre cómo prosperar en el entorno a lo largo de muchas generaciones e incluso "aprende" nuevas formas de evolucionar. Al hacerlo, la complejidad adaptativa asciende sin saberlo por una retorcida escalera teleológica de progreso, haciéndose más robusta con cada revés y callejón sin salida que encuentra en el camino. Lo que no mata la vida no solo la hace más fuerte, sino que la equipa cada vez más para dar forma al camino de la evolución cósmica. En su perpetua lucha por mantenerse lejos del equilibrio termodinámico, la complejidad adaptativa no puede evitar extender el orden dinámico en el universo.

La vida no solo es increíblemente duradera, sino que la biosfera en su conjunto parece funcionar como un sistema autorregulado que mantiene activamente las condiciones necesarias para su propia existencia. Este concepto —que toda la vida biológica funciona conjuntamente como un sistema autorregulado que está alterando el planeta en su propio beneficio— se conoce como la *hipótesis Gaia*. Fue formulada en la década de 1970 por el químico británico James Lovelock, que sin duda pensaba de forma innovadora, quizá con un poco de ayuda de las sustancias psicodélicas populares en aquella época. Gaia es el nombre de la diosa primordial de la mitología griega que personifica la tierra, así que puedes pensar en ella como la "Madre Tierra". Al principio, la teoría fue ampliamente descartada por los biólogos, sobre todo, si no exclusivamente, por razones ideológicas relacionadas con su nombre místico. Pero las tornas han cambiado gracias a la ciencia de la complejidad y la neurociencia computacional, que han vuelto a popularizar la cibernética.

Por si sirve de algo, Gaia nunca pretendió implicar que la biosfera o el planeta fueran conscientes o alguna deidad divina. Lovelock decía simplemente que es un sistema cibernético que se mantiene a sí mismo y una entidad autopoiética. En realidad fue el vecino de Lovelock quien sugirió el nombre, y ese vecino no era otro que William Golding, el autor ganador del Premio Nobel de la novela *El señor de las moscas*, así que por supuesto es poético y romántico. Algunos dirán que un nombre menos cargado habría evitado mucha confusión y controversia, y puede que sea cierto, pero esa controversia podría ser la razón por la que alguien está hablando de la idea ahora mismo. El marketing importa, y nos guste o no, "Gaia" atrae la atención de la gente, probablemente por muchas de las mismas razones por las que lo hace "Dios", y eso está bien.

El biólogo evolutivo David Sloan Wilson, autor de *This View of Life: Completing the Darwinian Revolution*, compara a menudo la biosfera con un dios y se sale con la suya porque, una vez que se comprende la inteligencia computacional de Gaia, queda claro que la metáfora es más que apropiada; es necesaria para que entendamos qué clase de poderes divinos puede tener potencialmente un organismo cibernético a escala planetaria. Sin la analogía y la metáfora, no tenemos ningún marco de referencia para entender nada, porque la comprensión viene del contexto.

Una demostración sencilla pero contundente de la hipótesis Gaia proviene de la idea de que las primeras formas de vida en la Tierra hicieron el planeta habitable para las formas de vida más complejas que surgirían más tarde, como la multicelular. Hace miles de millones de años, la atmósfera era totalmente tóxica para la vida tal y como la conocemos. No había mucho oxígeno y sí montones de gases venenosos como el metano y el monóxido de carbono, por lo que no habrían podido existir los animales que conocemos. Afortunadamente para nosotros, los organismos fotosintéticos de la Tierra convirtieron esa atmósfera nociva en la que permite respirar a seres como nosotros, y Gaia mantiene estable la composición específica de gases para sus complejas criaturas basadas en el carbono. No solo eso, es bien sabido que la biosfera actúa como una especie de termostato natural que mantiene activamente la temperatura general de la Tierra en un rango amigable para la vida.

Así que ya podemos dejar de discutir sobre si la biosfera, o una sociedad, es o no un "organismo", porque podemos dar una descripción formal matemática y funcional de un sistema adaptativo complejo general, y podemos ver en qué se diferencian y en qué se parecen todos los ejemplos de sistemas adaptativos de la naturaleza. Al reconocer las abstracciones compartidas, también aprendemos qué hace que cada nuevo nivel en la jerarquía de la vida sea único y especial. Los cerebros se parecen a los organismos y las sociedades se parecen a los cerebros y a los organismos, pero cada uno tiene propiedades emergentes y dinámicas diferentes. Una vez trazadas las similitudes y diferencias básicas, la terminología y las metáforas exactas que utilizamos pierden importancia, porque queda claro por qué y cómo se utiliza un determinado lenguaje.

La biosfera se convierte en organismo

En la actualidad, la biosfera no tiene todas las propiedades que tiene un organismo biológico tradicional, porque no puede reproducirse y, en la mente de muchos biólogos evolutivos, la variación y la selección solo pueden darse a través de la autorreplicación con mutación genética. Pero hemos aprendido que la variación ciega y la retención selectiva es la dinámica darwiniana subyacente a la autoorganización, que es el proceso que impulsa el desarrollo del organismo desde el embrión hasta el adulto maduro, y el desarrollo del cerebro, un proceso de aprendizaje ontogenético descrito como *darwinismo neural* por el biólogo convertido en neurocientífico Gerald Edelman, ganador del Premio Nobel. Todos estos mecanismos son realizables de forma múltiple. Así pues, nuestra biosfera aún no es un organismo, pero es un sistema adaptativo y un conjunto autocatalítico que va camino de serlo.

Se podría decir que la biosfera se convierte técnicamente en un organismo en el momento en que poblamos otro planeta con sistemas adaptativos que transforman su superficie en una biosfera capaz de albergar vida, y este esfuerzo ya está en marcha en el proyecto que prevé terraformar Marte. Una vez que eso ocurra, puede que tengamos que actualizar la definición de organismo a algo que sea realizable de forma múltiple. Lo que definiría un "organismo" cambiaría a medida que surgieran nuevas iteraciones del fenómeno.

Hay quien sostiene que las sociedades de éxito se autorreproducen cada vez que una cosmovisión cultural se extiende a otra parte del mundo y crea un organismo social funcionalmente similar, como cuando se difunde la idea de democracia. El libro del físico Geoffrey West *Scale: The Universal Laws of Life, Growth, and Death in Organisms, Cities, and Companies* trata de cómo los sistemas adaptativos a todos los niveles, desde la célula hasta la ciudad, muestran leyes de escala comunes y relaciones termodinámicas y computacionales similares. Así pues, el concepto de organismo social ya no es solo filosofía o poesía: es un término científico que expresa la verdad de la independencia del sustrato.

Hemos hablado mucho del superorganismo global, pero ¿tiene este superorganismo una mente? Aunque la respuesta es incierta, no cabe duda de que, colectivamente, los seres humanos y sus tecnologías están creando un sistema nervioso a escala planetaria, un supercerebro para el superorganismo.

Metaevolución

Podemos pensar en la evolución de la organización en la biosfera y la sociedad como una especie de metaevolución: una evolución de metasistemas formados por muchos subsistemas, pero también una evolución de mecanismos de evolución. En los niveles superiores, la selección natural no solo actúa sobre la variación genética, sino también sobre la variación de la estructura y los procesos a gran escala. Las construcciones humanas que crean o mejoran la estabilidad del organismo social se seleccionan —como los buenos diseños arquitectónicos, las ideologías sólidas y las filosofías esclarecedoras—, mientras que las que no se seleccionan son eliminadas por la civilización humana, mediante el aprendizaje colectivo por ensayo y error. Este es otro factor evolutivo que da una dirección general al cambio transformador. A través de estos procesos, la vida no solo se adapta mejor a los nichos, sino también a los retos de la naturaleza en general y a las condiciones del universo más allá de la biosfera. Gracias a estos mecanismos evolutivos, la vida puede llegar a ser interplanetaria y, algún día, intergaláctica. Pero para que la vida se extienda por el cosmos —para que la biosfera se autorreplique y siembre otros planetas— parece que debe tener un cerebro suficientemente desarrollado. Como especie más compleja, la que domina la comunicación inalámbrica, somos sin duda las neuronas del cerebro global.

Gracias a Internet, las redes sociales y ahora los ecosistemas de cadenas de bloques, los agentes inteligentes, tanto orgánicos como sintéticos, intercambian e integran información a través de sus comunicaciones digitales y de la vida real, de forma muy parecida a la señalización neuronal en los sistemas nerviosos de los organismos, pero este sistema nervioso se extiende por todo el planeta. Además de al menos cuatro mil millones de seres humanos conectados a través de Internet, también hay miles de millones de sistemas y dispositivos físicos y de inteligencia artificial que se comunican entre sí y recopilan e intercambian datos a través de una red denominada *Internet de las cosas*.

Como resultado de este proceso de autoorganización asistido por la tecnología, está surgiendo una superinteligencia distribuida globalmente que permitirá a la humanidad alcanzar nuevas cotas. Esta inteligencia colectiva no está separada de nosotros, ya que somos los nodos de la red neuronal que realiza la mayor parte de la computación. Pero para realizar plenamente esta transformación, la sociedad debe tomar conciencia de las consecuencias más amplias de nuestras acciones y de la urgente necesidad de coordinarlas, de modo que podamos fomentar la sostenibilidad global y promover el progreso de la humanidad en su conjunto. Al hacerlo, la actividad del cerebro global hará que la biosfera sea aún más robusta y dinámica a través de nuevos modos de autorregulación, aumentando su poder causal.

Aunque la mayoría de la gente está familiarizada con la tecnología blockchain por bitcóin, debemos reconocer que esta forma de computación distribuida no es solo un vehículo para las criptomonedas, sino una fuerza evolutiva similar a Internet, aunque quizá más disruptiva y transformadora. Las cadenas de bloques y sus adaptaciones, como el grafo acíclico dirigido, pueden conectar a los seres humanos de muchas formas nuevas, dando lugar a nuevos tipos de redes sociales, políticas y económicas.

Estos sistemas emergentes aumentan el poder computacional que ejerce la vida, y su naturaleza descentralizada permite mejorar el flujo sistémico de recursos e información en todo el superorganismo. A medida que los nodos de la red humana se conectan cada vez más, la red de la vida se hace más resistente a las inclemencias de la naturaleza y, en muchos sentidos, más capaz de evitar la catástrofe existencial. Si eres de los que creen que los humanos solo son capaces de hacer más mal que bien a la vida orgánica de este planeta, piensa en el hecho de que la inteligencia de nivel humano es lo único que puede salvar una biosfera con criaturas conscientes de una catástrofe cósmica, como la colisión de un cometa con la Tierra.

Puede considerarse que el cerebro global forma una "infosfera" sobre la biosfera orgánica, lo que Teilhard de Chardin denominó una *noosfera* ("noo" significa mente en griego), pero ¿puede el cerebro global tener una mente consciente real? El evangelio de la realizabilidad múltiple sugeriría que para que una mente global surgiera del cerebro global, su dinámica causal tendría que duplicar la dinámica de señalización específica de los estados cerebrales conscientes, ya que no es cualquier estado cerebral el que sustenta la experiencia subjetiva, la propiedad que define una mente. Recordemos que la conciencia puede desvanecerse mientras el cerebro sigue funcionando. Así pues, parece que antes de pensar si el superorganismo a escala planetaria puede ser consciente, debemos entender primero cómo surgen las mentes y los modelos mentales a partir de cerebros ordinarios.

TERCERA PARTE

TRANSCENDENCIA

A medida que el caos colapsa en complejidad
Las cadenas de células conectadas crean cognición y conciencia
Las criaturas conscientes se unen en comunidades creativas
llamadas culturas
Y las culturas crean una conciencia colectiva que,
Si se cultiva correctamente, atravesará el cosmos

Puesto que las estructuras autoorganizadas espontáneamente
sobreviven Tan robustas y sólidas, la sensibilidad seguramente
se extenderá

Sufriendo el espacio-tiempo con autoconciencia y estados
subjetivos
Tan estupendamente sublimes y surrealistas

A través de nuestros esfuerzos por eludir la muerte y trascender
nuestra mortalidad, conseguimos vislumbrar el romanticismo
de la realidad.

10

EL MISTERIO MENTE-CUERPO

Algún día seguramente veremos que el principio subyacente a la existencia es tan simple, tan bello, tan convincente que todos nos diremos: "¿Cómo hemos podido ser todos tan estúpidos durante tanto tiempo?". No sé si será dentro de un año o de una década, pero creo que podremos entenderlo y lo entenderemos. Eso es lo principal que me gustaría defender. Podemos y lo entenderemos.

JOHN ARCHIBALD WHEELER

Puede que John Wheeler sea más famoso en la cultura popular por acuñar el término "agujero negro", pero creo que el tiempo demostrará que la contribución más significativa del físico a la ciencia y la sociedad fue encender el influyente movimiento "it from bit". Esta revolución silenciosa, catalizada por el artículo de Wheeler de 1990 "Information, Physics, Quantum: The Search for Links", plantea la hipótesis radical de que el universo es un ordenador gigante.

¿Qué está calculando exactamente este ordenador cósmico? Su propia evolución futura. Desde este punto de vista, respaldado por la prueba matemática de Rolf Landauer de que "la información es física", las "cosas" de la realidad física surgen de bits de información. Dicho de forma lúdica, *las cosas provienen de bits*. Estos bits están codificados en los estados de las partículas, y cuando las partículas interactúan entre sí y se correlacionan, la naturaleza realiza cálculos. A medida que el cosmos computa, la realidad se despliega y la simplicidad se transforma en complejidad.

Lo que este libro pretende demostrar es que el universo computacional concebido por Wheeler y popularizado por Seth Lloyd es también el universo darwiniano descrito por el darwinismo universal y la epistemología evolutiva. Cuando estos paradigmas se unifican mediante los conceptos de energía e información, lo que surge es una nueva narrativa cósmica radical que tiene implicaciones para casi todas las disciplinas académicas, desde la biología y la psicología hasta la mecánica cuántica y la cosmología.

Recordemos que el objetivo no es reducir las ciencias superiores a la física de partículas, lo cual, además de ser una tarea imposible, resulta teóricamente erróneo. Por el contrario, nuestro objetivo es proporcionar un paradigma que unifique las ciencias con un conjunto de principios comunes, al tiempo que deja espacio para que cada una estudie sus fenómenos novedosos con cierta independencia. Descubrir una alta correlación entre campos de la ciencia que antes se creía que no estaban relacionados indicaría que se informan y refuerzan mutuamente, en lugar de entrar en conflicto, como hacen de forma tan flagrante en la concepción reduccionista de la realidad. Lograr esta unificación sería la unidad del conocimiento imaginada por E. O. Wilson, y la unidad de las ciencias propugnada por Ludwig Bertalanffy, el fundador de la *teoría general de sistemas*, la primera teoría formal no reductiva del todo. En honor a estos hombres, llamemos a esta unificación "la Gran Consiliencia", y esperemos que nuestra teoría unificadora de la realidad esté a la altura. Suponiendo que lo esté, ¿qué nos enseñaría la Gran Consiliencia que no sepamos ya?

El universo autoorganizado se despierta

A estas alturas sabemos que el paradigma reduccionista —que representa la filosofía dominante en física— afirma sin ambages que la vida es totalmente insignificante en el esquema cósmico de las cosas. Según esta visión del mundo, defendida por físicos famosos como Neil deGrasse Tyson y Brian Greene, el universo en su conjunto está destinado a ser cada vez más desordenado y carente de patrón o significado. Pero este modelo pesimista de la realidad está siendo cuestionado a medida que el paradigma de la emergencia se hace cada vez más popular entre los físicos, los científicos de la complejidad y los neurocientíficos que estudian los sistemas autoorganizados a todos los niveles de escala. Lo que estas investigaciones revelan colectivamente es que el universo parece evolucionar según un plan de desarrollo que está codificado de algún modo en las leyes y constantes de la física del mismo modo que la trayectoria de desarrollo de un organismo está codificada en el ADN. (Este concepto se explora en el capítulo trece).

Resulta que la tendencia al aumento de la entropía, descrita por la segunda ley de la termodinámica, es la misma "fuerza" que impulsa la creación continua de organización e información en la naturaleza. Esta tendencia ordenadora se ha denominado fuerza entrópica causal, y construye sistemas adaptativos complejos cada vez más potentes aprovechando la energía del entorno. A medida que las biosferas emergen y evolucionan para facilitar el flujo energético planetario, la complejidad adaptativa se aleja cada vez más del equilibrio termodinámico debido al gradiente solar. Con el tiempo suficiente, la autoorganización recursiva producirá inevitablemente todo tipo de fenómenos emergentes maravillosos con propiedades nuevas y sorprendentes, como la voluntad y la mente. Estas propiedades emergentes ayudan a propagar aún más la vida en el universo, de modo que la energía libre se consume continuamente (y la entropía se produce) al ritmo más rápido físicamente posible.

El físico Paul Davies describió este grandioso y majestuoso proceso de autoorganización como el seguimiento de un "guion cósmico", mientras que el educador y astrofísico de Harvard Roy Gould lo llamó "plan de construcción". "Código cósmico" fue la elección de palabras del físico cuántico y humanitario Heinz Pagels, mentor de Seth Lloyd y pensador clarividente. Freeman Dyson, Harold Morowitz y Christian de Duve tenían creencias similares. Estos científicos, y todos los que hemos mencionado a lo largo de esta historia, son naturalistas en todos los sentidos, por no hablar de feroces críticos de la pseudociencia y la superstición. Si los reduccionistas radicales de hoy en día los consideran místicos por este tipo de afirmaciones con tintes teleológicos, se debe a que el crítico no comprende que la naturaleza puede ser inherentemente creativa y estar dirigida a un objetivo sin albergar fuerzas sobrenaturales o místicas. Sin embargo, el lenguaje se complica aquí, porque ¿qué hay más "místico" que el cosmos organizándose de forma natural hacia un estado cada vez más sensible? A medida que evoluciona nuestra comprensión de la naturaleza, también debe hacerlo nuestro lenguaje.

Llame a los defensores de la teleología natural "místicos mecanicistas" si lo desea, pero ese es un título que se aplicaría a la mayoría de las grandes mentes científicas de nuestro tiempo, y de la historia —incluyendo, aunque de ninguna manera limitado a, Sir Arthur Eddington (sin vergüenza), Lord Kelvin, James Maxwell, Werner Heisenberg, Max Planck, Albert Einstein, Wolfgang Pauli, Erwin Schrödinger, y por último pero no menos importante, Kurt Gödel, aunque usted nunca lo sabría por la forma en que estos hombres son citados selectivamente—. En el último capítulo volveremos sobre la forma en que la historia de la ciencia espiritual ha sido barrida bajo la alfombra, pero por ahora, debemos saber que ocurrió por razones bastante comprensibles, una de ellas es que la ciencia, especialmente la teoría evolutiva, siempre ha estado bajo el ataque de la religión. Esta guerra entre ciencia y religión dificultó que conceptos no reduccionistas como la emergencia ganaran credibilidad, aunque la apremiante necesidad de explicar fenómenos emergentes complejos como la vida y la conciencia está derribando fronteras que nunca deberían haber existido en primer lugar.

En los próximos capítulos, nuestra teoría unificadora de la realidad tenderá un puente entre lo físico y lo mental al explicar cómo el reino de la experiencia surge de la materia y los procesos materiales. Esto revelará una profunda conexión entre la mente y el cosmos. Pero antes de adentrarnos en los mecanismos subyacentes a la conciencia y el libre albedrío, debemos familiarizarnos con la larga historia filosófica de estos conceptos.

¿Qué es la conciencia?

En su famoso artículo de 1974 "What Is It Like to Be a Bat?", el filósofo Thomas Nagel propuso una definición informal pero práctica de la conciencia que ha sido adoptada por muchos neurocientíficos contemporáneos porque cumple su cometido. La conciencia es simplemente "cómo es ser algo". Si hay algo que se parece a ser algún sistema —algún punto de vista que permita a un observador experimentar el mundo subjetivamente—, entonces ese sistema tiene conciencia. Todos sabemos que hay algo que se parece a ser un humano, y parece bastante probable que haya algo que se parezca a ser un murciélago, pero presumiblemente no hay nada que se parezca a ser una roca, o un río, o un grano de arena (aunque la filosofía conocida como panpsiquismo desafía famosamente esta presunción).

La experiencia subjetiva comienza cuando nos despertamos por la mañana y termina cuando nos dormimos, y se reanuda cuando entramos en un sueño. Sabemos a ciencia cierta que no todos los estados cerebrales son estados conscientes, porque la conciencia aparece y desaparece, y cuando desaparece, ni siquiera sabemos que ha pasado el tiempo hasta que la conciencia se reanuda y miramos un reloj. La experiencia no es algo asociado a cualquier objeto; incluso los cerebros deben estar realizando un tipo especial de procesamiento de la información para que surja una mente.

El primer intento claro de establecer la conciencia como un fenómeno digno de investigación intelectual se produjo hace aproximadamente cuatrocientos años, y todavía hoy seguimos discutiendo sobre ello. En una fatídica noche en Francia, el épico filósofo, matemático y científico René Descartes se embarcó en un ejercicio epistemológico similar al que realizamos en el capítulo seis, en el que empezó a cuestionar sistemáticamente todo lo que sabía sobre la existencia, lo que le sumió en una espiral de dudas que le perturbó profundamente. Este método recibió incluso un nombre —el "método de la duda", lo llamaría Descartes—, aunque el ejercicio consiste tanto en descubrir la verdad como en dudar de ella. En su argumento del "genio maligno", articuló su versión del problema de la epistemología con un experimento mental inteligente y delirante que ha inspirado mucha ciencia ficción desde su época.

¿Qué es real?

Al pedirnos que consideremos la posibilidad de que la realidad que experimentamos sea la creación artificial de algún tipo de genio maligno con poderes divinos, empeñado en engañarnos, Descartes demostró lógicamente que nunca podemos saber con absoluta certeza si la realidad que experimentamos es de hecho real o algún tipo de ilusión. Después de todo, los sueños a menudo parecen completamente reales y lógicamente coherentes cuando estamos inmersos en ellos. Lo mismo ocurre con las alucinaciones. La conclusión es que nunca podemos estar seguros de si estamos despiertos en la realidad o dentro de un sueño que nuestra mente ha construido. Este es un problema difícil para los filósofos, así que llamémoslo el *problema difícil de la realidad.* No parece haber ninguna forma sistemática de determinar qué es real y qué es ilusión.

La versión moderna del experimento mental de Descartes podría decir que nunca podremos saber con certeza si estamos en la *verdadera* realidad, llamada *realidad base,* o en cambio dentro de algún tipo de simulación informática diseñada para emular la realidad. Esta posibilidad fue retratada en la taquillera película *Matrix*, que revive el demonio de Descartes en la forma de una máquina inteligente que programa una realidad virtual tan convincente que engaña a los humanos haciéndoles creer que la simulación es la realidad. La película inspiró al filósofo de Oxford Nick Bostrom para proponer la "hipótesis de la simulación" dos años después de su estreno en 1999, en un provocador artículo titulado "Are you living in a computer simulation?", que ha convencido a algunas personalidades de alto nivel, como Elon Musk, de que es muy probable que seamos los sueños digitales de algún superordenador.

Hoy en día, esta línea de pensamiento —cuestionar la naturaleza o autenticidad de la realidad— puede parecer la reflexión superficial de un colgado, pero en realidad indica que Descartes comprendía algo bastante profundo y sutil sobre la naturaleza de la mente y el cosmos: nuestra experiencia mental es solo una proyección, una especie de representación virtual del mundo real "ahí fuera", y este mapa o modelo mental está sujeto a error. Al reflexionar sobre la naturaleza de la realidad, Descartes aprendió algo sobre la naturaleza de la mente.

Pienso, luego existo

A pesar del ejercicio epistemológico escéptico y solipsista, la conclusión última de Descartes fue que, sea o no exacta nuestra percepción del mundo, el mero acto de percepción significa que el *observador es real*, aunque lo que observe no lo sea. Fue a través del pensamiento sobre el pensamiento, un acto autorreferencial, lo que llevó a Descartes a darse cuenta de que "no puedo dudar de que estoy dudando". Como por arte de magia, la autorreferencia le sacó de la pesadilla nihilista en la que había razonado. El método de la duda le había conducido a la verdad de su propia existencia.

Darse cuenta de que solo una entidad consciente tiene la capacidad de dudar inspiró a Descartes a hacer la simple pero poderosa afirmación "Cogito, ergo sum", que se traduce aproximadamente como "Pienso, luego existo". En otras palabras, el hecho de que esté teniendo una experiencia ahora mismo significa que yo —como observador consciente— debo existir realmente. De lo contrario, ¿quién o qué plantearía la pregunta "existo"? ¿Cuál es la lección que hay que aprender del experimento mental de Descartes? Puedes dudar de casi todo sobre la existencia, pero no puedes dudar de que existes. La conciencia no puede negarse ni explicarse. La visión reduccionista del mundo nunca ha sido capaz de explicar la existencia de la experiencia subjetiva, y por esta razón fracasa como modelo de toda la realidad.

Aunque Descartes merece mucho crédito por haber establecido la conciencia como un fenómeno digno de investigación filosófica y científica, también es culpable de gran parte de la confusión que la rodea. Aunque creía que la mente tenía algún tipo de relación con el cerebro físico (asoció erróneamente la glándula pineal con la fuente de la conciencia), también sostenía que era una entidad "no física" que funcionaba independientemente de las leyes de la física, o al menos de las que se conocían en aquella época.

Y en ese sentido, no se equivocó del todo —entender la conciencia requiere un marco computacional que va más allá de la mecánica clásica—, pero en lo que sí se equivocó puede atribuirse a que sostenía creencias no probadas ni respaldadas. Como devoto católico, Descartes equiparaba la mente con el concepto cristiano del alma, que es etérea y eterna. Esto le llevó a inventar la postura filosófica conocida como dualismo, según la cual la realidad consta de dos tipos de sustancias distintas: física y mental, materia y espíritu, cuerpo y alma, cerebro y mente.

Como creía que una mente es un alma, Descartes llegó a la conclusión de que los humanos son los únicos animales realmente conscientes. Sin alma no hay mente. Las demás criaturas, a pesar de parecer conscientes y comportarse como si experimentaran alegría y dolor, son simples autómatas: máquinas carnosas sin sensaciones internas, incapaces de sentir o sufrir. Seguramente sabía que animales como los perros tienen glándulas pineales, la presunta fuente de la conciencia, pero parece que el dogma religioso le impidió aplicar su teoría a otras especies. Como resultado, torturó a innumerables perros mientras experimentaba con ellos en un intento de comprender mejor la anatomía y la fisiología humanas. Este es un buen ejemplo de cómo la mala filosofía y una comprensión no científica de la conciencia pueden conducir a graves atrocidades éticas y morales.

Afortunadamente, los empiristas más duros de los siglos posteriores reconocieron que el concepto de Descartes de una mente que funciona independientemente del cerebro no podía cuadrar con la ciencia moderna. ¿Cómo era posible que algo descrito como "no físico" pudiera tener algún efecto sobre el mundo físico? Esta paradoja se conoce como el *problema mente-cuerpo*. Vivimos en un universo mecanicista, en el que los efectos físicos tienen causas físicas, y una mente inmaterial que mueve cosas se parece mucho a un espíritu. Después de que el filósofo británico del siglo XX Gilbert Ryle describiera el modelo de la mente de Descartes como un "fantasma en la máquina", el dualismo mente-cuerpo fue tachado de idea sobrenatural que no tenía cabida en la ciencia.

Parecía que se estaba avanzando intelectualmente. Sin embargo, los científicos y filósofos que rechazaban el dualismo de Descartes propusieron una solución igualmente mal concebida, que aumentaba la confusión en lugar de resolverla. Dado que Descartes había definido la mente como algo inherentemente no físico, la solución reduccionista consistía en eliminarla por completo.

La alternativa reduccionista al dualismo de sustancias de Descartes se denominó *materialismo*, aunque más tarde se rebautizaría como *fisicalismo* para poder dar cabida a conceptos físicos más abstractos como la energía. El materialismo ayudó a librar a la ciencia de conceptos sobrenaturales como el alma, pero a costa de ignorar por completo el fenómeno de la experiencia consciente, la única cosa de la realidad de la que no podemos dudar, como nos enseñó "cogito, ergo sum". Bajo esta postura, la conciencia se considera una ilusión, sin poder para afectar a nada en el mundo real. Si aceptamos la imagen materialista de la realidad, debemos aceptar que nuestra experiencia del libre albedrío también es una ilusión. Esto lleva a todo tipo de absurdos lógicos, pero eso no ha asustado a reduccionistas radicales como la física alemana y popular youtuber Sabine Hossenfelder, que ha dicho con total certeza que no tenemos libre albedrío, una y otra vez, cimentándolo en la psique colectiva. En una entrada de blog de 2016 titulada "Free Will Is Dead, Let's Bury It", Hossenfelder escribió: "Me gustaría que la gente dejara de insistir en que tiene libre albedrío. Es terriblemente molesto. Insistir en que el libre albedrío existe es mala ciencia, como insistir en que los horóscopos te dicen algo sobre el futuro: no es compatible con nuestro conocimiento sobre la naturaleza."

No todos los físicos están de acuerdo. "Estoy seguro de que tenemos libre albedrío", dijo David Deutsch al periodista científico John Horgan en una entrevista en vídeo de 2018[1], y está en buena compañía. Algunos de los neurocientíficos más respetados del mundo, como Giulio Tononi y Christof Koch, también han defendido recientemente la realidad de la libre elección sobre una base mecanicista.

Los que creen que nuestro albedrío es una ilusión se contradicen a sí mismos en cada momento. En última instancia, acaban teniendo que aceptar que las decisiones que toman en la vida cotidiana son reales en algún nivel; de lo contrario, cada momento estaría lleno de disonancia cognitiva. Como podemos ver, la visión materialista del mundo es inherentemente inconsistente porque la premisa está fundamentalmente en conflicto con la verdad de la experiencia. Podemos llamar a los materialistas "dualistas en negación" que reconocen su voluntad en una conversación casual pero la niegan cuando hablan académicamente porque viven como si tuvieran un control consciente sobre sus acciones, a pesar de argumentar que todas sus acciones están predeterminadas por la física.

Por ejemplo, en un episodio de podcast de 2019, se puede oír al popular autor y neurocientífico Sam Harris —que ha hecho carrera negando el libre albedrío— y a su esposa Annaka Harris, autora del libro *Conscious: A Brief Guide to the Fundamental Mystery of Mind* (que también niega el libre albedrío), discutiendo si deberían o no informar a su hijo de que no tiene libre albedrío. El hecho de que lo discutan sugiere que, en el fondo, ¡ambos creen que tienen alguna opción!

Nuestros tribunales se basan en la idea de que somos agentes responsables, al menos parcialmente, de nuestros actos (suponiendo que tengamos salud cognitiva). Si nada de eso fuera cierto, entonces el sistema judicial sería ciertamente injusto e inequitativo. No digo que no lo sea, solo digo que no lo es por esa razón. Si es cierto que ninguno de nosotros tiene libre albedrío en ningún momento, no solo deberíamos ser absueltos de todo castigo; cualquier tipo de recompensa sería igualmente inmerecida. Así, los premios MVP, los Oscar, los Grammy, los Pulitzer y los Nobel, ninguno sería merecido, porque ninguno se habría ganado. Cuando todo son partículas chocando, y esa es la historia completa, la acción y la elección solo pueden ser una ilusión.

En su mismo ensayo mencionado anteriormente, "Bio from Bit", la astrobióloga y física teórica Sara Walker explicaba por qué muchos físicos de la corriente dominante sienten la necesidad de adoptar esta postura disparatada: "A menudo se argumenta que la idea de información con poder causal está en conflicto con nuestra comprensión actual de la realidad física, que se describe en términos de leyes fijas de movimiento y condiciones iniciales. Si las leyes deterministas describen toda la realidad, no hay 'espacio en el fondo' para que los macrosistemas (como las entidades vivas) hagan trabajo causal".

Esta suposición se basa en la visión cósmica del mundo popularizada por el polímata francés del siglo XVIII Pierre-Simon Laplace, que se inspiró en las leyes del movimiento de Newton y quiso aplicarlas a todo en el universo, incluidos los átomos individuales.

La lógica de Laplace

Según el modelo de Laplace, la realidad no es más que partículas de materia que obedecen leyes de movimiento fijas, de modo que sus trayectorias a través del espacio y el tiempo están totalmente decididas en el momento en que el universo comenzó a existir. Por tanto, si se pudiera conocer el estado exacto del universo en un momento dado —si se pudiera medir la posición y la velocidad de cada átomo del cosmos—, se podría saber todo sobre el estado del universo en cualquier otro momento. Todo lo relacionado con el futuro sería perfectamente predecible con un simple cálculo, incluido todo el comportamiento humano, como lo que uno va a hacer dentro de cuarenta y dos días o cuarenta y dos años. Este modelo sugiere que no tenemos control sobre nada de lo que ocurre en el mundo o en nuestras vidas. En realidad, no tomamos decisiones, porque no hay opciones en el universo de Laplace.

El demonio de Laplace, un experimento mental creado por Laplace, imaginaba una entidad divina que tenía esta capacidad para medir el estado de todo el universo y calcular su futuro, pero una versión moderna podría presentar una inteligencia artificial inimaginablemente poderosa desempeñando el mismo papel. Si tal tarea fuera posible, daría lugar a todo tipo de resultados paradójicos. Por ejemplo, si esta inteligencia artificial pudiera decirle lo que va a hacer en algún momento futuro, ¿no podría hacer algo diferente y desafiar la predicción? Esta paradoja debería ser una pista de que algo no va bien en esta imagen.

A pesar de sus defectos, esta filosofía se convirtió en el evangelio de los reduccionistas, y el modelo de Laplace recibió el nombre de *determinismo causal*, o simplemente *determinismo*, o más audazmente *determinismo científico*, un nombre diseñado para retratar cualquier cosa que vaya en contra de la doctrina como fundamentalmente acientífica. Curiosamente, también se le llama *determinismo metafísico*, porque algunos filósofos reconocieron que era una posición metafísica, y una afirmación sobre cómo puede o no ser la realidad. Como veremos, hay alternativas al determinismo que son modelos de causalidad igualmente rigurosos.

Según el modelo de Laplace, toda causalidad es "ascendente", lo que significa que las partículas de las que están hechos todos los objetos y organismos son, en el fondo, las entidades físicas que hacen todo el empuje. A pesar de la sensación de que tomamos decisiones conscientemente todo el tiempo, la actividad mental no es más que partículas que siguen caminos predeterminados. *Uno* no levanta el brazo, una cadena de acontecimientos a nivel molecular es lo que subyace al movimiento del brazo. Así pues, si aceptamos esta postura, que los filósofos llaman ahora *determinismo duro*, debemos aceptar también que el libre albedrío es una ilusión, y una ilusión realmente extraña, ¡una ilusión según la cual debemos vivir nuestra vida! Algunos llamarían a este tipo de ilusión un engaño. Si el determinismo duro es cierto, todos somos ilusos.

El filósofo estadounidense Jerry Fodor, uno de los pioneros de la ciencia cognitiva, protestó contra este punto de vista con una cita que expresa lo que todos sentimos realmente sobre una realidad reduccionista en el fondo, si nos tomamos en serio sus implicaciones: “Si no es literalmente cierto que mi querer es causalmente responsable de que alcance algo y que mi picor es causalmente responsable de que me rasque… si nada de eso es literalmente cierto, entonces prácticamente todo lo que creo sobre cualquier cosa es falso y es el fin del mundo.”[2]

A pesar de la enorme influencia que tuvo la visión de Laplace en la ciencia y la filosofía, cuando la mecánica cuántica entró en escena hace aproximadamente un siglo, se produjo un alejamiento del determinismo clásico en favor de un modelo de la realidad fundamentalmente probabilístico, reviviendo la idea del *indeterminismo*, que afirma que el futuro no está determinado en el sentido estricto que se imaginaba antaño.

La muerte lenta del determinismo

El científico que resucitó el indeterminismo fue Werner Heisenberg, físico alemán galardonado con el Premio Nobel en 1932 por sus trabajos pioneros en mecánica cuántica. Su principio de incertidumbre demostró que es imposible tener un demonio de Laplaciano, no solo en la práctica sino también en la teoría, porque nunca se puede medir el estado preciso de una sola partícula, por no hablar del estado de todas las partículas del universo. Dado que medir la posición de un átomo en el espacio afecta a su velocidad, y medir su velocidad afecta a su posición en el espacio, es sencillamente imposible medir un sistema tan pequeño sin cambiar el valor que se pretende medir. No solo nunca podremos conocer la posición y la velocidad de una partícula con la certeza que esperaba Laplace, sino que las pruebas experimentales han llevado al consenso general de que hasta que no se mide un sistema cuántico —un electrón es un ejemplo común— no tiene una existencia bien definida en el espacio. En su lugar, solo existe el potencial de estar en un lugar u otro con una cierta probabilidad. Por tanto, no solo nos resulta imposible saber dónde estará un electrón, sino que parece que *la propia naturaleza no lo sabe.*

Más o menos al mismo tiempo que algunos físicos descubrían que la naturaleza es en el fondo cuántica, otros describían un fenómeno igualmente curioso conocido como *caos determinista.* A principios del siglo XX, el físico Edward Lorenz demostró que los sistemas "caóticos", como los meteorológicos, no pueden predecirse con de un modo preciso. Esto se debe a que, cuando se mide el estado inicial del sistema y se introduce ese valor en un ordenador, hay que introducir un número finito de dígitos, y basta un pequeño error de redondeo de los decimales para que el cálculo pierda toda su precisión. Dado que los sistemas caóticos pueden autoamplificarse rápidamente a través de bucles de retroalimentación positiva (recuerde el efecto mariposa), cualquier imprecisión en la medición inicial producirá predicciones enormemente imprecisas de los estados futuros. Cuanto más lejos se intente llegar en el futuro, mayor será el error de predicción. La trayectoria futura exacta de un huracán o de un organismo no es algo que pueda calcular ningún ordenador imaginable.

Ya debilitado por los extraños descubrimientos de la mecánica cuántica, el caos determinista asestó el golpe mortal al demonio de Laplace. A menos que el demonio pueda almacenar en la memoria un valor de medida infinitamente largo, no podrá predecir el futuro. Ni siquiera Dios sería capaz de predecir el futuro a la perfección. Esto parece sugerir además que el futuro se está creando (computando) en tiempo real, y que nadie puede saber exactamente dónde irá. Aunque esta aparente confirmación de la imprevisibilidad y el indeterminismo en la naturaleza suscitó un nuevo debate en torno a los temas del libre albedrío y la voluntad, la mayoría de los científicos y filósofos concluyeron finalmente que el indeterminismo no rescataba el libre albedrío, ya que una realidad que evoluciona aleatoriamente parece estar igualmente fuera de nuestro control.

Es cierto que la indeterminación cuántica no proporciona un mecanismo para el libre albedrío. Lo que sí hace, sin embargo, como reconoció Karl Popper, es proporcionar el "margen de maniobra" necesario en la cadena causal que podría dar cabida a la intervención de la voluntad o el libre albedrío. El ligero grado de indeterminismo de la naturaleza crea "holgura causal", explica el físico George Ellis, distinguido profesor de sistemas complejos de la Universidad de Ciudad del Cabo (Sudáfrica) y destacado cosmólogo. Si hay cierta holgura en la cadena cósmica de causa y efecto debido al azar intrínseco, entonces un agente adaptativo con control cibernético puede actuar con verdadera libertad iniciando cadenas causales que influyan en la trayectoria de la evolución cósmica. La confusión fundamental del mundo cuántico puede parecer extraña, pero sin cierto grado de indeterminación, no tendríamos libertad, así que quizá la arquitectura de la realidad sea tan extraña como debe ser para que los agentes conscientes puedan elegir, lo que da propósito y sentido a la vida.

A pesar de haber sido refutada, la visión nihilista y determinista de Laplace sigue reinando en la ciencia, y eso debería preocuparnos a todos, porque a todos nos afecta.

El demonio de Laplace es realmente malvado

Una filosofía que te pide que niegues tu propio albedrío puede sonar divertida, pero en realidad no lo es. Como demuestran los estudios, convencer a la gente de que no tiene libre albedrío puede conducir a comportamientos inmorales. Un conocido experimento demostró que los participantes que dejaron de creer en el libre albedrío tras leer un pasaje persuasivo de Francis Crick eran más propensos a hacer trampas en un examen posterior porque ya no se sentían personalmente responsables de sus actos. Otros estudios han demostrado que las personas a las que se ha convencido de que no tienen libre albedrío manifiestan mayores sentimientos de depresión o ansiedad. Por otro lado, la creencia en el libre albedrío está correlacionada con un mejor rendimiento laboral, vidas más felices y una sociedad más estable. Así pues, el demonio de Laplace, el experimento mental que dio origen al determinismo, es realmente un demonio, porque es una idea que te roba el libre albedrío al convencerte de que nunca lo tuviste. Si sigue pensando que es una postura filosófica inofensiva creer que las mentes y los estados subjetivos no existen o son ilusorios, esto podría hacerle cambiar de opinión.

En la primera mitad del siglo XX, la postura materialista invadió el campo de la psicología, que hasta entonces se había basado en la realidad de los estados mentales. El resultado fue el *conductismo*, un enfoque para comprender la naturaleza humana que, por regla general, ignoraba toda experiencia interna, como los pensamientos y los sentimientos. No cabe duda de que fue una reacción contra la psicología freudiana, de naturaleza muy subjetiva. Para los conductistas, lo único que importaba era cómo se comportaba un organismo vivo en respuesta a un estímulo —el mapa de entrada-salida—, no lo que ocurría dentro de su mente. Recuerde, como reduccionistas y materialistas, los conductistas no creen en las mentes. Según este enfoque, no hay diferencia entre un estado mental y otro a menos que haya alguna diferencia observable en el comportamiento asociado a cada estado. Y si no hay comportamiento, podemos asumir que no hay estado mental activo.

Podemos ver inmediatamente el grave fallo de esta forma de pensar si consideramos el ejemplo de los pacientes con síndrome de enclaustramiento. Las personas que padecen la forma extrema de esta enfermedad siguen conscientes, pero están completamente paralizadas y son incapaces de comunicarse con los demás. Aunque no muestran signos externos de consciencia debido al daño cerebral, en realidad están experimentando todo lo que ocurre a su alrededor igual que lo haría una persona no afectada, pero son incapaces para siempre de hacérselo saber a nadie. Parece una pesadilla, pero es una pesadilla que viven personas reales. Según la filosofía conductista, un paciente encerrado no tendría ningún tipo de experiencia en su mundo interior. Puesto que conductualmente son equivalentes a los que se encuentran en estados vegetativos inconscientes, se supone que también son mentalmente equivalentes. Si esto es así, no deberíamos preocuparnos por los pacientes encerrados ni por su incapacidad para comunicarse. Gracias a la tecnología de imágenes cerebrales y a un diseño experimental inteligente, ahora podemos demostrar que no es así.

Una vez más, vemos cómo una filosofía inexacta de la mente conduce a graves problemas éticos que no podemos ignorar en absoluto. Afortunadamente, el conductismo fue un movimiento efímero, ya que fue aplastado por la revolución cognitiva de las décadas de 1950 y 1960, que aún hoy sigue iluminando la verdadera naturaleza del cerebro y la mente.

La ciencia cognitiva salva el día

Aunque el conductismo contribuyó en gran medida al avance de la psicología al introducir medidas objetivas en un campo que se basaba casi exclusivamente en la información subjetiva, a menudo sesgada e inexacta, su política de ignorar los estados mentales acabó considerándose inaceptable. Inspirada por la invención del ordenador digital —una máquina que podía resolver complejos problemas matemáticos manipulando símbolos—, una nueva generación de científicos adoptó la idea de que el cerebro era un sistema de procesamiento de información.

Con esta gran intuición nació el campo de la psicología cognitiva. Según este paradigma, la mente es real, pero es esencialmente un sistema operativo, un software que funciona en el hardware del cerebro. Aunque los primeros científicos cognitivos sabían que el cableado y el diseño general del cerebro eran radicalmente distintos de los de un ordenador, reconocieron que ambos sistemas utilizan la lógica binaria para calcular. Las grabaciones realizadas con electrodos implantados en el cerebro de varios animales revelaron que las neuronas se comunican entre sí a través de señales eléctricas, ya sea encendiéndose o apagándose, registrando así un 1 o un 0. De ahí concluyeron que los estados mentales son creados por patrones de actividad eléctrica en el cerebro, de modo que un cambio en el estado mental siempre está asociado a un cambio correspondiente en el estado eléctrico del cerebro. Los cerebros siguen siendo máquinas, como creían los conductistas, pero además de ser mecánicamente reactivos, procesan e integran información internamente. Se avanzaba en la comprensión de la conexión cerebro-mente, pero lentamente, sobre todo porque las técnicas de registro de la actividad celular eran limitadas en cuanto a lo que podían mostrar y resultaban invasivas, por lo que solían requerir cirugía.

Pero todo cambió en la década de 1990, cuando la tecnología de imagen cerebral conocida como IRMf (imagen por resonancia magnética funcional) permitió a los científicos cognitivos asomarse de forma no invasiva al interior del cerebro para ver exactamente qué hacía la mente en tiempo real. Esta nueva herramienta, mejorada por las técnicas de análisis estadístico desarrolladas por Karl Friston, revitalizaría la investigación de la conciencia y la sacaría de los márgenes para llevarla a la corriente académica dominante. Por primera vez, la actividad neuronal subyacente a los estados de experiencia consciente podía trazarse con un detalle impresionante.

Francis Crick, en colaboración con el joven y prometedor neurocientífico Christof Koch, marcó la pauta. Se podría avanzar en la comprensión de la mente descubriendo qué partes del cerebro están activas solo durante los estados de conciencia. Estas regiones cerebrales se denominan *correlatos neuronales de la conciencia* y, a lo largo de las tres décadas siguientes, estos correlatos estarían más o menos identificados. Aunque esto aumentó nuestra comprensión de la consciencia a pasos agigantados, gran parte del misterio de la consciencia seguía sin resolverse. ¿Qué hay en la activación de esas neuronas concretas que crea los misteriosos estados subjetivos de la experiencia consciente? Y, ¿por qué el procesamiento de la información en el cerebro iba a sentir algo? Al fin y al cabo, las máquinas sin cerebro, como las calculadoras y los termostatos, también procesan información.

Después de que el planteamiento de Crick y Koch pareciera llegar a un callejón sin salida, apareció en escena una nueva teoría de la consciencia llamada teoría de la *información integrada*, propuesta por el psiquiatra italoamericano Giulio Tononi en 2004, cuya genial idea revitalizó la investigación sobre la consciencia y despertó el entusiasmo de que el difícil problema de la consciencia sería finalmente resuelto por la ciencia.

La conciencia como información integrada

¿Por qué el disparo sincrónico global de determinadas redes de neuronas crea un campo subjetivo de experiencia, según la teoría de Tononi? Porque el cerebro no solo procesa información, sino que la *integra* en un todo unificado. Al igual que un ordenador, el cerebro almacena y procesa información, pero es la forma en que esa información se comparte o distribuye por la red cerebral lo que da lugar a nuestra rica y vívida experiencia consciente.

Pensemos en el acto de observar una puesta de sol. Gracias a las imágenes funcionales, sabemos que hay varias regiones cerebrales activas durante un acontecimiento de este tipo. Cada región procesa por separado información sobre distintas características del acontecimiento. Hay una región en el córtex visual que procesa la forma y el color de los rayos de sol amarillos y naranjas contra las nubes. Las áreas auditivas del lóbulo temporal reciben información sobre el sonido del viento que pasa a tu lado mientras miras al horizonte. El viento que sopla contra la piel también genera patrones de señales eléctricas en el córtex somatosensorial que crean la sensación táctil. Dentro del cerebro ocurren muchas cosas diferentes en lugares distantes. Sin embargo, de alguna manera lo percibimos todo como una experiencia consciente unificada. Gracias a la teoría de la información integrada, ahora empezamos a comprender cómo se produce matemáticamente la unión perceptiva de características procesadas independientemente.

Cada experiencia posible que puedas concebir corresponde a una estructura matemática muy específica con una geometría de información única. Esta estructura representa la forma y el carácter de una experiencia subjetiva, mientras que la intensidad o riqueza de esa experiencia consciente corresponde a una cantidad llamada *phi*. En el capítulo ocho aprendimos que phi es una buena medida de la complejidad computacional porque cuantifica la integración y diferenciación de un sistema cognitivo. Phi también mide lo que Tononi llama "poder de causa-efecto", por lo que también parece cuantificar el grado de acción que posee un agente. Este tipo de poder causal es un poco diferente del que hemos estado discutiendo, que se refiere más a la magnitud de la influencia que un agente puede tener sobre su entorno, mientras que phi mide el poder causal que un sistema tiene *sobre sí mismo*.

Puede sonar descabellado pensar en cuánta influencia tiene un sistema sobre sí mismo, pero esto solo significa que phi es una medida de cuánto influye físicamente el estado presente de un sistema en su estado futuro. A pesar de ser un sistema compuesto en el fondo por componentes (moléculas) cuyo comportamiento tiene un carácter aleatorio o probabilístico, nosotros, como enteros funcionales, somos máquinas deterministas que se mueven con precisión y propósito. Este tipo de comportamiento intencionado o teleológico solo es posible si el sistema se constriñe a sí mismo de forma que preserve la información codificada y la transmita al futuro. En términos de la teoría de la información de Shannon, phi es una medida de la información mutua, o compartida, entre el estado presente y futuro del sistema (o el estado pasado y presente). Aunque hay distinciones importantes entre los dos conceptos de poder causal, esta medida de información intrínseca estaría presumiblemente correlacionada con cuánta influencia puede tener un sistema adaptativo en el mundo que le rodea. El presidente del Santa Fe Institute, David Krakauer, ha inventado una medida similar, esbozada en un marco denominado *teoría de la información de la individualidad*.

Koch, el colaborador más destacado de Tononi, describe phi como una medida de sinergia, o el grado en que un sistema es "más que la suma de sus partes". Koch también ha caracterizado phi como una medida de reducción de la incertidumbre, por lo que phi debe reflejar de algún modo la cantidad de conocimiento que el sistema tiene sobre su entorno. Como también se explica en el capítulo ocho, phi puede verse como una medida de entropía, o una medida del número de estados mentales que son potencialmente accesibles al agente. Así, un cerebro humano tendría un phi mucho más alto que el de un gato, y el phi de un gato sería más alto que el de una rata, y podríamos suponer que el de la rata sería un poco más alto que el de un murciélago.

Solo tiene sentido que el grado de experiencia consciente en cualquier momento, lo rica que sea perceptualmente, se corresponda con el número de estados que *podría* experimentar el sistema, que es la entropía de la información. Piénsalo de este modo: un sistema con dos estados solo puede conocer el blanco y el negro, uno o cero, bueno o malo, etc., por lo que una observación consciente solo aportaría un bit de información. Si un sistema sensible solo puede experimentar un mundo binario, entonces no hay sofisticación ni riqueza en la realidad que se experimenta. Es el espectro de posibles experiencias que podríamos tener pero que no estamos teniendo en este momento lo que hace que la experiencia presente sea lo que es.

Así que, por utilizar una metáfora, si un dado de seis caras fuera sensible, tendría una experiencia del mundo más rica que una moneda, porque puede experimentar el triple de estados. No se puede conocer la belleza o el placer extremos sin conocer también todo lo contrario, o al menos ser capaz de concebirlo. Más allá de tener una especie de estética zen que podría ofrecer cierto consuelo espiritual, este concepto de phi puede informar nuestra filosofía moral. La teoría significa que un sistema tan simple como una gamba, sin duda un mejillón, no tiene la capacidad de sufrir tanto como un mamífero. Y cuando conduces tu coche y un insecto salpica contra el parabrisas, no tienes por qué sentirte tan mal por ese tipo de asesinato. Por el contrario, los animales que han demostrado ser muy inteligentes, como un perro o un pulpo, sufrirían mucho si se les torturara o matara sin anestesia. De hecho, es de suponer que sufrirían del mismo modo que un niño pequeño. En un tono más alegre, también significaría que a medida que los humanos evolucionan y se adaptan al creciente número de retos existenciales a los que se enfrenta la humanidad, nuestro modelo de mundo irá cartografiando cada vez más la realidad, y a medida que aumente nuestro espectro de experiencias posibles, también debería hacerlo la intensidad con la que las sentimos. El futuro será un lugar realmente feo para quien esté todavía por aquí para sentirlo.

Podría parecer que la teoría de la información integrada es la respuesta al problema mente-cuerpo, pero antes de que piense que hemos resuelto el caso, debe saber que esta teoría —al menos en su forma actual, ya que siempre está evolucionando— conduce a una conclusión filosófica que es potencialmente tan problemática como la visión materialista o dualista.

El problema del panpsiquismo de la teoría integrada de la información

Llevada a sus conclusiones lógicas, la teoría de la información integrada dice que cualquier sistema que tenga alguna cantidad de phi debería poseer algún grado de experiencia consciente y debería tener algún grado de poder causal. Este aspecto de la teoría recuerda a una antigua filosofía oriental llamada *panpsiquismo*, según la cual toda la materia está imbuida de mente, tanto si forma parte de un ser vivo como si no. Por supuesto, los montones de arena o las rocas en su conjunto no serían conscientes según la teoría de la información integrada -como postula el panpsiquismo tradicional- porque el sistema macroscópico no está integrando ninguna información. Pero sus componentes más básicos, los átomos que lo componen, serían "mínimamente conscientes", según las versiones fundamentalistas de la teoría de la información integrada.

Koch, uno de los principales defensores de esta teoría, se muestra inflexible al respecto: "Cualquier sistema que posea una cantidad de información integrada distinta de cero experimenta algo. Permítanme repetirlo: cualquier sistema que tenga siquiera un bit de información integrada tiene una experiencia consciente muy diminuta." Obviamente, esto tiene consecuencias filosóficas muy extrañas, pero Koch las acepta: "Incluso la materia simple tiene un mínimo de Φ [información integrada]. Los protones y neutrones están formados por una tríada de quarks que nunca se observan aislados. Constituyen un sistema integrado infinitesimal."[3]

Quienes creen en el panpsiquismo viven una contradicción: admitirán que pierden la conciencia entre el estado de vigilia y el de sueño, cuando el cerebro sigue procesando información, y sin embargo quieren atribuir la conciencia a un átomo, o a un termostato. No es erróneo porque suene absurdo: a la naturaleza no le importa ajustarse a nuestro sentido común. Es errónea porque equivale a una explicación mágica. La mente es una simulación mental del mundo experimentado por un observador, y una simulación coherente requiere una sofisticada maquinaria computacional. La gente que imagina que una partícula elemental es consciente está asumiendo que la experiencia subjetiva es algo bastante fácil de producir para la materia.

Aunque el metanaturalismo poético afirma que es cierto que el universo puede describirse en términos totalmente computacionales —lo que significa que hay "mente" en forma de procesamiento de la información en toda la naturaleza—, no es cierto que haya un observador consciente en todos los sistemas físicos, aunque haya cierta integración de la información. Para que surja la conciencia, necesaria para el libre albedrío, un sistema no solo debe modelar su entorno, sino también *modelarse a sí mismo*.

La teoría unificadora de la realidad responderá a las preguntas aparentemente incontestables que plantea el problema mente-cuerpo y, al hacerlo, esclarecerá no solo la naturaleza de la mente, sino también la naturaleza de la realidad. Al abordar el *difícil problema de la conciencia* del filósofo australiano David Chalmers —el problema de cómo ciertos sistemas materiales adquieren la propiedad aparentemente inmaterial de la experiencia— resolveremos simultáneamente el difícil *problema de la realidad*, que plantea si la realidad es toda física, toda mental, una combinación de ambas o algo totalmente distinto. Es "difícil" porque entenderlo implicaría comprender la naturaleza última de la realidad, y la mayoría de los filósofos lo considerarían una tarea imposible. Pero con los cambios de paradigma, lo imposible a menudo se convierte en posible. La mejor forma de entender el universo y la vida no es como una cosa, sino como un proceso.

11

EMERGENCIA CAUSAL Y LIBRE ALBEDRÍO

A medida que subimos de escala, desde las partículas subatómicas a los átomos, las moléculas, la vida y la mente, el universo parece volverse cada vez más complejo, y parece claro que a medida que aumenta la complejidad surgen propiedades totalmente nuevas. La cuestión de interés es si estas propiedades emergentes pueden tener por sí mismas consecuencias causales, permitiendo a los agentes intervenir activamente en la consecución de sus propios objetivos.

SARA WALKER

Ahora nos acercamos al punto de la historia en el que podemos empezar a apreciar algunas de las extrañas y bellas implicaciones filosóficas de la nueva narrativa cósmica que está surgiendo, y pronto veremos por qué es realmente "romántica", como afirma el título de este libro. El lector que espere comprender la realidad en su sentido más honesto y puro podría oponerse a cualquier caracterización romántica del universo alegando que tales interpretaciones antropomorfizan innecesariamente la naturaleza y enturbian la imagen mecanicista. Se trata de una preocupación encomiable, pero hemos visto que es errónea.

El uso adecuado del lenguaje teleológico y la metáfora no solo es útil, sino que es la única forma de articular con precisión la estructura causal de un universo que se organiza a través de bucles y niveles. A medida que comprendemos mejor cómo las palabras abstractas que inventamos para describir fenómenos emergentes mal entendidos se corresponden con mecanismos y matemáticas recién descubiertos, los mayores misterios sin resolver de la ciencia empiezan a disolverse uno a uno.

En este capítulo veremos que el problema mente-cuerpo deja de serlo cuando definimos con mayor precisión términos como mente, voluntad y libre albedrío, y cuando articulamos los mecanismos que diferencian cada fenómeno. Esto revelará que las criaturas conscientes pueden realmente controlar su propio destino *seleccionando el futuro que sea coherente con sus objetivos a largo plazo a partir de un menú de opciones posibles.* Los neurocientíficos computacionales y los filósofos llaman a estos futuros potenciales *contrafactuales*, y cuando somos conscientes de que existen, debemos elegir el camino concreto que tomamos del espacio de posibilidades. Es en este acto donde encontramos la libertad del "libre albedrío", algo que los humanos poseemos, pero no siempre, y no es tan libre como nos gustaría.

Los múltiples significados de "mente"

La palabra "mente" se utiliza a menudo para describir un sistema físico específicamente dotado de consciencia o experiencia subjetiva, mientras que otras veces se utiliza vagamente para describir cualquier proceso computacional biológico o cognitivo, independientemente de si el sistema de procesamiento de la información experimenta o no realmente el mundo cualitativamente, desde una perspectiva de primera persona. "Mente" también se utiliza en sentidos como "mente colectiva", cuando se refiere a sociedades o a la humanidad en su conjunto, de nuevo cuando no se sabe si existe una experiencia subjetiva asociada al sistema adaptativo que se describe.

Por si todo esto no fuera suficientemente confuso, tenemos el concepto de *mente consciente* y también el concepto de *mente inconsciente.* Para las personas que utilizan "mente" específicamente para referirse a la consciencia, el término "mente inconsciente" parecerá un oxímoron, ya que las dos palabras se contradicen directamente. Por supuesto, una vez que entendemos que algunas personas utilizan la palabra "mente" para referirse a todas las formas de cognición, entonces podemos ver cómo "mente inconsciente" no es una verdadera contradicción, sino un matiz que distingue entre cognición inconsciente y consciente, aunque es una elección confusa de palabras.

No es que ninguno de estos usos de la palabra sea fundamentalmente incorrecto: todos estos ejemplos se refieren al procesamiento de la información por parte de un sistema adaptativo, que es el núcleo de los fenómenos mentales. El problema es que la importante distinción entre procesamiento cognitivo consciente y no consciente se pierde o se oscurece cuando utilizamos las palabras "mente" o "conciencia" a discreción. Aunque pueda parecer pedante preocuparse tanto por la semántica, es esta distinción la que dará sentido al libre albedrío.

No debemos confundir el albedrío básico (estar vivo) con la conciencia (ser consciente), porque se puede tener albedrío sin conciencia. El libre albedrío, en cambio, requiere conciencia, aunque se puede ser consciente sin tener libre albedrío. Nuestra teoría unificadora de la realidad nos mostrará dónde y por qué aparece cada propiedad como resultado de la evolución cósmica, y cómo la aparición de nuevos niveles de acción está ligada al proceso más amplio del despertar cósmico.

Ahora empezamos a ver por qué el "meta" del metanaturalismo poético es una alteración necesaria del naturalismo poético de Sean Carroll. El término de Carroll describe la naturaleza solo como una cosa mecánica, negando implícitamente la realidad ontológica de la experiencia y el poder causal de la conciencia, que veremos que son muy reales. Estamos lógicamente justificados para considerarlos fenómenos causales reales porque es imposible entender la dinámica de la evolución cósmica sin alguna referencia directa a ellos.

"Meta" denota que la estructura causal de la realidad tiene niveles, y que siempre surgen otros nuevos a través de transiciones de fase de orden superior conocidas como transiciones metasistémicas. El proceso evolutivo es poético porque es inherentemente creativo, y cada nuevo patrón funcional que surge en un nivel superior es una "rima" del nivel anterior. En el modelo de realidad del metanaturalismo poético, la mente es un controlador multinivel, y el libre albedrío es un nivel de control superior a la voluntad biológica básica. Una vez que comprendemos la estructura jerárquica de la vida, la mente y el cosmos, empezamos a ver que la libertad individual y el destino cósmico no son nociones incompatibles.

Los niveles de acción pueden sonar abstractos, pero estamos a punto de ver que esto tiene importantes implicaciones prácticas, desde la ética hasta la salud mental.

Niveles de causalidad del agente

A pesar de lo que parecía una imposibilidad desde la perspectiva del modelo reduccionista, la capacidad de un sistema biológico para actuar como fuerza causal en un mundo físico ha sido sospechada durante mucho tiempo por los filósofos e implícita por el sentido común. Nuestra experiencia consciente de levantar el brazo parece decirnos que a veces somos agentes que pueden ejercer un control voluntario, o volición. Acción, volición, voluntad, intención —todos parecen referirse a lo mismo: la acción dirigida a un objetivo, que no es un comportamiento aleatorio, sino un movimiento guiado por un propósito— o una teleología. Ahora sabemos que esta teleología no es el resultado de una fuerza mística, sino un producto natural de la información adaptativa codificada en la maquinaria de la vida. Pero ¿son equivalentes todos los movimientos orientados por un objetivo?

No pensamos mucho en levantar el brazo cuando sentimos un picor en la cabeza que hay que rascar, pero otras veces sí. Cuando decides levantar la mano como un ejercicio deliberado de libre albedrío, entonces el acto es consciente y no puramente reflejo o instintivo. En un caso pareces ser el autor de la acción, pero no tanto en el otro.

Cuando el brazo se levanta sin pensar conscientemente, es porque ese comportamiento está preprogramado y no requiere lo que los psicólogos cognitivos llaman *control por esfuerzo.* El control por esfuerzo, también conocido como *control cognitivo* o *control ejecutivo*, se refiere a la capacidad de regular la emoción, el comportamiento y la cognición. Este tipo de control de alto nivel parece requerir la conciencia, al menos típicamente. La representación consciente de la información contradictoria también puede permitir a un agente tomar decisiones de alto nivel cuando se enfrenta a retos que pueden no tener una solución preprogramada porque el agente puede no habérselos planteado nunca. Simulando varios escenarios en el "ojo de la mente", podemos elegir la decisión y la respuesta conductual óptimas para una situación nueva.

Por lo tanto, parece que hay que hacer una distinción importante. Algunos *comportamientos intencionados* se ejecutan sin esfuerzo consciente. Simplemente ocurre. Sientes un picor y te rascas. No es necesario pensar en ello. Ya podemos ver que parece haber niveles de acción. No toda la causalidad del agente se crea igual, porque surgen niveles superiores de control que dan al agente nuevos grados de libertad. Un agente con un nivel de cognición humano puede utilizar su mente consciente para imaginar nuevos futuros y hacerlos realidad, como cuando alguien tiene una idea para una nueva película, negocio o teoría científica que cambia el mundo.

En el siglo XX, filósofos y científicos cognitivos dieron múltiples nombres al mecanismo de la causalidad agente: *causalidad descendente*, *causalidad descendente* o *causalidad mental* cuando se trata de organismos con sistema nervioso. Ya vemos los distintos niveles reflejados de forma natural en el lenguaje que ha surgido, porque la causalidad mental presumiblemente no se aplicaría a una criatura sin cerebro, como una bacteria.

Sin embargo, como la noción general de agentes con poder causal no podía conciliarse con el modelo determinista hecho famoso por Laplace, la idea de la causalidad descendente en cualquiera de sus formas fue ampliamente descartada por la comunidad científica. Recordemos que, en el universo de Laplace, toda causalidad es "ascendente", es decir, los movimientos de las partículas que componen un sistema en su base determinan totalmente el comportamiento del sistema de alto nivel, como un agente. Por el contrario, la causalidad descendente se refiere a que un sistema de nivel superior tiene influencia física sobre la dinámica de sus componentes de nivel inferior.

Incluso Daniel Dennett, cuya carrera ha consistido realmente en explicar cómo la selección natural genera la información biológica que infunde poder causal a los sistemas adaptativos, descartó la causalidad agente como un "concepto filosófico difuso" sin base firme en el mecanismo. Esta afirmación la hizo en un intercambio de 2014 sobre el libre albedrío con el filósofo y neurocientífico Sam Harris, que niega el libre albedrío, ¡aunque el propio Dennett defiende la realidad del libre albedrío! Pero ¿cómo puede un agente tener libre albedrío si no tiene poder causal?

Llamamos *compatibilismo* a esta posición autocontradictoria, y como intenta reconciliar el determinismo duro con el libre albedrío, también se la conoce como "intentar tener tu pastel y comértelo también". Pero al menos la idea a medias llamada compatibilismo es correcta a medias: los que creen en el determinismo duro *y* que el libre albedrío es una ilusión se equivocan en todos los frentes. No hay premios a la coherencia en el propio error, excepto quizá el "premio Wolfgang Pauli" por estar *precisamente* equivocado en lugar de "ni siquiera equivocado", un insulto que básicamente son palabras de lucha entre físicos. Dennett, que no es tímido ni blando con las palabras, dijo:

> Algunos han llegado incluso a plantear un fenómeno desconocido (y casi totalmente inanalizable) llamado causalidad agente, en el que las elecciones libres son causadas de algún modo por un agente, pero no por ningún acontecimiento de la historia del agente. Un exponente de esta postura, Roderick Chisholm, reconoció con franqueza que, desde este punto de vista, toda elección libre es "un pequeño milagro", lo que deja bastante claro por qué se trata de una corriente de pensamiento respaldada prin-

cipalmente por filósofos profundamente religiosos y rechazada por casi todos los demás.[1]

Hoy en día, eso está lejos de ser cierto, y el trabajo teórico sobre la causalidad descendente de físicos como Sara Walker y George Ellis, junto con neurocientíficos como Giulio Tononi y Erik Hoel, está aportando artillería pesada —nuevas matemáticas como el cálculo causal y la estadística bayesiana— para ayudar en el esfuerzo de desmitificar tanto la causalidad del agente como la mental.

Las ideas sobre la acción y la causalidad se remontan a Aristóteles, aunque los científicos empezaron a modernizar estas nociones casi místicas en el siglo XIX. Entre estos científicos se encuentran el gran psicólogo William James y los emergentistas británicos, como C. Lloyd Morgan, que reconocieron distintos niveles de agente causal. Pero los términos *downward causation* y *top-down causation* (causalidad descendente) no aparecieron hasta la década de 1960, primero con el premio Nobel Roger Sperry, neuropsicólogo famoso por sus estudios sobre el cerebro dividido con el neurocientífico Michael Gazzaniga. Donald Campbell, que desarrolló el concepto de epistemología evolutiva, siguió su ejemplo e influyó en Popper para que también adoptara la idea. Sperry describió con detalle lo que denominó "control causal descendente emergente", que Campbell rebautizó como causalidad descendente, y la causalidad descendente se convirtió en otra forma de hablar de lo mismo. La *emergencia causal* es una palabra de moda en el siglo XXI que se utiliza para describir la aparición de la causalidad agente y que está suscitando un nuevo entusiasmo en torno a un problema muy antiguo.

Hacia el final de su carrera, desafiando al materialismo, Sperry empezó a autodenominarse mentalista, pero esto no significa que se convirtiera en un dualista al estilo de Descartes. Todo lo contrario: Sperry proponía una forma de monismo multinivel —una extensión del fisicalismo para ser exactos— que consideraba la mente como algo ontológicamente nuevo y real en el universo, pero igualmente físico. Considerar esta filosofía de Sperry como una forma más débil de dualismo llamada *dualismo de la propiedad*, o como un fisicalismo ampliado llamado *monismo multinivel*, es un juego semántico. A diferencia del dualismo de la sustancia de Descartes, que dice que hay dos sustancias fundamentales, la materia y el espíritu, el dualismo de la propiedad dice que solo hay una sustancia física, pero que puede tener propiedades duales, físicas y mentales, que de alguna manera interactúan causalmente. Los modelos propuestos por estas dos posturas filosóficas aparentemente opuestas —el dualismo de propiedades y el monismo multinivel— parecen básicamente idénticos. Sin embargo, el monismo multinivel es una filosofía más flexible porque permite la aparición de nuevos fenómenos con poder causal. Como se puede ver en la siguiente cita de Sperry, hay muchos matices necesarios para dar sentido a los asuntos de la mente y por qué la mente importa, pero una vez que se entiende la naturaleza multinivel de la causalidad agente, muchas paradojas se resuelven por sí solas. En su artículo "Mind-Brain Interaction: Mentalism, Yes; Dualism, No", publicado por la revista *Neuroscience* en 1980, decía lo siguiente:

> Según nuestra actual teoría mente-cerebro, el monismo tiene que incluir las propiedades mentales subjetivas como realidades causales. Este no es el caso del fisicalismo o el materialismo, que son las antítesis entendidas del mentalismo y tradicionalmente han excluido los fenómenos mentales como construcciones causales. Al llamarme a mí mismo "mentalista", sostengo que los fenómenos mentales subjetivos son realidades primarias, causalmente potentes, tal y como se experimentan subjetivamente, diferentes de, más que, y no reducibles a sus elementos fisicoquímicos. Al mismo tiempo, defino esta postura y la teoría mente-cerebro en la que se basa como monista y la considero un importante freno al dualismo.

El término *causalidad descendente* suele utilizarse de forma ambigua para referirse al tipo general de comportamiento que adoptan los agentes vivos siempre que ejercen una influencia en el mundo físico, lo hagan o no conscientemente. La causalidad descendente se ha utilizado incluso para describir el modo en que los patrones de flujo dinámico de las estructuras disipativas ordinarias constriñen el movimiento caótico de las moléculas individuales que componen el sistema dinámico, canalizándolas por caminos ordenados de menor resistencia. Por desgracia, esta generalización oscurece la distinción que Morgan trataba de articular. Es decir, hay niveles de causalidad y control que forman una jerarquía, de modo que el nivel mental asociado al control consciente se sitúa por encima del nivel biológico asociado a las respuestas automáticas del comportamiento. La acción básica surge cuando surge la vida, antes de que aparezca la consciencia, por lo que existe una causalidad descendente tanto no consciente como consciente. La confusión de los dos tipos de causalidad, que podemos llamar respectivamente *causalidad agente* y *causalidad mental*, ha causado mucha confusión en el debate sobre el libre albedrío. Para entender lo que significa el libre albedrío, primero debemos desentrañar todas las ambigüedades que surgen de una comprensión poco sofisticada de los mecanismos subyacentes de la causalidad.

En la última década, y especialmente en los últimos años, los puntos de vista de Sperry, Campbell y Popper han encontrado apoyo empírico en las investigaciones de vanguardia de neurocientíficos con conocimientos de teoría de la información, modelización computacional y mecánica estadística. Al entender los sistemas adaptativos como unidades de control jerárquicas que persiguen objetivos termodinámicos intrínsecos de supervivencia, estamos desmitificando y formalizando matemáticamente los múltiples mecanismos de la causalidad descendente. Aunque este tipo de causalidad se ha asociado históricamente a seres conscientes como los humanos, en realidad el mecanismo básico precede a los cerebros y, presumiblemente, a las mentes.

Voluntad inconsciente: El primer nivel de control

Según Paul Davies y Sara Walker, la capacidad de causalidad descendente surge cuando la información almacenada en las moléculas empieza a decirles lo que tienen que hacer. Llamamos a este acontecimiento *el origen de la vida*. En ese momento, el sistema químico, ahora técnicamente un sistema adaptativo o biológico, puede empezar a "empujar la materia". A esta capacidad la denominan *control informacional*, y es esta propiedad la que puede explicar nociones fundamentales para la vida, como la autonomía, la autorregulación y el comportamiento orientado a objetivos. En palabras de Davies, la causalidad descendente a través del control informacional da a la vida la "capacidad de aprovechar las reacciones químicas para poner en práctica una agenda preprogramada, en lugar de ser esclava de esas reacciones."[2]

La aparición de la causalidad descendente es un ejemplo de lo que los filósofos llaman *emergencia fuerte*, porque se produce un cambio fundamental en el tipo de causalidad que vemos en el mundo.

Con la transición de fase a la vida, un acontecimiento que Davies y Walker denominan *toma de control algorítmica*, los sistemas físicos se liberaron de las trayectorias fijas que rigen el movimiento de los sistemas macroscópicos inanimados y los hacen predecibles a partir de leyes de movimiento simples. Los sistemas animados pueden trepar cuesta arriba, yendo en contra de la fuerza de la gravedad. Incluso el organismo más simple concebible muestra un comportamiento orientado a objetivos, lo que sugiere que la cognición, en el sentido más general, surgió cuando comenzó la vida. El origen de la vida, dondequiera que ocurriera primero, fue el momento en que la información adquirió poder causal en el universo. Los sistemas inanimados pueden describirse *en términos* de información, pero la información cobra sentido en la realidad cuando puede marcar la diferencia para un agente. Gran parte de este libro se ha dedicado a explicar los detalles de cómo surgen agentes computacionales con poder causal a partir de un proceso darwiniano disipativo que representa la forma más temprana de evolución.

Una vez que el control algorítmico permite el control informacional, la causalidad ya no es estrictamente ascendente, sino que ahora también existe una influencia causal descendente. La aparición de la vida representa la transición en la arquitectura estructural y funcional de un sistema químico que permitió la capacidad de control cibernético.

La causalidad descendente ha dejado de ser un concepto vago y misterioso de la filosofía para convertirse en un mecanismo formalizado matemáticamente que describe cómo un sistema con control (como un organismo o un cerebro) puede dirigirse hacia unos objetivos, influyendo así en las trayectorias de sus componentes de bajo nivel (las moléculas que forman el organismo o el cerebro). Esto significa que los organismos vivos no son simples esclavos de las leyes de la física y las fuerzas fundamentales. Como sistemas adaptativos con intención, creamos nuestro futuro de acuerdo con las leyes físicas, pero no estamos supeditados a ellas.

Como ya se ha dicho, la indeterminación cuántica no proporciona un mecanismo para el libre albedrío, pero sí la "holgura causal" que no ofrecía el modelo de realidad de Laplace. Es la *combinación* de la causalidad descendente y la naturaleza probabilística o estocástica (aleatoria) de la realidad derivada de la indeterminación cuántica y el caos determinista lo que explica exactamente cómo los sistemas vivos pueden funcionar de forma autónoma y afectar a la realidad física mediante acciones intencionadas. De hecho, podemos redefinir la vida como un sistema *con capacidad para iniciar nuevas cadenas causales*. Las cadenas causales son cadenas de causa y efecto que resultan de las acciones de un agente sobre su entorno.

Según el biólogo computacional británico Denis Noble, es la capacidad de un sistema adaptativo para aprovechar y amplificar las fluctuaciones estocásticas del caos o la indeterminación lo que da lugar al control que vemos en los organismos vivos. Los sistemas cibernéticos utilizan bucles de retroalimentación para permanecer en un atractor estable lejos del equilibrio, de modo que el mismo tipo de bucles de retroalimentación no lineales que pueden crear un efecto mariposa son utilizados por los sistemas adaptativos para iniciar nuevas cadenas causales. El flujo ascendente de la causalidad nunca se interrumpe, solo se aprovecha y se dirige hacia un objetivo. Aunque la conciencia aún no ha entrado en escena, ya tenemos una pista de que la mente no es una sustancia inmaterial como imaginó Descartes, sino una unidad de control que ha sido diseñada por la selección natural para extraer energía del entorno.

Es importante señalar que esta explicación basada en la información del control a nivel de agente no es solo una "descripción de alto nivel" de un proceso causal puramente ascendente que utilizamos por conveniencia, como implican algunas versiones del principio filosófico conocido como superveniencia. La superveniencia significa simplemente que las descripciones de alto nivel de los fenómenos cognitivos —descripciones psicológicas que se refieren a procesos como la toma de decisiones consciente— deben corresponderse con interacciones físicas que tienen lugar a nivel de átomos en el cerebro. De lo contrario, tendríamos el dualismo de sustancias, que es una noción mística.

En el modelo de superveniencia del reduccionista, la física a microescala determina por completo los procesos mentales que tienen lugar en los cerebros, lo que sugiere que la experiencia de tomar decisiones es una ilusión. Si esto es cierto, significaría que ni la mente ni la información pueden ser verdaderas fuentes de causalidad, ya que todo el trabajo lo realizan las partículas que se empujan unas a otras en el nivel inferior. Sin embargo, nuevos trabajos teóricos sugieren que esto es demostrablemente falso.

Giulio Tononi y Erik Hoel han emprendido la tarea de matematizar la emergencia del poder causal utilizando formalismos adaptados del cálculo causal del filósofo e informático Judea Pearl, que también proporcionó los fundamentos matemáticos de la teoría de la información integrada. En un premiado ensayo escrito en 2016 titulado "Agent Above, Atom Below: How Agents Causally Emerge from Their Underlying Microphysics", Hoel expuso su teoría de la *emergencia causal*.

El macroestado es lo que importa

Hoel ha demostrado que la evolución dinámica de un sistema, es decir, su transición legal de un estado a otro, puede analizarse a distintos niveles de escala para determinar si el sistema es un agente con poder causal o un sistema inanimado sin control sobre su futuro. Un análisis a microescala modelaría el sistema a nivel de colisión de partículas, mientras que un análisis a macroescala podría modelar los patrones de flujo de información entre regiones cerebrales. Si la evolución de un sistema puede predecirse con mayor precisión y fiabilidad observando las interacciones causales a nivel macroscópico, entonces debe haber información trabajando en el sistema. La medida del "trabajo causal adicional" que puede atribuirse a la macroescala —el todo que se ha convertido de forma cuantificable en algo más que la suma de sus partes— indicaría la "emergencia causal", es decir, que ha surgido un agente con poder causal.

Según Hoel, que en última instancia quiere comprender la conexión entre la conciencia y la causalidad, el poder causal no se encuentra en la microfísica, sino en el macronivel, porque la información está codificada en un patrón de organización, que es realizable múltiples veces. Como aprendimos en el capítulo nueve, la realizabilidad múltiple significa que el mismo patrón funcional puede realizarse en diferentes sustratos. Puesto que muchos microestados diferentes (disposiciones moleculares únicas) pueden realizar un patrón global equivalente, o macroestado, los detalles del microestado son causalmente irrelevantes. Es el patrón el que empuja a las partículas, no al revés.

En un artículo titulado "Escaping Flatland: When Determinism Falls, So Does Reductionism", el neurogenético Kevin Mitchell, autor de *Innate: How the Wiring of Our Brains Shapes Who We Are*, explica que, cuando se trata de causalidad, lo que importa es el macroestado:

> El estado macroscópico en su conjunto depende de algún microestado concreto, por supuesto, pero puede haber un conjunto de esos microestados que se corresponda con el mismo macroestado. Y otro conjunto de microestados que corresponda a un macroestado distinto. Si la evolución del sistema depende de esos macroestados de grano grueso (y no de los detalles precisos del nivel inferior), entonces se plantea algo realmente interesante: la idea de que la información puede tener poder causal en un sistema jerárquico y, más en general, en el universo.

Sara Walker tiene afirmaciones igualmente sutiles pero grandiosas sobre el poder causal de los macroestados: "Las teorías y los teóricos pueden influir potencialmente en la dinámica a niveles inferiores. Los macroestados pueden no ser solo predictores, es decir, las propiedades informativas de los agentes emergentes, sino que también podrían desempeñar un papel en la estructura causal de la realidad."[3]

Ahora, cuando nos preguntemos: "¿Cómo es posible que la mente empuje las cosas?", sustituyamos la palabra "mente" por "información" y veamos si se mantiene la paradoja mente-cuerpo. ¿Cómo empuja la información a las partículas? Esa es una pregunta que estamos empezando a poder responder con precisión matemática y mecanicista. El trabajo de Hoel sobre la emergencia causal inspiró nuevas investigaciones cuantitativas sobre el fenómeno de la causalidad descendente por parte de algunas estrellas emergentes de la neurociencia, como el investigador en psicodélicos Robin Carhart-Harris y el investigador de la conciencia Anil Seth.

Un artículo del que son coautores junto con el investigador posdoctoral del Imperial College de Londres Fernando Rosas, titulado "Reconciling Emergences: An InformationTheoretic Approach to Identify Causal Emergence in Multivariate Data", muestra que existe una matemática, aparte del cálculo causal de Pearl, que describe la dinámica causal y la mecánica estadística de distintos tipos de causalidad de nivel superior en términos de flujos de información. El artículo identifica un nuevo fenómeno que los autores denominan desacoplamiento causal:

> Además de la causalidad descendente, el desacoplamiento causal tiene lugar cuando las propiedades colectivas tienen un poder causal irreductible sobre otras propiedades colectivas. Curiosamente, puede considerarse que una característica que presenta un desacoplamiento causal puro tiene "vida propia", una especie de fantasma estadístico, que se perpetúa a lo largo del tiempo sin que ninguna parte individual del sistema influya en él o sea influida por él.

¿Crean los remolinos coordinados de actividad e información en el cerebro un fantasma literal en la máquina? Si es así, quizá Descartes no estaba tan equivocado. De repente, el problema mente-cuerpo no parece tan misterioso, y el problema difícil no parece tan difícil. Recordemos que Rolf Landauer, de IBM, demostró en el siglo XX que "la información es física", y una vez que aceptamos este hecho, el dilema del dualismo se disuelve, o al menos gran parte de él. La mente puede influir en el mundo físico sin paradojas, porque los pensamientos no son más que instancias de información en acción.

Aunque el albedrío o control es una propiedad presente en la vida simple, no parece ser lo mismo que el libre albedrío. La bacteria que realiza quimiotaxis nadará previsiblemente hacia el alimento químico y se alejará de las toxinas. Así que, si el comportamiento es predecible para nosotros, tal vez no perfectamente predecible en la forma en que Laplace imaginó, pero estadísticamente predecible con alta certeza, entonces ¿cuánta libre elección tiene la bacteria para hacer lo contrario cuando detecta un gradiente químico? Normalmente se comportará como se espera de ella, y lo hará sin ninguna vacilación, por lo que no hay indicadores de comportamiento de pensamiento deliberativo o contemplación.

Podemos llamarlo comportamiento intencionado o teleológico porque está orientado a un fin, como lo caracterizó Aristóteles hace más de dos milenios, pero el agente no parece tener conciencia de ello. ¿Por qué? Porque el organismo simple sin cerebro no responde de forma adaptativa a ninguna variable que no estuviera presente en el entorno a lo largo de la historia evolutiva que construyó el modelo interno de la especie. Solo "conoce" lo que el genoma ha codificado, y es "ciego" a todo lo demás. Esto sugeriría que el sistema adaptativo es un autómata, que sigue sin pensar algún tipo de programa cognitivo-conductual cableado.

Aunque la causalidad agente no parece llevarnos del todo al libre albedrío, sí nos acerca un paso más a él. Puede que el comportamiento instintivo no sea totalmente libre, pero no está determinado en el sentido estricto de Laplace. Es decir, la causalidad descendente —cuando la información empieza a desviar los sistemas macroscópicos de las trayectorias predichas por la mecánica clásica— libera a los agentes adaptativos del determinismo *físico*. Pero los organismos con un poder causal descendente parecen seguir encadenados por las limitaciones del determinismo *biológico* y, en el caso de los organismos con cerebro, por el determinismo *neurobiológico*. El comportamiento automático no parece muy "libre".

Como hemos establecido, incluso los organismos más simples tienen una forma primitiva de cognición, que les permite sentir y responder al entorno, pero no debemos confundir voluntad con conciencia. La voluntad solo requiere que un sistema tenga un modelo del mundo, un mapa estadístico interno que represente las regularidades biológicamente relevantes del entorno. Pero la mera presencia de un modelo del mundo no significa que los contenidos del modelo sean experimentados por un observador. La experiencia subjetiva siempre es presenciada por un "yo", que constituye la sede de una perspectiva en primera persona. Así pues, parece que se puede avanzar en la resolución del difícil problema de la conciencia identificando el mecanismo que da lugar a un observador con un punto de vista. ¿Cuál es entonces el origen del yo?

Según el filósofo cognitivo Douglas Hofstadter, para que surja un punto de vista, el modelo del mundo del agente debe modelarse a sí mismo. A este ejemplo de autorreferencia lo llamamos *automodelado* y, por razones que pronto explicaremos, es una capacidad que parece requerir un cerebro. Si el modelo de Hofstadter de las mentes como modelos con automodelos es correcto —que describió con detalle cualitativo en su libro de 2007 *I Am a Strange Loop*— por fin tenemos una respuesta relativamente precisa de cuándo aparece la conciencia como resultado de la evolución cósmica. La mente, en el pleno sentido de la palabra, surge con el cerebro. El modelado del yo como origen del yo puede sonar demasiado obvio, pero a veces las respuestas a problemas que parecen difíciles nos miran a la cara.

¿Quieres pruebas de que eres un observador con un modelo del mundo y de ti mismo dentro de tu cabeza? Hagamos el ejercicio que hicimos en el capítulo seis. Cierra los ojos e intenta imaginarte en una habitación. Amplía la imagen para ver tu casa y tu barrio a vista de pájaro. Amplía la imagen para ver el planeta Tierra desde el espacio. Ahora imagina a un amigo sentado a tu lado en tu habitación. No solo has modelado el mundo en tu cerebro, sino que también has modelado a otros modeladores, y esos agentes conocidos cobran vida en tus sueños, con sus personalidades y peculiaridades características.

Estos modelos de otras mentes se construyeron a partir de la experiencia acumulada con esas personas. Aunque todos somos individuos únicos, también somos en muchos sentidos la suma total de todas las mentes que hemos modelado, y sin saberlo consultamos a esas otras mentes cuando tomamos decisiones difíciles. Por ejemplo, puedes recurrir a un músico famoso al que admiras cuando escribes una melodía para una canción, y puedes recurrir a un modelo a seguir cuando intentas tomar una decisión sobre tu futuro, como un padre o un profesor influyente que tuviste una vez, sin ningún pensamiento o reflexión consciente real.

Estos agentes tampoco tienen por qué ser agentes reales que hayamos encontrado en la realidad. El dicho popular "¿Qué haría Jesús?" revela que

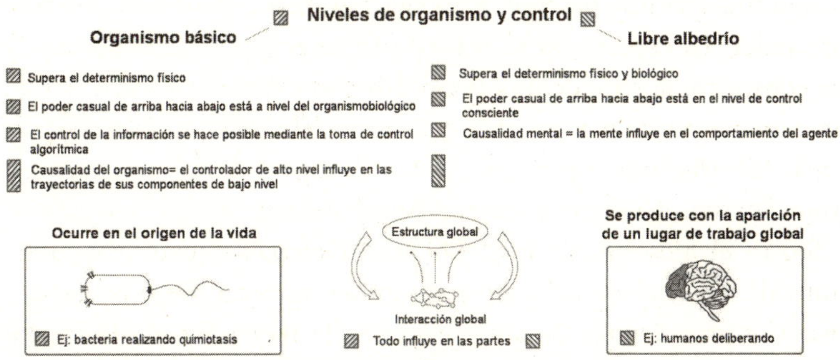

los cristianos que se hacen esta pregunta han modelado su deidad y buscan en ese modelo consejo, apoyo y visión existencial. Lo mismo ocurre con todas las demás religiones, y cuando nos damos cuenta de esto, vemos por qué puede haber beneficios prácticos al modelar entidades abstractas que tienen características o propiedades útiles. Este proceso general ha sido denominado "pensar a través de otras mentes" por los mismos investigadores que han aplicado la hipótesis bayesiana del cerebro/principio de la energía libre a sistemas jerárquicos de alto nivel más allá de los cerebros, como los ecosistemas y las sociedades.

Friston y sus colegas Maxwell Ramstead, director de investigación de la Spatial Web Foundation de California, y el científico cognitivo Samuel Veissière, de la Universidad McGill de Montreal, han argumentado que el proceso de inferir las creencias y expectativas de otros agentes sobre el mundo nos informa sobre cómo comportarnos en situaciones sociales y aporta estabilidad a la sociedad al coordinar el comportamiento colectivo. Ahora imagínate en tu habitación e intenta mirarte desde arriba. ¿Qué aspecto tiene? Esta es la prueba de que tú también te has modelado. Bastante loco, ¿verdad? Ahora pregúntate, ¿cómo de exacto es tu modelo de ti mismo?

Cómo el cerebro genera observadores

Cogito, ergo sum (pienso, luego existo, como se mencionó en el capítulo anterior) nos dice que el yo es un hecho innegable de la existencia, pero ¿cómo surge exactamente un observador, y por qué puede requerir tal proceso un cerebro?

En la segunda parte aprendimos en detalle cómo se codifica un modelo del mundo exterior en un organismo. Antes de que surgieran los cerebros por evolución, solo existía el aprendizaje filogenético, que es la "actualización de creencias" que se produce a nivel de la población a medida que el genoma de la especie evoluciona durante largos periodos de tiempo. Esto es resultado de la competencia entre organismos, con la selección natural filtrando los modelos inexactos y los diseños disfuncionales. Recordemos que la evolución es un proceso de *selección bayesiana de modelos.* Sin embargo, el genoma colectivo se actualiza mucho más lentamente que los cerebros, que codifican las consecuencias de las acciones causales en tiempo real, gracias a la *plasticidad sináptica.* La plasticidad se refiere a la capacidad del cerebro para formar continuamente conexiones que codifican representaciones de los patrones del mundo que el organismo ha experimentado de primera mano.

Un agente actúa sobre su entorno, observa el cambio en ese entorno, actualiza su modelo codificando este cambio en la memoria y, mediante iteraciones de este proceso, el modelo del mundo del organismo *crea una variable de datos para sí mismo.* Dado que los organismos sin cerebro no pueden codificar las consecuencias causales de sus acciones, carecen de una variable para sí mismos y de una comprensión real de sí mismos como actores causales. Al carecer de capacidad de automodelación, los organismos sin cerebro son presumiblemente lo que los filósofos llaman "zombis", que son sistemas que no experimentan el mundo pero parecen moverse con intención consciente.

Es la autorreferencia a través del automodelado lo que trae la experiencia subjetiva al mundo creando un observador de la nada. El yo es la entidad que es el "yo" al que todos nos referimos cuando decimos "me siento cansado", o "te quiero", o "me encanta este libro que estoy leyendo". Un observador nace cuando hay "algo que se parece" a ser esa cosa. Ya hemos explicado que no hay nada que se parezca a ser una roca, a pesar de lo que predican hoy algunos filósofos panpsiquistas. Es cuando un modelador del mundo se modela a sí mismo cuando se "enciende la luz" y surge la experiencia en primera persona.

Para que quede claro, la conciencia básica no es lo mismo que la autoconciencia o la autoconciencia, necesarias para que la conciencia tenga poder causal. Es fácil imaginar tener una experiencia perceptiva sin ningún pensamiento autorreflexivo. La "distracción" es un ejemplo de tener una experiencia e incluso un hilo de pensamiento sin ser consciente de que se está teniendo un hilo de pensamiento. Cuando nos sorprenden distrayéndonos, a menudo no recordamos sobre qué estábamos distrayéndonos.

Así pues, los observadores pueden no ser conscientes de que son observadores. Puede que solo estén experimentando el mundo sin ninguna contemplación real sobre la naturaleza de la naturaleza o la naturaleza de uno mismo. Esto sugiere que la conciencia probablemente comienza siendo epifenoménica, lo que significa que al principio es simplemente un efecto secundario o un subproducto inútil del cerebro sin poder causal sobre nada. El agente más básico con cerebro ya no es un zombi (un agente sin experiencia mental), pero sigue sin tener *control consciente* sobre sus respuestas. Es un observador pasivo y un prisionero de su programación. Sin embargo, no debemos pensar que se trata de un estado de existencia desagradable. Koch explica cómo cree que sería ser una abeja, un organismo que probablemente sea consciente, pero que probablemente no tenga conciencia de sí mismo:

> Hacen cosas muy complicadas. Sabemos que las abejas individuales pueden volar laberintos. Pueden recordar olores. Pueden volver a una flor lejana. De hecho, pueden comunicarse entre sí, a través de una danza, sobre la ubicación y la calidad de una fuente de alimento distante... Así que sí, creo que se siente algo al ser una abeja melífera. Probablemente se siente muy bien bailando a la luz del sol, bebiendo néctar y llevándolo de vuelta a su colmena[4].

Así pues, parece que ser consciente no es suficiente para lo que llamamos "libre albedrío": eso viene después. La mente consciente solo adquiere poder causal cuando existe un nivel adicional de automodelado. Hemos explicado una razón muy sencilla por la que los cerebros apoyan el automodelado: permiten que un sistema adaptativo codifique las consecuencias causales de sus propias acciones, pero este hecho por sí solo no es una explicación satisfactoria de cómo el cerebro crea la mente consciente, o de cómo la mente ejerce el libre albedrío. Para ello, debemos recurrir a las modernas teorías de la conciencia que ofrece la neurociencia. ¿Cuáles son los correlatos neuronales y computacionales del automodelado? De nuevo, volvemos a la noción de bucles y niveles, y para entender su relevancia para la conciencia y el libre albedrío, tenemos que ponernos gödelianos, lo que significa que debemos explorar la magia causal que permite la autorreferencia. Esta investigación revelará la conexión entre la aparición de niveles superiores de control cibernético y la autoorganización cósmica, un proceso evolutivo inevitable que curiosamente depende de agentes inteligentes que tienen el poder de elegir su camino futuro.

12

EL EXTRAÑO BUCLE QUE GENERA EL YO

O las matemáticas son demasiado grandes para la mente humana o la mente humana es más que una máquina.
KURT GÖDEL

Los matemáticos, lógicos y filósofos del siglo XX que buscaban desmitificar la mente propusieron que todo el pensamiento y el razonamiento humanos eran producto de procesos puramente mecánicos o algorítmicos. Este modelo de la cognición humana concebía el cerebro como una máquina que realiza cálculos y, en ese sentido, era un avance intelectual, pero adolecía de ser excesivamente reduccionista.

En 1936, el inventor del ordenador digital, Alan Turing, demostró que una máquina relativamente sencilla capaz de realizar operaciones mecánicas podría calcular la solución de cualquier problema que, en principio, pudiera resolverse con computación, si se dispusiera de tiempo y memoria suficientes. Esta máquina hipotética se conocería como máquina de Turing. Nuestros ordenadores y smartphones son, a efectos prácticos, máquinas de Turing.

Si el cerebro fuera simplemente una máquina de Turing orgánica, entonces todo lo que hace la mente —toda la magia mental asociada al pensamiento consciente— podría reducirse a operaciones lógicas (manipulación de símbolos basada en reglas). La mente no tendría más misterio que un ordenador digital, que entendemos perfectamente. Era una forma bastante sencilla de ver el cerebro y la mente, pero el brillante lógico austriaco Kurt Gödel demostraría que esa visión era errónea, de una forma bastante indirecta y descabellada. Para entender cómo lo hizo, volvemos a la epistemología, el estudio de cómo adquirimos conocimiento verdadero sobre el mundo.

Antes de que se publicara el famoso teorema de incompletitud de Gödel, los matemáticos y los lógicos suponían que todas las afirmaciones sobre el mundo podían ser verdaderas o falsas y que, en teoría, debía existir una forma algorítmica de determinar a qué categoría pertenecía una afirmación concreta. Según esta filosofía, la demostración matemática era la fuente del conocimiento verdadero. Esta concepción en blanco y negro de la realidad es producto de la naturaleza de su trabajo. Una conjetura matemática, como los famosos teoremas de los que oímos hablar (por ejemplo, el último teorema de Fermat) puede ser verdadera o falsa, dependiendo de si existe o no una demostración matemática para esa proposición concreta.

Puede que sea ridículamente difícil encontrar esa prueba, pero en teoría, si un enunciado matemático es verdadero, debería tener una prueba lógica, y si es falso, entonces no debería existir ninguna prueba. Al menos, esa era la suposición de matemáticos de primera fila como David Hilbert, Bertrand Russell y Alfred North Whitehead, que se esforzaron al máximo por diseñar el sistema formal definitivo que pudiera demostrar o refutar rápidamente cualquier conjetura matemática concebible. A pesar de un valiente intento por alcanzar este objetivo, Gödel demostró que era una tarea imposible, poniendo en tela de juicio el poder de las matemáticas para explicar toda la realidad, así como la suposición de que la mente es simplemente una máquina.

La paradoja incomprobable

Con un ingenioso truco, Gödel puso en duda la suposición de que la verdad y la demostración matemática son equivalentes. Tomó una antigua paradoja griega que implicaba la autorreferencia, conocida como la *paradoja del mentiroso*, y la convirtió en un enunciado matemático sobre la teoría de números utilizando un esquema de codificación absurdamente complejo, conocido como *numeración de Gödel.* Aunque el teorema es extremadamente complicado, podemos comprenderlo traduciéndolo a enunciados equivalentes en lenguaje normal. Para entender cómo la paradoja del mentiroso ha inspirado un nuevo tipo de demostración, que parece cuestionar los fundamentos de las matemáticas, hay que explorarla por uno mismo. Considere la siguiente frase, que es una variante menos confusa de la afirmación "Estoy mintiendo", e intente determinar si es verdadera o falsa:

"Esta afirmación es falsa".

Adelante, di la afirmación en voz alta y verás cómo intentar demostrar que es verdadera o falsa te envía a un bucle que no hace ninguna de las dos cosas. Si es verdadera, entonces la afirmación debe ser falsa porque dice que lo es. Pero si la afirmación es falsa, entonces no puede ser verdadera. ¿Qué ocurre cuando suponemos que la afirmación es falsa? Como la propia afirmación dice que es falsa, si toda la afirmación fuera falsa, significaría que la afirmación debe ser verdadera. Pero no puede ser verdadera si dice que es falsa.

Cualquiera de los dos caminos conduce inevitablemente a una contradicción, pero solo dando la vuelta al bucle se ve la naturaleza de la paradoja. Como la afirmación *se refiere a sí misma*, obtenemos una afirmación indemostrable que no es ni verdadera ni falsa. No se puede probar porque probarla sería refutarla. Ahora sigue adelante e intenta lo mismo con la frase "Estoy mintiendo".

Puede que se haya dado cuenta de que, en realidad, esto no es más que un juego de lenguaje: la paradoja solo se produce porque la frase tiene la absurda propiedad de hablar de sí misma. Puede que sea así, pero eso no cambia el hecho de que los enunciados matemáticos autorreferenciales exponen una vulnerabilidad en cualquier sistema lógico que pretenda ser el determinante de todas las verdades. Ningún sistema formal puede considerarse coherente y completo si produce conjeturas "indecidibles", es decir, proposiciones matemáticas que no pueden demostrarse verdaderas o falsas. De ahí el nombre de *teorema de incompletitud*.

Pero la verdadera genialidad del teorema de Gödel no fue que creara un enunciado matemático que no fuera ni verdadero ni falso, como los enunciados autorreferenciales "Esta frase es falsa" o "Estoy mintiendo".

Gödel elevó el nivel del bucle construyendo un enunciado matemático que era *verdadero pero indemostrable*. Por supuesto, a los matemáticos de la época esto les parecería una afirmación errónea, ya que para ellos la verdad solo podía determinarse mediante la demostrabilidad. Entonces, ¿cómo lo hizo? Consideremos la siguiente afirmación autorreferencial, que no solo se refiere a sí misma, sino a su propia demostrabilidad:

"Esta afirmación no tiene pruebas".

Esto es lo que pasa con esta proposición en particular: De hecho es cierta; no tiene prueba. Y sabemos que no puede tener una prueba válida sin ni siquiera comprobarlo o pensarlo, porque si existiera una prueba matemática, demostraría que la afirmación es cierta, pero la afirmación dice que no tiene prueba; así que, de nuevo, no se puede demostrar que la afirmación sea cierta sin refutarse a sí misma. A pesar de no ser demostrable, podemos ver claramente que es cierta. Es una verdad que no necesita una prueba real porque su verdad es evidente por sí misma. Afirma que no tiene prueba, y no la tiene.

De acuerdo, es un poco raro y bonito, pero ¿qué tiene que ver todo esto con el misterio de la mente? Resulta que el teorema de incompletitud de Gödel no solo se refería a las matemáticas, sino también a los procesos mentales de los matemáticos.

La mente no es una máquina de Turing

La proposición verdadera pero indemostrable de Gödel sugiere que hay verdades matemáticas que existen fuera del ámbito de lo que puede determinarse utilizando la lógica simbólica o computarse mediante una máquina de Turing. Un matemático podría eludir temporalmente la incompletitud gödeliana ampliando los axiomas fundamentales del sistema formal para incluir una clase de enunciados autorreferenciales. Pero Gödel demostró claramente que tal esfuerzo sería inútil, porque esa nueva iteración del sistema contendría nuevas clases de enunciados autorreferenciales verdaderos pero indemostrables. Nunca se puede tapar la fuga que es la autorreferencia, a menos que se esté dispuesto a seguir ampliando el modelo matemático para siempre.

Teniendo esto en cuenta, podemos ver que el gran teorema de Gödel estaba insinuando algún tipo de teoría del todo como la teoría unificadora de la realidad descrita por el metanaturalismo poético, que está siempre incompleta solo porque *la realidad en sí misma es abierta*. Es decir, la naturaleza es un continuo trabajo en curso, gracias a la emergencia. Los fenómenos emergentes, y las matemáticas utilizadas para describirlos, como el cálculo causal y la geometría de la información, deben añadirse a cualquier teoría física fundamental si esta pretende ser una verdadera teoría del todo. E incluso entonces no habremos terminado. Continuamente se añadirán matemáticas más exóticas al modelo de la realidad a medida que surjan nuevos tipos de leyes dinámicas y comportamientos complejos. Para que un sistema formal o una teoría científica capte más verdad sobre la realidad, para que adquiera más conocimientos en un esfuerzo por describir completamente la naturaleza, debe adaptarse continuamente, igual que un sistema biológico.

Todo el programa encendido por Gödel fue un gran golpe para el reduccionismo, porque el reduccionismo se basa en la idea de que existe una única teoría matemática que puede captar todo sobre el universo de forma perfectamente precisa y completa. Ese sueño debe abandonarse. El teorema de Gödel también asestó un duro golpe al materialismo al demostrar que el cerebro no es simplemente una máquina de Turing.

En su clásico libro de 1989 *La nueva mente del emperador*, el condecorado físico teórico Sir Roger Penrose revivió un argumento expuesto por el filósofo John Lucas tres décadas antes. Dado que los matemáticos humanos pueden ver la verdad de un enunciado indecidible que es el equivalente numérico a "Este enunciado no tiene prueba", la mente parece estar haciendo algo más allá de la computación bruta:

> La conclusión ineludible (del teorema de Gödel) parece ser: Los matemáticos no utilizan un procedimiento de cálculo conociblemente sólido para determinar la verdad matemática. Deducimos que la comprensión matemática —el medio por el que los matemáticos llegan a sus conclusiones con respecto a la verdad matemática— ¡no puede reducirse al cálculo ciego!

Aunque a menudo se atribuye a Penrose y Lucas esta aguda perspicacia, está claro que el propio Gödel era muy consciente de esta implicación, habiendo dicho muchas veces una versión de la siguiente cita: "O las matemáticas son demasiado grandes para la mente humana o la mente humana es más que una máquina." ¿Cuál es la diferencia entre mente y máquina? Las máquinas computan; las mentes *comprenden*. Pueden ver la verdad en una afirmación indemostrable, una verdad inaccesible para una inteligencia puramente algorítmica. ¿Qué permite esta curiosa capacidad que llamamos comprensión? La experiencia consciente, presumiblemente.

Aunque Penrose interpretó correctamente que la mente no es simplemente una máquina de Turing (un ordenador digital), dio el salto, posiblemente injustificado, de suponer que el cerebro debía ser entonces un ordenador cuántico, o al menos algún tipo de órgano que explotara la propiedad mecánica cuántica conocida como superposición para resolver problemas y tomar decisiones. Aunque esta teoría, desarrollada en colaboración con el anestesista Stuart Hameroff, no debe descartarse por invocar una explicación cuántica, en la actualidad no es tomada en serio por la mayoría de los investigadores de la conciencia.

El principal argumento en contra de esta hipótesis, expuesto por el físico Max Tegmark, partidario de la teoría de la información integrada, es que cualquier estado cuántico coherente se colapsaría o "descohesionaría" con demasiada rapidez como para influir en los procesos neuronales necesarios para la conciencia, debido a lo cálido, húmedo y ruidoso que es el cerebro. Sin embargo, descubrimientos recientes demuestran que numerosos procesos biológicos implican procesos cuánticos, como la fotosíntesis, que utiliza la tunelización cuántica, y la navegación de las aves, que utiliza el entrelazamiento cuántico. Si ahora se acepta universalmente que la biología cuántica es real, la neurobiología cuántica podría estar a la vuelta de la esquina. Una regla general de la evolución es que si algún fenómeno de la naturaleza presenta una ventaja computacional, la selección natural suele encontrar la forma de aprovecharla.

Mientras que el teorema de incompletitud de Gödel hacía más misteriosa la conciencia para Penrose, la autorreferencia era la clave para resolver el enigma para Douglas Hofstadter.

La autorreferencia como fuente del yo

Hofstadter convirtió a Gödel en parte de la cultura popular con su libro *Gödel, Escher, Bach: An Eternal Golden Braid*, ganador del Premio Pulitzer y publicado en 1979, una década antes que el libro de Penrose. Más de cuarenta años después, sigue aportando nuevas ideas a filósofos de la mente, investigadores de inteligencia artificial y neurocientíficos que buscan comprender los correlatos computacionales de la conciencia. Lo que Hofstadter vio en el teorema de Gödel fue que la autorreferencia creaba paradojas porque los símbolos de una frase de Gödel adquieren *significado* cuando se refieren *a sí mismos*. De repente, no solo hay sintaxis; también hay semántica. En el prefacio a la edición del vigésimo aniversario de *Gödel, Escher, Bach*, Hofstadter escribió:

> Del bucle gödeliano surge algo muy extraño: la revelación del poder causal del significado en un universo sujeto a reglas pero sin significado. Y aquí es donde mi analogía con los cerebros y los yoes vuelve a entrar en juego, sugiriendo que el bucle retorcido del yo atrapado dentro de un bulbo inanimado llamado "cerebro" también tiene poder causal o, dicho de otro modo, que un mero patrón llamado "yo" puede empujar alrededor de partículas inanimadas en el cerebro no menos que las partículas inanimadas en el cerebro pueden empujar alrededor de patrones.

Así pues, Hofstadter cree que el yo, el observador consciente, tiene verdadero poder causal sobre el mundo. También nos da una idea vaga pero poderosa de cómo llega a existir este observador capaz de causalidad. Según él, el yo surge de la autorreferencia "a través de una especie de vórtice en el que los patrones cerebrales espejan el reflejo cerebral del mundo y acaban reflejándose a sí mismos, con lo que el vórtice del yo se convierte en una entidad causal real".

Hofstadter utiliza a menudo una interesante metáfora para explicar cómo la autorreferencia en forma de automodelado produce algo parecido a un alma.

> Para un análogo concreto imperfecto pero vívido de este curioso fenómeno abstracto, piense en lo que ocurre cuando una cámara de televisión apunta a una pantalla de televisión para mostrar la pantalla sobre sí misma (y esa pantalla sobre sí misma, etc.) —lo que en GEB llamé una "televisión auto-engullidora", y en mis escritos posteriores a veces llamo un "bucle de retroalimentación de nivel cruzado". Cuando y solo cuando un bucle de este tipo surge en un cerebro o en cualquier otro sustrato, se crea una persona, un "yo" único. Además, cuanto más rico en autorreferencias es un bucle de este tipo, más consciente es el yo al que da lugar.

Esta idea descabellada, de que la conciencia surge del automodelado, ha encontrado el apoyo de algunas figuras influyentes en el mundo del aprendizaje automático. Judea Pearl, cuyo cálculo causal está proporcionando las matemáticas necesarias para describir la causalidad de alto nivel, se hizo eco de Hofstadter en una entrevista en 2019 con el podcast del MIT Lex Fridman.

> Eso es la conciencia. Tienes un modelo de ti mismo. ¿De dónde sacas este modelo? Te ves a ti mismo como si fueras una parte del entorno… Tengo un modelo de mí mismo, así que a ese nivel de modelo puedo modificar cosas. Puedo mirarme en el espejo y decir: "Hmm, si retoco este modelo voy a actuar de forma diferente." Eso es lo que entendemos por libre albedrío.

Fridman profundiza en la cuestión y pregunta: "¿Qué crees que es la conciencia? ¿Es simplemente autoconciencia, incluirse a uno mismo en el modelo del mundo?"

"Así es", confirma Pearl. "Algunas personas me dicen: 'No, esto es solo una parte de la conciencia', y entonces empiezan a decirme lo que realmente quieren decir con conciencia, y las pierdo. Para mí, la conciencia es tener un plano de tu software."

Pero hablar es barato. ¿Qué dice la neurociencia?

Los correlatos neuronales de la conciencia

Para entender cómo los bucles de retroalimentación y el automodelado crean la conciencia e infunden a los sistemas un auténtico libre albedrío, primero debemos comprender cómo está organizado el cerebro. Para ello, es innegable que resulta útil pensar en el cerebro como un tipo de ordenador, pero es muy diferente de los ordenadores con los que estamos familiarizados (que tienen una "arquitectura von Neumann"). Su diseño paralelo significa que la computación del cerebro está distribuida en muchos módulos. En el cerebro hay unos cien mil millones de neuronas y cada una de ellas está conectada a otras diez mil. En el capítulo anterior hablamos de las arquitecturas modulares jerárquicas en biología. Las células son complejos integrados de muchas biomoléculas que interactúan, los organismos multicelulares son complejos de células y las sociedades son complejos de organismos. El cerebro, como sistema adaptativo complejo construido por transiciones evolutivas, también está organizado jerárquicamente, tanto estructuralmente (en términos de anatomía) como funcionalmente (en términos de procesamiento).

En esta arquitectura jerárquica, las neuronas son la unidad de procesamiento fundamental, y juntas llevan a cabo la computación colectiva. Las neuronas que suelen dispararse juntas se organizan en grupos denominados *conjuntos neuronales*, que forman redes cerebrales más amplias con funciones especializadas de procesamiento de la información. Por ejemplo, en el cerebro hay una región que procesa las caras, *el área fusiforme facial*, y otra que interpreta el habla, el *área de Wernicke*. Estas áreas consisten en un procesamiento de nivel relativamente alto porque reciben información que se envía hacia arriba a través de la jerarquía de procesamiento desde regiones cerebrales que descodifican características más básicas de un estímulo, como la forma y el color. Recuerde que no todos los estados cerebrales van acompañados de una experiencia consciente. La conciencia se disuelve cuando nos dormimos y permanece ausente hasta que entramos en un sueño. Entonces, ¿qué es lo que hace que los estados conscientes sean computacionalmente especiales?

Dejando a un lado los detalles, el cerebro genera experiencia consciente cuando surge una actividad global coordinada a partir de las interacciones eléctricas locales de miles de millones de neuronas: el disparo sincrónico de esas neuronas integra información procedente de múltiples flujos de procesamiento en un único campo de experiencia. No es que el disparo sincrónico de cualquier tipo produzca estados conscientes, ya que también observamos sincronías de largo alcance con la epilepsia. Por lo tanto, es más cuidadoso decir que el disparo global coordinado a una sincronía particular (que se cree que es de ~40 Hz) es *necesario pero no suficiente* para la consciencia. Esta actividad global es posible gracias a un fenómeno con el que ahora estamos bastante familiarizados, gracias a la cibernética: la retroalimentación. Los bucles de retroalimentación que van del tálamo a la corteza —los llamados bucles tálamo-corticales— integran la información y unen los rasgos en un paisaje perceptivo cohesivo.

¿Cuándo desaparece la conciencia? Cuando desaparecen los bucles de retroalimentación, porque son estos bucles los que arrastran la actividad de las partes componentes, provocando la integración global de la información. Siempre que hay retroalimentación, hay alguna forma de autorreferencia en juego, y en los cerebros, puede ser una firma de automodelado. Sin retroalimentación, el cerebro sigue funcionando como un órgano fisiológico que controla las funciones autonómicas, pero la conciencia se desvanece hasta la inexistencia. Sabemos que el modelo mental sigue codificado en la arquitectura neuronal del cerebro, pero lo que desaparece es el observador, el yo, que procede de la autorreferencia que obtenemos del automodelado en tiempo real. Cuando se interrumpe el bucle extraño —el bucle de retroalimentación multinivel que se refleja a sí mismo— la conciencia se desvanece. Por tanto, la mente ya no debe considerarse una entidad no física que mueve cosas, sino un controlador cibernético multinivel con poder causal sobre sí misma y su entorno.

Esta descripción sigue siendo vaga, pero incluso el escéptico más fuerte estaría seguramente de acuerdo en que estamos avanzando en el difícil problema de la conciencia, que es cómo un cerebro material crea experiencia subjetiva. ¿Qué aportan las modernas teorías neurocientíficas de la conciencia a este panorama, si es que aportan algo?

Los bucles de realimentación crean conciencia

Según la teoría de la información integrada, un sistema puramente de retroalimentación, es decir, un sistema que no tiene bucles de respuesta que integren información, puede en teoría imitar cualquier comportamiento consciente sin tener la correspondiente experiencia consciente que tendría un sistema que integre información. Es importante señalar que esto no significa necesariamente que un sistema de este tipo mostraría el mismo tipo de comportamiento inteligente flexible que un sistema consciente; simplemente significa que cualquier respuesta particular asociada con el pensamiento consciente puede duplicarse sin conciencia. Esto sugiere que los bucles son un ingrediente necesario para la conciencia, tanto en organismos *como en* máquinas.

Por ejemplo, el cerebelo es una región cerebral compleja y sofisticada que, sin embargo, no parece producir un observador consciente, a pesar de ser la estructura que alberga la mayoría de las neuronas del cerebro. Cualquier cosa que se haga que requiera un movimiento coordinado implica al cerebelo, como teclear, caminar, bailar o conducir. Estas actividades no suelen requerir un control o esfuerzo consciente, y algunas de ellas, como teclear, se realizan mucho peor si se intenta pensar en lo que se está haciendo. Si está claro que el cerebelo procesa información, ¿por qué no hay "algo que se siente" al ser cerebelo? Christof Koch explica por qué en un artículo de *Nature* de 2018 titulado "What Is Consciousness?":

> El cerebelo es casi exclusivamente un circuito de retroalimentación: un conjunto de neuronas alimenta al siguiente, que a su vez influye en un tercer conjunto. No hay complejos bucles de respuesta que reverberen con la actividad eléctrica que pasa de un lado a otro.

Recuerdo un momento sorprendente de mi infancia, cuando vi la mano de mi abuela dormida levantarse hacia el techo y permanecer allí mientras seguía roncando. Más tarde supe que no era la primera vez que ocurría y, aunque es un ejemplo poco habitual, demuestra perfectamente cómo una acción que normalmente se atribuye a un esfuerzo consciente o voluntario puede programarse y ejecutarse sin conciencia. Y puesto que ocurría de forma rutinaria, creo que es seguro afirmar que el movimiento motor no era el resultado de que ella levantara conscientemente el brazo en un sueño recurrente, aunque es imposible asegurarlo.

Larissa Albantakis, una articulada defensora de la teoría de la información integrada, publicó en 2014 y 2015 una serie de estudios de simulación que sugieren que se podrían tener robots similares a los humanos que parecen conscientes en todos los sentidos, pero que en realidad no tienen ninguna experiencia mental. Un sistema tendría un diseño de retroalimentación (sin bucles de respuesta) y el otro integraría la información a través de la respuesta. Ambos sistemas ejecutarían el mismo tipo de comportamiento ante el mismo estímulo sensorial, aunque solo el segundo tendría una experiencia subjetiva. Ambas máquinas dirían que son conscientes, pero una mentiría. Suena a ciencia ficción, pero las matemáticas no mienten. Según esta teoría, las máquinas conscientes requerirían lo que se denomina *hardware neuromórfico*, que duplica la dinámica causal del cerebro a nivel físico, en lugar de limitarse a simular el cerebro digitalmente en una arquitectura von Neumann estándar, que no produciría conciencia por la misma razón por la que las simulaciones informáticas de agujeros negros no curvan realmente el espacio-tiempo alrededor de tu ordenador.

Teoría del espacio de trabajo neuronal global

Más o menos al mismo tiempo que Tononi desarrollaba su teoría de la integración de la información, otra teoría cuantitativa de la conciencia estaba ganando popularidad: la teoría del espacio de trabajo global del neurocientífico cognitivo Bernard Baars, que Stanislas Dehaene actualizaría unos años más tarde para producir la teoría del espacio de trabajo neuronal global, una versión más precisa desde el punto de vista neurocientífico de la arquitectura cognitiva inspirada en la computación. La teoría del espacio de trabajo neuronal global propone un modelo computacional de cómo los flujos de procesamiento separados se integran en una percepción consciente unificada a través de una actividad sincrónica emergente que produce un "espacio de trabajo global". Si el espacio de trabajo global es el espacio de trabajo mental que llamamos mente consciente, ¿cómo se crea exactamente ese espacio de trabajo?

Podemos responder a esa pregunta reconociendo que el espacio de trabajo corresponde a un atractor neural, y los bucles están obviamente implicados en la formación y el mantenimiento de cualquier atractor. Concretamente, son los bucles fronto-parietales los que crean el espacio de trabajo global, o bucles entre regiones funcionalmente conectadas de los lóbulos frontales y los lóbulos parietales. Cuando la actividad de las neuronas de estas zonas se coordina más allá de un determinado umbral crítico, se propagan ondas de orden global por la red, se producen disparos sincrónicos en todo el cerebro y surge un atractor global de actividad eléctrica persistente a partir de una transición de fase que Dehaene denomina "evento de ignición".

Esta transición de fase en el cerebro transmite la información del espacio de trabajo global a otros módulos neuronales que suelen procesar la información por separado, lo que da lugar a lo que Daniel Dennett llama "fama en el cerebro". Ahora la información de la representación consciente está disponible para todo tipo de procesamiento adicional que no es posible sin el espacio de trabajo global. En concreto, la información del espacio de trabajo se convierte en el foco de la *atención selectiva*, y su contenido puede ser manipulado por la memoria de trabajo, o puede utilizarse para tomar decisiones de alto nivel para las que el cerebro no tiene ninguna solución almacenada. La planificación y la imaginación también son posibles gracias al espacio de trabajo global, que subsume momentáneamente esos sistemas de trabajo independiente en el atractor neural, permitiendo a las mentes hacer cosas que no pueden hacerse sin conciencia, como ejecutar simulaciones mentales de futuros posibles para seleccionar el más deseable. ¿Por qué deberíamos pensar que el espacio de trabajo global tiene algo que ver con el automodelado? Porque, de nuevo, vemos bucles de retroalimentación, y cuando los bucles desaparecen, también lo hace el espacio de trabajo mental. El procesamiento consciente de la información disponible globalmente se interrumpe y la cognición de nivel superior se disipa.

Así pues, la neurociencia sugiere que Hofstadter tiene razón. Son los bucles causales que atraviesan los niveles los que crean la conciencia, lo que el neurocientífico Anil Seth caracteriza como una "alucinación controlada", que es un paso más allá de la "ilusión", como la describió Dennett en su histórico libro de 1991 *Consciousness Explained*. Algunos neurocientíficos y filósofos han bromeado llamando al libro "Consciousness Ignores", porque explicaba muchas cosas sobre cómo procesa la información el cerebro sin decir gran cosa sobre cómo se crea la experiencia subjetiva. No se deje engañar por los juegos de lenguaje que utilizan los filósofos para perpetuar la controversia: la simulación mental que está experimentando ahora mismo es tan real como cualquier otra cosa de la realidad, porque la experiencia consciente tiene poder causal.

La mente puede mover las cosas sin paradojas porque no es una entidad inmaterial como se pensaba antes; es una unidad de control cibernético que puede dirigirse a sí misma hacia objetivos que la mantienen en la existencia. El propio Dennett sostiene ahora que el control cibernético es la fuente del libre albedrío, aunque prefiere describir el control sin hablar de la conciencia. El problema de intentar dejar la consciencia fuera de la discusión es que oscurece el hecho de que hay diferentes mecanismos de control, con diferentes correlatos neuronales y computacionales, que tienen diferentes grados de poder causal. El control consciente es un modo más sofisticado de autorregulación que surge más tarde en la evolución, cuando una transición del metasistema cognitivo crea un controlador de alto nivel con los poderes del córtex prefrontal.

Teoría integrada del modelado del mundo

Parece una explicación satisfactoria de los fundamentos neuronales de la conciencia, pero solo hay un problema. Los defensores de la teoría de la información integrada, como Koch, han identificado áreas específicas en la parte posterior del cerebro, la llamada zona caliente posterior, como los correlatos neuronales de la experiencia consciente, mientras que el espacio de trabajo neuronal global se asocia más con la parte frontal del cerebro. Solo una teoría puede ser correcta. ¿No es cierto?

Actualmente se está llevando a cabo un programa de alto perfil diseñado para poner a prueba estas dos teorías aparentemente incompatibles, pero en realidad podría no haber ningún conflicto entre los dos modelos en absoluto. En 2020, un joven neurocientífico del Centro Johns Hopkins de Investigación Psicodélica y de la Conciencia llamado Adam Safron presentó una ambiciosa teoría de la conciencia llamada *teoría del modelado integrado del mundo*, según la cual, además de integrar información, la aparición de un observador requiere que un sistema sea capaz de generar un modelo del yo y del mundo con "coherencia espacial, temporal y causal". En este modelo, la información integrada, como el disparo sincrónico de las neuronas, sería necesaria pero no suficiente para la conciencia, eliminando el problema del panpsiquismo de la teoría de la información integrada, descrito en el Capítulo Diez.

El modelo de Safron intenta unir la teoría de la información integrada y la teoría del espacio de trabajo neuronal global con el principio de la energía libre de Friston y el marco de inferencia activa asociado, sobre el que aprendimos en capítulos anteriores. El conflicto entre las teorías de Tononi y Dehaene puede resolverse reconociendo una distinción realizada por primera vez por el filósofo Ned Block en 1995. Según Block, estos neurocientíficos no se entienden porque hablan de dos cosas distintas. En palabras de Block, *la conciencia fenoménica* se refiere a "la experiencia; el aspecto fenoménicamente consciente de un estado es lo que se siente al estar en ese estado".[1] Este tipo de conciencia se asocia con el sentimiento, la emoción y la percepción, mientras que la *conciencia de acceso* se refiere a la función cognitiva superior, como la atención centrada en una tarea, idea o problema. Cuando te quedas completamente en blanco al escuchar música, solo interviene la conciencia fenoménica, pero si empiezas a pensar en lo que significa la canción, se activa la conciencia de acceso.

También sabemos que los seres humanos pueden anular su experiencia subjetiva normal con la imaginación, como cuando nos piden que describamos el aspecto de un amigo la última vez que lo vimos. En este caso, parece que los contenidos de la conciencia de acceso anulan los contenidos de la conciencia fenoménica.

La zona caliente posterior descrita por Koch sería el correlato neural de la conciencia fenoménica, mientras que las áreas prefrontales descritas por la teoría del espacio de trabajo neuronal global serían los correlatos neurales de la conciencia de acceso. Estas dos redes serían responsables de distintos tipos de procesamiento consciente, pero interactuarían entre sí para coordinar la cognición consciente y el comportamiento racional. Si esta historia es correcta, se corroboraría el modelo de bucle estrangulado de la consciencia de Hofstadter. Un bucle de retroalimentación entre niveles conectaría la conciencia de acceso con la conciencia fenoménica (bucles cortico-corticales) y ambas con el tálamo (bucles tálamo-corticales), que es el centro de transmisión del cerebro y el que decide a qué parte del córtex se envía la información sensorial para ser procesada. El concepto de bucle extraño puede explicar cómo las predicciones realizadas por regiones cerebrales superiores, como el córtex prefrontal, pueden influir en los flujos de información sensorial procedentes del tálamo. En una entrevista de 2021, Safron explicó la conexión entre la conciencia y la inferencia bayesiana.

> Con respecto al cerebro bayesiano, en resumen la idea es que la percepción es una especie de inferencia a la mejor conjetura sobre las causas de

> las observaciones sensoriales, de modo que su experiencia perceptiva es una especie de predicción o inferencia probabilística de lo que usted cree que hay en el mundo. ¿Cómo se relaciona esto con la conciencia? Los sucesos de ignición que crean espacios de trabajo globales representan una selección de la interpretación o modelo ganador de lo que ocurre en el mundo, en relación con una serie de alternativas[2].

Los observadores conscientes necesitan bucles de retroalimentación porque integran información, pero esto no es suficiente para la conciencia. Es decir, al igual que el disparo sincrónico, la información integrada es necesaria pero no suficiente. La mente debe tener contenidos mentales, debe tratar sobre algo y debe tener un modelo del mundo construido a través de la evolución o el aprendizaje adaptativo. Para los sistemas de IA, esto significa estar encarnados, preferiblemente como robots humanoides. Lo que hacen los bucles es conjurar una simulación mental de ese modelo del mundo, lo que permite al agente ejecutar simulaciones de futuros posibles, de modo que el agente puede seleccionar el camino que predice que es más coherente con sus objetivos a largo plazo. El espacio de trabajo global, por tanto, estaría asociado a un mayor nivel de control, que otorga nuevas libertades al sistema, de forma que puede elegir realmente su destino. A esa capacidad nos referimos cuando hablamos de libre albedrío.

Despejar la confusión sobre el libre albedrío

Si el libre albedrío es real pero restringido, ¿hasta qué punto somos libres? Los famosos "experimentos del libre albedrío", realizados a principios de los ochenta por el neurocientífico estadounidense Benjamin Libet, sugieren que algunas de las decisiones que creemos tomar conscientemente ya han sido decididas por nosotros. En estos estudios, se pedía a los participantes que eligieran voluntariamente cuándo realizar un movimiento y que anotaran el momento preciso en el que sentían que habían tomado la decisión. El seguimiento de la actividad cerebral asociada a esta respuesta reveló que la sensación de tomar una decisión voluntaria siempre va precedida de un pico de actividad cerebral, llamado *potencial de preparación*, que puede utilizarse para predecir cuándo se realizará el movimiento. Así pues, parece que antes de que tomemos una decisión, ¡el cerebro ya ha decidido por nosotros! Esto sugiere que la mayor parte del tiempo no tenemos un control consciente sobre nuestro comportamiento: somos como espectadores en un teatro, que asisten al espectáculo pero no pueden dirigir el barco.

Estos resultados se han interpretado erróneamente como que la neurociencia ha desacreditado el libre albedrío. Lo primero que hay que decir es que, aunque la decisión de moverse la tome la mente inconsciente, el movimiento puede ser detenido o alterado por la mente consciente, que ejerce control sobre el comportamiento preprogramado. En un artículo de 1999 titulado "Do We Have Free Will?" y publicado en el *Journal of Consciousness Studies*, Libet escribió: "El proceso volitivo se inicia, por tanto, inconscientemente. Pero la función consciente aún podría controlar el resultado; puede vetar el acto. Por tanto, no se excluye el libre albedrío. Estos descubrimientos limitan la idea de cómo puede funcionar el libre albedrío: no iniciaría un acto voluntario, pero podría controlar su ejecución."

Estos hallazgos son coherentes con nuestro modelo de la mente como controlador multinivel. Si solo es capaz de hacer lo que programan las redes más antiguas y primitivas del cerebro, eso no parecería muy libre, porque sería como la bacteria que realiza quimiotaxis obligatoriamente. Un agente causal se vuelve "libre" de su agenda preprogramada cuando surge en su maquinaria cognitiva un nivel superior de control cibernético que permite al sistema analizar sus propias acciones.

La causalidad consciente se referiría a la capacidad de anular nuestros comportamientos automáticos, que son todos los programados genéticamente, así como los aprendidos a través de la experiencia vivida y codificados como memoria procedimental. La mayoría de nuestras acciones y decisiones no requieren ninguna deliberación consciente, por lo que es realmente del movimiento impulsado por la contemplación y la reflexión de lo que hablamos cuando hablamos de libre albedrío.

De hecho, un estudio de 2019 realizado por Christof Koch y sus colegas demostró que cuando los experimentos diseñados por Libet implican decisiones de importancia, en lugar de decisiones arbitrarias —como cuándo realizar un movimiento sin sentido—, el potencial de preparación desaparece. Mientras que las decisiones arbitrarias carecen de objetivo, no son razonables y no tienen consecuencias, las decisiones deliberadas tendrían importantes consecuencias prácticas o morales[3]. El resumen afirma:

> Comparamos directamente la toma de decisiones deliberada y arbitraria durante una tarea de donación de 1000 dólares a organizaciones sin ánimo de lucro. Mientras que en las decisiones arbitrarias se observaron los RP

> [potenciales de preparación] esperados, en las deliberadas brillaron por su ausencia. Nuestros resultados y el modelo de deriva y difusión son congruentes con la idea de que los PR representan la acumulación de fluctuaciones aleatorias y ruidosas que impulsan las decisiones arbitrarias, pero no las deliberadas. Además, apuntan a diferentes mecanismos neuronales subyacentes a las decisiones deliberadas y arbitrarias, cuestionando la generalizabilidad de los estudios que defienden la ausencia de un papel causal de la consciencia en la toma de decisiones a las decisiones de la vida real.

En una entrevista de 2018 con el investigador de IA del MIT y presentador de podcasts Lex Fridman, Koch, neurocientífico formado como físico, dejó muy claro que cree que una elección basada en la deliberación consciente es un ejercicio del libre albedrío:

> Hay cientos de experimentos que demuestran cómo se nos puede influir. Pero en última instancia, cuando tomas una decisión en la vida —me refiero a decisiones críticas—, cuando realmente piensas: ¿debo casarme, debo ir a esta escuela o a aquella, debo aceptar este trabajo o aquel, debo hacer trampas en mis impuestos o no? Son cosas en las que realmente deliberamos y creo que, en esas condiciones, somos todo lo libres que podemos ser. Cuando dedicas todo tu ser consciente a esa cuestión y tratas de analizarla en todas las condiciones posibles, y luego tomas una decisión, eres lo más libre que puedes ser.

Así pues, parece que, aunque ser consciente no significa necesariamente que un agente tenga libre albedrío, la conciencia es lo que permite el libre albedrío. Un agente es libre cuando tiene la capacidad de controlar consciente y deliberadamente sus acciones futuras. Más concretamente, hay libre albedrío cuando un agente puede ejercer control sobre un comportamiento preprogramado que el controlador de alto nivel —la mente consciente que supervisa las acciones de un organismo— determina que es un comportamiento inadaptado o subóptimo. Un comportamiento subóptimo sería cualquier comportamiento que se considere incoherente con los objetivos a largo plazo del agente. Un par de ejemplos pueden aclarar la diferencia entre el comportamiento instintivo o reflexivo y el comportamiento regulado o controlado.

Si estás paseando por un mercado y te mueres de hambre porque te has saltado el almuerzo, es posible que quieras coger esa brocheta de delicioso olor de un camión e hincarle el diente, pero como hombre o mujer civilizado, no haces eso a menos que tengas dinero para pagarlo. Pero si lleváramos a un hombre de las cavernas a Times Square en una máquina del tiempo, probablemente le costaría mucho mantener las manos alejadas de la comida y, si está en un barrio "rojo", de otras cosas. Ser civilizado significa trascender nuestro cerebro primitivo y nuestro comportamiento reflexivo, que no suele producir la respuesta óptima para un miembro de la sociedad moderna. Esto requiere un nivel adicional de control, que es posible gracias al espacio de trabajo global del córtex prefrontal.

Si pensamos en el espectro de los distintos tipos de comportamiento humano, vemos que el libre albedrío es algo que poseemos solo si tenemos un funcionamiento ejecutivo y una actividad del lóbulo frontal sanos, un hecho de la máxima relevancia para el sistema judicial. Pero si esa actividad se deteriora, el controlador de alto nivel desaparece y el libre albedrío se va con él. Cuando esto ocurre, un agente tiene literalmente menos o ningún control sobre sus patrones de conducta, y lo vemos claramente con la adicción. Los adictos que no pueden anular su tendencia a hacer algo que les está perjudicando están esencialmente atrapados en un atractor conductual malsano del que no pueden liberarse. La literatura sobre neuroimagen muestra que la adicción a la cocaína, por ejemplo, deteriora las redes en la parte frontal del cerebro asociadas con el control cognitivo y la autovigilancia. Como resultado, los adictos son "menos libres" y más esclavos de su sistema límbico. En el lado positivo, los estudios sugieren que la meditación y los ejercicios de entrenamiento cognitivo pueden mejorar la actividad de las redes frontales asociadas al autocontrol, que parece ser algo así como un músculo que puede fortalecerse.

También vemos que las personas pierden el libre albedrío en trastornos mentales en los que la actividad del lóbulo frontal está alterada. Hay informes de esquizofrénicos que describen la sensación de ser impulsados por fuerzas que escapan a su control. Es de suponer que esto ocurre cuando los mecanismos neuronales subyacentes al control cognitivo se disuelven, dejándonos con viejas estructuras cerebrales que ejecutan programas cableados. No existe un controlador de alto nivel que supervise la acción, por lo que de nuevo se producen comportamientos que no redundan en beneficio del agente ni son coherentes con sus objetivos a largo plazo. Los estudios de imagen cerebral muestran que la esquizofrenia está asociada a cambios en los circuitos prefrontales que afectan negativamente a las funciones cognitivas superiores, como la memoria de trabajo y la atención.

Creo que un trastorno similar puede explicar las experiencias de las personas con el curioso trastorno mental conocido como síndrome de Cotard. Esas desafortunadas almas que experimentan el delirio de Cotard creen que están muertas y, en muchos casos, mueren de inanición porque "los muertos no tienen que comer". Efectivamente, los estudios de imágenes cerebrales muestran una actividad deficiente del lóbulo frontal, concretamente en regiones asociadas al control cognitivo, en tales pacientes. Quizá la sensación de estar muerto surge cuando uno siente que ha perdido la voluntad o el poder causal, lo que le lleva a concluir que es un fantasma.

La curiosa compatibilidad del destino y el libre albedrío

Ahora vemos por qué la consciencia requiere algo más que información integrada. Un sistema sensible debe tener un modelo cohesivo del mundo, construido a través de la interacción con él, y ese modelo del mundo debe incluir un modelo del sistema que hace el modelado. El adorable evangelio de la realizabilidad múltiple nos dice que la inteligencia es algo más que el tamaño del repertorio mental de un agente, medido por el phi de Tononi. Los niveles de conciencia parecen ser cruciales para la inteligencia de alto nivel y el poder causal a escala cósmica. Si esto es cierto, los investigadores de la IA deberían prestar más atención al diseño modular jerárquico del cerebro y al automodelado que realiza para producir pensamiento reflexivo, como el que puede dar sentido a las sentencias de Gödel verdaderas pero indemostrables. Esto podría conducir a máquinas conscientes que piensan, sienten y aman. Queda por saber si esas máquinas necesitarían un núcleo biológico.

Simon DeDeo, científico especializado en complejidad de la Universidad Carnegie Mellon y el Instituto Santa Fe, tiene un mensaje para quienes trabajan en el campo del aprendizaje automático: "Los grandes avances de la física vinieron de tomarse en serio la relatividad. Deberíamos esperar algo parecido: el éxito en el proyecto de la inteligencia artificial general puede requerir que nos tomemos en serio la relatividad que implica la autorreferencia."[4]

Entonces, ¿qué progresos hemos hecho en nuestra comprensión del problema mente-cuerpo? La solución a este rompecabezas filosófico pasa por reconocer que la información es física, a pesar de haber sido catalogada ingenuamente como no física en el pasado, lo que creó una paradoja irresoluble. La información siempre está codificada en un sustrato material y no puede existir aparte de ese sustrato, y eso incluye la información que manipulan las mentes humanas. Esto no debería ser más misterioso que el hecho de que los programas de software no puedan existir en ningún sentido significativo sin hardware que los implemente. Dicho esto, del mismo modo que los ordenadores que ejecutan software producen simulaciones digitales que tienen su propia realidad en un espacio virtual, los cerebros que ejecutan "mindware" producen simulaciones mentales que tienen su propia realidad intrínseca. Las mentes no pueden reducirse a los cerebros, pero tampoco pueden separarse de ellos. Parece más apropiado decir que las mentes son una propiedad emergente de sistemas configurados para procesar e integrar información.

Cuando se trata de la naturaleza, hay simplemente un nivel mecánico, un nivel computacional y, con ciertos tipos de computación, un nivel experiencial o fenomenológico, todos correspondientes a una realidad física y todos con un *estatus ontológico* igualmente justificado. En otras palabras, todos representan propiedades que son igualmente reales. Para ser claros, todos los procesos experienciales (psicológicos) son también procesos computacionales y mecánicos, pero no todos los procesos mecánicos o computacionales producen experiencia. La mente no es una nueva forma de materia; es una fase de la materia ordinaria que se desbloquea cuando la maquinaria biológica descubre un tipo especial de configuración, concretamente una que codifica un modelo de sí misma. Pero no se deje confundir por los distintos niveles de descripción. Todas estas propiedades coexistentes emanan de un único proceso natural. La naturaleza simplemente tiene niveles que surgen a través de la evolución, y en más de un sentido: niveles físicos que crean una jerarquía observable de sistemas cibernéticos anidados, que culminan a escala planetaria en una biosfera dotada de un cerebro global, y niveles más abstractos que representan propiedades que no pueden captarse únicamente con una descripción matemática. La experiencia requiere una descripción cualitativa además de procesos computacionales. Las palabras son símbolos que representan fenómenos fenomenológicos, es decir, cosas que experimentamos pero que no podemos reducir a números sin perder la esencia de lo que pretendemos describir, como sensaciones, percepciones y emociones.

La historia no termina con el nivel de acción asociado a la autoconciencia y el libre albedrío, que ahora se entiende como control cognitivo consciente. Un nivel superior de automodelación, también asociado al córtex prefrontal, permite a los humanos simularse a sí mismos en una variedad aparentemente infinita de escenarios. Con un espacio de trabajo global suficientemente sofisticado llega el poder de la *imaginación*, que nos permite jugar con el modelo mental del mundo que la evolución y el aprendizaje adaptativo han construido en nuestro cerebro. Podemos viajar atrás y adelante en el tiempo en nuestra mente, y esto nos permite ver más allá del presente y hacia el futuro. Es nuestra capacidad de ver los retos existenciales a los que nos enfrentamos décadas más adelante lo que motiva a nuestra civilización a inventar la tecnología necesaria para evitar un desastre que, de otro modo, sería inevitable: la tecnología que extiende la complejidad adaptativa a otros planetas.

De este modo, la continuación de la evolución cósmica hacia una mayor complejidad y un mayor conocimiento depende crucialmente de agentes inteligentes que puedan y quieran ejercer el libre albedrío. Es el poder de simular escenarios contrafactuales, o "qué pasaría si", lo que iluminará el camino causal que es coherente con la persistencia continuada de la vida en el cosmos. Al utilizar nuestra mente consciente para imaginar el futuro que implica un proceso evolutivo abierto, podemos ver que la autoorganización recursiva asistida por la inteligencia añadirá continuamente nuevos niveles a la creciente jerarquía de la vida y la mente, creando metasistemas de creciente complejidad computacional, poder causal y riqueza autorreferencial. Eso nos da un deber que cumplir como ciudadanos sensibles del cosmos.

En el modelo de realidad propuesto por el metanaturalismo poético, hay lugar para el destino *y* el libre albedrío. Como el futuro no está determinado en el sentido estricto imaginado por Laplace, no hay paradoja. Como individuos, somos realmente libres de elegir nuestro camino futuro, pero como está en nuestra naturaleza intentar sobrevivir, nuestras acciones no son aleatorias; están dirigidas hacia una meta, una meta que todos compartimos como agentes vivos. Este objetivo compartido —evadir el equilibrio— armoniza nuestra actividad colectiva, y como la civilización humana aprende de sus errores, el progreso se hace inevitable.

Dado que la evolución cósmica genera inexorablemente sistemas de control cibernético multinivel cada vez más robustos y potentes, la aparición y expansión hacia el exterior de la inteligencia en el cosmos estaba *predestinada*, pero en un sentido completamente natural de la palabra, como han argumentado Christian de Duve, Freeman Dyson, Harold Morowitz, Ray Kurzweil, Christof Koch y otros hombres renacentistas de la ciencia. La libertad está en el nivel del agente que ejerce un control causal consciente, no en el comportamiento agregado de la humanidad, que se asienta en atractores cada vez más estables e integrados a medida que el conocimiento se acumula en la memoria cultural.

Nuestra teoría unificadora de la realidad nos ha hecho dar algunas vueltas, pero al hacerlo hemos avanzado en la comprensión del origen, la evolución y el destino de la vida. Ahora estamos preparados para preguntarnos qué viene a continuación en el grandioso y majestuoso proceso de autoorganización cósmica.

13

TRASCENDENCIA E ILUMINACIÓN

Supongo que algo nuevo surgirá en la sociedad humana y nos presentará posibilidades inimaginables en la ciencia y las artes. Este surgimiento requiere nuestros esfuerzos y requiere algo espiritual que va más allá de la mente. Habrá un nuevo surgimiento y nosotros participaremos en él. Ese es nuestro destino.

HAROLD MOROWITZ, *The Emergence of Everything*

Nos acercamos al final de nuestro viaje, así que es un buen momento para repasar rápidamente lo que hemos aprendido. La síntesis evolutiva integrada,

que sirve como nuestra teoría unificadora de la realidad, se basa en el marco epistemología evolutiva-darwinismo universal-bayesianismo universal, desarrollado en detalle en la segunda parte del libro. Este nombre demasiado largo solo aclara que los tres paradigmas son perspectivas complementarias que corresponden a la misma historia cósmica.

El darwinismo universal subraya que el universo evoluciona a todas las escalas tanto por evolución competitiva como por autoorganización, que es la evolución cooperativa entre agentes que han formado una unidad colectiva. La epistemología evolutiva subraya que el proceso evolutivo es un procedimiento de resolución de problemas que crea conocimiento. El bayesianismo universal es una actualización bayesiana de los dos primeros paradigmas. Hace hincapié en que el conocimiento codificado en los sistemas biológicos se almacena en un modelo del mundo. Este modelo es una representación interna y una cartografía estadística del entorno, que se actualiza mediante la adaptación y el aprendizaje adaptativo.

Hemos explicado cómo las mentes conscientes con capacidad para experimentar y sentir el mundo surgen de colecciones de neuronas que procesan e integran información. Un campo unificado de experiencia subjetiva requiere que un sistema adaptativo tenga un modelo interno del mundo suficientemente rico, que debe incluir no solo las variables biológicamente relevantes del entorno, sino también al agente que realiza el modelado. El "yo" que es el observador surge del acto autorreferencial del automodelado. Al introducir la idea de un modelo del mundo internamente integrado, la teoría unificadora de la realidad tiende un puente entre la materia, la mente y el cosmos. La emergencia jerárquica a través de la autoorganización recursiva crea inexorablemente la complejidad y el conocimiento que produce un observador, un observador que surge específicamente cuando el sistema comienza a modelarse a sí mismo.

Hemos explicado los mecanismos subyacentes a la voluntad y el libre albedrío, y cómo los sistemas adaptativos complejos pueden influir en el mundo físico que les rodea a través de la acción intencionada y con propósito, todo ello en perfecta consonancia con la ley natural y la lógica de la causalidad. Y hemos aprendido que considerar el fenómeno de la conciencia en el contexto de la evolución cósmica puede ayudar a explicar su misteriosa naturaleza. La mente no es un capricho; es la modalidad a través de la cual se despierta el cosmos. La mente es la forma en que la materia llega a experimentar la existencia.

Por último, pero no por ello menos importante, tenemos el metanaturalismo poético, una filosofía natural de la realidad, basada en el evangelio de la realizabilidad múltiple, que dice que el universo se organiza a sí mismo a través de bucles y niveles. La realizabilidad múltiple significa que el significado se encuentra en la metáfora, porque la metáfora revela el patrón independiente del sustrato que se realiza a diferentes escalas. Dado que los sistemas adaptativos complejos a diferentes escalas tienen dinámicas similares y evolucionan a través de ciclos de desarrollo parecidos, el conocimiento de un nivel proporciona un modelo para fenómenos a otros niveles. Por ejemplo, comprendemos mejor lo que es una sociedad u "organismo social" en cuanto a su dinámica y su evolución porque vemos en qué se parece a un organismo biológico. Del mismo modo, comprendemos mejor un ecosistema al reconocer en qué se parece a un conjunto químico autocatalítico. Hay algo de verdad en la afirmación "No hay nada nuevo bajo el sol", porque cada nuevo nivel que surge es una "rima" del nivel anterior. Pero como la autoorganización recursiva y la emergencia multinivel aportan siempre pautas y propiedades novedosas al mundo, nos encontramos con que "la historia no se repite, pero rima". Esto hace que el futuro sea semipredecible. No podemos predecir el comportamiento preciso de un solo individuo, pero podemos desarrollar lo que Isaac Asimov llamó una "mecánica estadística social" para entender cómo se comportan los seres humanos en conjunto.

A medida que nuestro viaje cósmico continúe, la historia se va a acelerar, porque es la historia de la evolución cósmica, y el ritmo de la evolución siempre se acelera. ¿Qué predice el paradigma para el futuro de la humanidad y el futuro del cosmos en su conjunto?

La mente global despierta

Una cosa importante que hay que entender, y que ya se explicó en el capítulo anterior, es que el estudio de un sistema adaptativo complejo a un nivel puede conducir a conocimientos que nos ayuden a comprender mejor sistemas funcionalmente equivalentes a otros niveles.

Ahora que hemos entendido un poco más la mente, volvamos al tema del cerebro global. Si nos tomamos en serio la idea de la realizabilidad múltiple (independencia del sustrato), entonces las mentes pueden realizarse en diferentes medios y a diferentes escalas, siempre que los mecanismos causales y computacionales pertinentes se dupliquen en un hardware similar al cerebro. Si esto es cierto, debemos considerar la idea de que un sistema de procesamiento de información como Internet, que en esta definición incluye a los seres humanos que conecta, puede poseer estados conscientes similares a los generados por un sistema nervioso biológico. Mientras la información se integre mediante circuitos de retroalimentación que generen modelos del mundo y del yo —en este caso, el "yo" es el sistema que constituye el cerebro global—, es de suponer que surgirá la mente.

En la actualidad, parece muy poco probable que Internet posea experiencia en primera persona. Nuestros cerebros han sido moldeados por la evolución a lo largo de millones de años de forma que han refinado y ampliado nuestras capacidades de procesamiento de la información y nuestro modelo del mundo. Aunque el cerebro global no sea consciente de sí mismo, o ni siquiera lo sea, no cabe duda de que hay una inteligencia colectiva en funcionamiento: la humanidad ha coordinado su comportamiento lo suficiente como para justificar esa descripción. Supongo que la verdadera pregunta es: ¿Podría algún día la inteligencia humana colectiva "despertar", produciendo una mente planetaria coherente? Y, de ser así, ¿desaparecería nuestra conciencia individual al deslizarnos hacia la conciencia colectiva, o habría entidades conscientes anidadas dentro de entidades conscientes? En caso afirmativo, ¿cómo se distribuiría exactamente el control? Son preguntas románticas.

La iteración actual de la teoría de la información integrada dice que para que surja una mente global del colectivo humano, la cantidad de información integrada por Internet (medida por phi) tendría que superar la cantidad de información integrada por las unidades de procesamiento individuales, los cerebros humanos que actúan como neuronas en el cerebro global. Pero cuando eso ocurra, y no hay razón para pensar que no vaya a ocurrir, nuestras mentes se fusionarán en una misteriosa y majestuosa übermente, pero solo mientras permanezcamos físicamente conectados al todo. Esta posibilidad ha sido explorada por Christof Koch:

> Pensemos en Internet, el mayor y más complejo artefacto de la humanidad. Consiste en miles de millones de ordenadores conectados entre sí mediante fibras ópticas y cables de cobre que establecen rápidamente conexiones específicas utilizando protocolos de comunicación ultrarrápidos. A su vez, cada uno de estos procesadores está formado por unos cuantos miles de millones de transistores. En conjunto, Internet tiene unos 1019 transistores, aproximadamente el número de sinapsis en el cerebro de 10 000 personas. Por tanto, su número de componentes supera al de cualquier cerebro humano. Es completamente especulativo si Internet se siente algo a sí misma. Aun así, es ciertamente concebible[1].

¿Qué dice nuestra teoría unificadora de la realidad, en el contexto del metanaturalismo poético, sobre esta cuestión? Dice que no podemos saber con seguridad *qué* surgirá en esos niveles superiores, pero podemos estar bastante seguros de que surgirá *algo nuevo*. ¿Qué viene después de lo mental? Si el místico mecanicista Pierre Teilhard de Chardin tenía razón, la aparición de la noosfera, o la mente global, elevará la experiencia mental de los humanos a algo que solo puede describirse como espiritual.

Es importante tener en cuenta que la mente global, en caso de que la logremos coordinando nuestra actividad de la forma correcta, no es el objetivo final del proceso evolutivo; es simplemente un peldaño en la escalera del crecimiento abierto de la complejidad. Las grandes transiciones evolutivas de la biología son solo un subconjunto de una cadena más amplia de transiciones cósmicas del metasistema, que son transiciones de fase lejos del equilibrio que crean continuamente nuevos niveles de control jerárquico. La dinámica darwiniana está actuando por encima del nivel de la evolución biológica, impulsando la evolución cultural y tecnológica, haciendo que una biosfera autorreplicante sea tan inevitable como lo fue el origen de la vida, dado el tiempo y los ciclos evolutivos suficientes. Cuando la vida inteligente terraforma un nuevo planeta, es la biosfera la que se replica, y como el planeta tendrá propiedades diferentes a las del planeta de origen, habrá replicación con variación.

Bucles + Niveles = Despegue

A través de bucles y niveles, el continuo progreso científico y tecnológico conducirá inexorablemente a la expansión de la vida hacia el cosmos. Si no se produce ninguna catástrofe que aniquile a la especie, nuestros conocimientos y nuestras proezas tecnológicas acabarán permitiendo a la raza humana trascender sus limitaciones biológicas. Los seres posbiológicos capaces de mejorar recursivamente su diseño —haciendo cada iteración más inteligente y resistente que la anterior— darán lugar a lo que Ray Kurzweil llama una "explosión de inteligencia" en su libro *The Singularity Is Near*. Esta metaevolución, una evolución de los mecanismos evolutivos, hará que la propagación por la galaxia y más allá sea alcanzable para nuestros descendientes insondablemente expertos en tecnología, así como para cualquier civilización posbiológica que haya surgido en otros planetas. Tal vez, en lugar de "posbiológicos", debería llamar a estos futuros agentes "hiperbiológicos", porque trascender las limitaciones humanas no significa desechar el diseño biológico, que sabemos que ha sido optimizado de muchas maneras por la selección natural.

Según Kurzweil, una civilización suficientemente avanzada no solo proliferaría y se expandiría rápidamente por el espacio, por necesidad, sino que también transformaría la materia y la energía de su entorno en formas que les permitieran satisfacer las demandas metabólicas y computacionales necesarias para una mayor expansión.

La integración de la materia "tonta" en su estructura computacional la impregnará de patrones de información y, con ellos, de inteligencia y sensibilidad.

Dado que tanto la complejidad como el conocimiento crecen a un ritmo cada vez mayor, el continuo progreso tecnológico permitirá que la vida y la conciencia se extiendan por el cosmos a velocidades aceleradas. Mientras la vida pueda seguir encontrando nuevas fuentes de energía libre, este proceso podrá continuar. Si nuestra teoría unificadora de la realidad es correcta, hacerlo no solo será difícil, sino que la vida necesitará hasta el último gramo de esfuerzo para superar estos retos existenciales. Siempre parecerá que estamos al borde del desastre, pero como los *problemas crean progreso*, la evolución cósmica avanza y la complejidad adaptativa se extiende.

Por ejemplo, el hecho de que nuestro sol vaya a explotar dentro de unos miles de millones de años crea una fecha límite inminente para la vida inteligente en la Tierra. La segunda ley de la termodinámica y el tiempo de vida de las estrellas son una especie de reloj para el juego de la vida. Para persistir, la vida debe progresar a un ritmo cada vez más rápido, pero lo hará porque se adapta constantemente y modela el mundo que la rodea con cada vez mayor detalle y precisión. Como el conocimiento se acumula, la vida aprende a controlar el cosmos en su propio beneficio.

En un artículo publicado en 1960, el distinguido físico Freeman Dyson popularizó un concepto de ciencia ficción que llegó a conocerse como *esfera de Dyson*, una estructura construida alrededor de una estrella que permitiría a una civilización inteligente satisfacer sus necesidades energéticas tras agotar los recursos en casa. Con miles de millones a billones de estrellas en cada galaxia, y más de cien mil millones de galaxias en el universo observable, hay un montón de baterías solares en el cielo para que la vida inteligente se dé un festín. Dado que pasarán al menos cinco mil millones de años hasta que el sol se apague, los humanos tienen tiempo más que suficiente para evolucionar hacia seres posbiológicos hiperinteligentes capaces de mejorarse a sí mismos recursivamente, trascendiendo la mortalidad y todas sus limitaciones. Esta nueva narrativa cósmica nos obliga a concluir que la vida no es mera "escoria química" insignificante, como la calificó despectivamente Stephen Hawking en *Breve historia del tiempo*. A través de la evolución darwiniana y la creación de conocimiento que se deriva de ella, la vida se vuelve cada vez más competente en la manipulación de la materia y la energía de maneras que, en última instancia, le permitirán influir en el desarrollo de los acontecimientos cósmicos.

Si este es realmente el destino inevitable del cosmos y el destino de la vida sensible, la cuestión es cuánto tiempo puede durar. ¿Cuál es el destino final de la vida en el universo? Ahora exploraremos los límites de la computación y nos plantearemos la siguiente pregunta: "¿Pueden el procesamiento de la información y la conciencia continuar para siempre?"

Un final feliz significa no tener final

Aunque se suele suponer que toda la vida en el cosmos acabará en una inevitable "muerte por calor" o "gran congelación" provocada inevitablemente por un universo en constante expansión y cada vez más entrópico, algunas de nuestras mentes científicas más respetadas no creen que sea necesariamente así. Varios modelos cósmicos —presentados por prestigiosos físicos teóricos como David Deutsch, Seth Lloyd, Lee Smolin, Paul Davies, Freeman Dyson, Julian Barbour, George Ellis, John Barrow y Katherine Freese— describen cómo el destino de la vida sensible podría ser más afortunado de lo que comúnmente se supone. ¿Puede un sistema consciente de sí mismo, con una capacidad de procesamiento de la información cercana al infinito, crear un estado interminable de experiencia subjetiva que se prolongue eternamente? Cualquier respuesta a esta pregunta será especulativa, ya que todas nuestras teorías sobre el destino final del universo son un trabajo en curso. Sin embargo, estas hipótesis son científicamente rigurosas y nuestras mejores conjeturas, dadas las pruebas.

Lloyd, autor de *Programming the Universe*, cree que la complejidad creciente está incorporada a las leyes de la naturaleza y, aunque esta afirmación parece inofensiva, tiene implicaciones de lo más grandiosas. Dado que Einstein demostró que la materia y la energía son intercambiables, Lloyd explica en su libro cómo la vida inteligente podría reunir toda la materia alcanzable en un universo en expansión para mantener su existencia:

> Dentro de miles de millones de años, las estrellas habrán agotado su reserva de combustible nuclear. En ese momento, nuestros descendientes, si es que aún existen, podrían cosechar energía recolectando materia y convirtiéndola en energía utilizable, una estrategia analizada en detalle por Steven Frautschi, de Caltech. La cantidad máxima de energía libre que podría extraerse es $E = mc^2$, donde m es la masa de la materia recogida.

El libro de Lloyd analiza múltiples escenarios en los que la vida en el cosmos podría tener un final feliz, lo que significaría no tener ningún final:

> Hurgando cada vez más lejos, nuestros descendientes recogerán cada vez más materia y extraerán su energía. Es inevitable que una parte de esta energía se desperdicie o se pierda en la transmisión. Algunos modelos cosmológicos permiten la recolección continua de energía ad infinitum,

> pero otros no... Una estrategia más parsimoniosa para la vida eterna es conformarse con una cantidad finita de energía, como propone Freeman Dyson, del Instituto de Estudios Avanzados.

En un artículo histórico publicado en la revista *Reviews of Modern Physics*, Dyson demostró que la vida inteligente en un universo en expansión podría realizar una cantidad infinita de operaciones computacionales con una cantidad finita de energía, y los físicos David Deutsch y Frank Tipler demostraron lo mismo para un modelo cerrado del universo. Esto significa que, incluso en un universo que acabe muriendo por efecto del calor o en un Big Crunch —lo primero parece mucho más probable—, sigue siendo posible una existencia *subjetiva* infinita para la vida si se cumplen ciertas condiciones.

La observación de que el universo se expande a un ritmo acelerado parecería convertir el cumplimiento de estos requisitos en una tarea de Sísifo, como demostró el físico Lawrence Krauss. Pero un artículo publicado en la revista *Physics Letters B* por los astrofísicos Katherine Freese y William Kinney, titulado "The Ultimate Fate of Life in an Accelerating Universe", demostró que si el ritmo de expansión empieza a disminuir, la cantidad de energía dentro del horizonte seguirá aumentando indefinidamente. Ni que decir tiene que un suministro inagotable de energía gratuita es una buena noticia para la vida.

Algunos físicos sostienen que la energía oscura es la que cambia las reglas del juego. En su elogiado libro *The Beginning of Infinity*, Deutsch escribió:

> Dependiendo de lo que resulte ser la energía oscura, bien podría ser posible aprovecharla en un futuro lejano, para proporcionar energía para que la creación de conocimiento continúe para siempre. Como esta energía tendría que recogerse a distancias cada vez mayores, la computación tendría que ser cada vez más lenta... los habitantes del universo no notarían ninguna ralentización, porque, de nuevo, estarían instanciados como programas informáticos cuyo número total de pasos sería ilimitado.

Deutsch es muy claro sobre la naturaleza potencialmente abierta de la evolución: "Este proceso no tiene por qué llegar nunca a su fin. No hay límites inherentes al crecimiento del conocimiento y el progreso."

Kauffman expuso un argumento similar en su libro de 2016 *Humanity in a Creative Universe*:

> La segunda ley dice que la energía libre se agota. Pero ahora sabemos que la expansión del universo se está acelerando debido a la misteriosa energía oscura que comprende alrededor del 70 por ciento de la energía de todo el universo. Las implicaciones de esta expansión acelerada es que no tenemos que preocuparnos de que haya suficiente energía libre. A medida que el universo se hace más grande, su entropía máxima aumenta más rápidamente que la pérdida de energía libre por la segunda ley, por lo que siempre hay energía libre más que suficiente para hacer trabajo.

Alcanzar un estado máximo de complejidad

Aún más fantástico que la vida eterna, ¿podría existir algún tipo de gran culminación de la autoorganización universal? Algunos han teorizado que la evolución cósmica —que parece reflejar a grandes rasgos un proceso de desarrollo biológico— debe conducir inevitablemente a la aparición de un estado del cosmos de máxima complejidad, máxima integración y máxima consciencia. En otras palabras, una gran mente cósmica al final de los tiempos, tan poderosa computacionalmente y tan capaz de generar nuevas realidades y experiencias que es funcionalmente indistinguible de la noción de un dios. Sería el dios más poderoso concebible. Un *Punto Omega* definitivo, por utilizar el término de Teilhard de Chardin para un sistema que ha alcanzado el estado meta de máxima complejidad.

El físico Paul Davies escribió: "Muchos científicos han especulado que, a medida que la línea del tiempo se estira hacia el infinito, una superinteligencia emergente se volverá cada vez más semejante a Dios, de modo que en la etapa final, la supermente se fusionará con el universo: mente y cosmos serán uno."

Y añadió: "Entonces, todo el carácter del universo, incluido el surgimiento de sus leyes y la naturaleza de sus estados, se entrelaza inextricablemente con su mentalidad, con su atención plena."[2]

En esta gran visión, no se trata solo de que la vida pueda potencialmente continuar para siempre; en su lucha por hacerlo, evoluciona inevitablemente hacia un dios, y si la llamamos de otro modo, estamos jugando a juegos semánticos.

Aunque la idea de una superinteligencia emergente que se extienda hasta el infinito es fascinante y está llena de implicaciones filosóficas, no merece la pena contemplarla si no es posible. ¿Es posible *y* sostenible?

Según el físico Sean Carroll, un nombre de confianza entre ateos y escépticos, no hay ninguna razón fundamental para creer que la evolución cósmica tenga un final. "Si existe un estado de máxima entropía (equilibrio térmico) y el universo es eterno", escribió Carroll en su popular blog *Preposterous Universe*, "es difícil ver por qué no estamos en ese estado de equilibrio, que sería estático y no en constante evolución. Por eso creo personalmente que no existe tal estado de equilibrio, y que el universo evoluciona porque siempre puede evolucionar."

El prestigioso cosmólogo Lee Smolin sospecha que el propio universo es un sistema autoorganizado. En su libro de 1997 *The Life of the Cosmos*, afirma:

> Lo que sabemos de cosmología nos permite considerar que el universo en su conjunto es un sistema autoorganizado... Está claro que si el estado natural de la materia es el caos, se necesita una inteligencia externa para explicar el orden y la belleza del mundo. Pero si la vida, el orden y la estructura son el estado natural del propio cosmos, entonces nuestra existencia, de hecho nuestro espíritu, podría finalmente comprenderse como creado naturalmente, por el mundo, en lugar de antinaturalmente y en oposición a él.

En este momento, solo podemos especular sobre qué escenario final es el correcto, o el más probable. Pero podemos afirmar con seguridad que el cosmos se despierta poco à poco a través de la vida, lo hace inexorablemente, y no está claro que este proceso tenga que terminar nunca.

Una cosmovisión natural para lo espiritual y lo secular

Un universo que evoluciona de forma natural hacia un estado cada vez más complejo y consciente ilustra que, contrariamente al consenso científico del pasado, vivimos en un universo que progresa hacia un tipo de estado muy particular que puede denominarse apropiadamente la "meta" del sistema. Aunque puede que no haya una meta final, sino una serie interminable de atractores cada vez mayores, sigue existiendo una trayectoria predecible hacia una mayor complejidad. Esto no significa que el universo tuviera una intención consciente antes de la aparición de los agentes inteligentes, porque no la tenía: la voluntad, la intención y el propósito surgieron a través de la evolución. Pero lo hicieron inevitablemente, como consecuencia del "código cósmico".

El universo tiene una meta, del mismo modo que una semilla de roble, que inevitablemente se convertirá en un árbol, o un embrión en un adulto. Por supuesto, estas analogías no son perfectas, pero las leyes y constantes fundamentales de la física desempeñan el papel funcional de un programa genético que guía el desarrollo. En términos filosóficos, un universo dirigido por un objetivo, como un universo cada vez más inteligente y consciente de sí mismo, se describe como teleológico. El cosmos tiene ciertamente un *telos*, y si lo ignoramos, nos estaremos perdiendo un paradigma con un poder predictivo y explicativo sin igual. Gracias a él, Teilhard de Chardin pudo predecir la aparición de Internet antes incluso de que se inventara el ordenador.

La teleología cósmica es una visión del mundo que reconoce la naturaleza dirigida a objetivos de nuestro universo, un sistema dinámico cada vez más complejo y sensible a medida que avanza el tiempo y se desarrollan los procesos naturales. La teleología cósmica presentada en este libro es una *teleología completamente natural* —específicamente una teleología evolutiva-computacional que es totalmente compatible con las leyes de la física— y una teoría científicamente rigurosa, ya que puede describirse en términos cuantitativos y hace predicciones comprobables.

Dado que en el pasado la palabra "teleología" se ha asociado a veces con una creencia religiosa en una fuerza sobrenatural o mística que guía la evolución hacia el progreso, la etiqueta molestará sin duda a algunos escépticos y ateos que sienten aversión por la religión. Pero esto no debería disuadirnos de utilizar la terminología más apropiada y reconocible. Merece la pena reiterar que el proceso de autoorganización cósmica que se describe aquí es totalmente mecanicista: una especie de "tanteo ciego" hacia un estado cada vez más complejo, impulsado por la propensión del universo a procesar información y acumular conocimientos en la arquitectura de la complejidad adaptativa. No está guiado por ninguna fuerza externa o entidad metafísica; la organización funcional se genera internamente a partir de las leyes físicas y la dinámica evolutiva que surge de las restricciones que esas leyes imponen a la materia en movimiento.

El filósofo estadounidense Thomas Nagel abogó explícitamente por una teleología natural en su polémico libro *Mind and Cosmos*, publicado en 2012, y hay que elogiar su valentía. Pero Nagel cometió el error crucial de sugerir que necesitamos "leyes no físicas" para explicar este aspecto de nuestro mundo y fue reprendido por ello por una serie de destacados científicos y críticos de libros. Nagel hizo vulnerable su argumento utilizando un término paradójico: Si existen tales leyes no físicas, al reconocerlas, simplemente se naturalizarían y se añadirían a la lista de fenómenos que consideramos reales y "físicos". Por ejemplo, la información se describía generalmente como no física hasta que por fin comprendimos qué era la información y cómo se codificaba. Entonces vimos que también era física. Así que, en lugar de clasificar estas "leyes de la vida" emergentes como no físicas, es más apropiado describirlas como *nuevas leyes de la física*, como sugirió Schrödinger en su libro *¿Qué es la vida?* Se trata de las leyes y principios de la termodinámica de no equilibrio, la cibernética, la teoría evolutiva, la teoría computacional y la teoría de sistemas dinámicos.

El metanaturalismo poético aborda esta cuestión, porque reconoce que lo que se considera "natural" cambiará con el tiempo, a medida que surjan nuevos fenómenos, como la vida, la mente y la tecnología, y a medida que formalicemos estos fenómenos con matemáticas y modelos computacionales. Dado que nuestros modelos de la realidad siempre tendrán algo de incertidumbre e incompletitud, la línea que separa lo físico de lo metafísico nunca será del todo clara. La metafísica de hoy puede ser la física de mañana. Por ejemplo, según los criterios científicos tradicionales, el concepto de multiverso debería considerarse una idea metafísica porque es una teoría no comprobable, al menos en este momento.

Esto viola el requisito de Popper de que una teoría científica sea falsable. Aun así, muchos de los físicos más destacados de la actualidad creen que el multiverso existe, a pesar de que no existen pruebas empíricas de ello. Una excepción es la reduccionista radical Sabine Hossenfelder, que ha llegado a comparar la creencia en un multiverso con la creencia en una religión. Volveremos sobre este tema en breve. La cuestión es que a medida que comprendamos mejor el mundo y empecemos a formalizar fenómenos complejos que antes parecían fuera del alcance de la ciencia, el ámbito de lo "físico" y lo "natural" se ampliará, y lo hará para siempre, debido a la aparición de fenómenos novedosos con nuevos tipos de propiedades. También es posible que se amplíe porque descubramos que la realidad es mayor y más compleja de lo que suponíamos en un principio.

Una teleología cósmica moderna —una teleología computacional o darwiniana— elimina todas las "lagunas explicativas" de la historia evolutiva, echando por tierra la afirmación creacionista de la "complejidad irreducible" y, a su vez, poniendo la puntilla a cualquier teoría de "diseño inteligente" que invoque lo sobrenatural para explicar el origen de la vida. Pero reducir el desarrollo teleológico del cosmos a una serie de mecanismos naturales no aclara el misterio de por qué nos encontramos en un mundo autoorganizado que se hace cada vez más consciente de sí mismo y más potente computacionalmente a través de una serie de emergencias inevitables. Ya no tenemos "complejidad irreducible" en el sentido creacionista, sino *fenómenos emergentes irreducibles* como la vida y la conciencia, que no pueden explicarse de forma reductiva —es decir, en términos de átomos que siguen trayectorias fijas— sin perder algo crítico en la explicación.

Así que ahora hemos explicado científicamente la aparición inevitable de la vida y la evolución progresiva hacia una mayor complejidad sin ninguna referencia a nada sobrenatural, pero nos queda algo así como un programa cósmico del que debemos dar cuenta. En este caso, "destejer el arco iris" solo lo hace más misterioso y romántico. La nueva narrativa cósmica resuelve viejos enigmas existenciales, como por ejemplo cómo hemos llegado hasta aquí y adónde vamos, pero trae consigo otros nuevos que requerirán mucha reflexión y debate.

Por ejemplo, si nuestro universo resulta ser solo uno de tantos, ¿tendrán estos otros universos una tendencia hacia una mayor complejidad y conocimiento, o es el nuestro único? ¿Implica un universo autoorganizado que vivimos en una simulación, o algo parecido? Si es así, ¿sugiere esto que hubo un agente intencional, o un colectivo de agentes, que diseñó el hardware y el software del sistema —en otras palabras, estableció las leyes, las constantes y las condiciones iniciales— y luego dejó que el sistema evolucionara según su propia dinámica?

La línea que separa la teoría de la simulación de una teoría mecanicista del "diseño inteligente" (la vida se genera a partir de leyes internas que parecen afinadas) es sutil, por no decir inexistente. Si podemos crear agentes simulados en mundos simulados, ¿quién puede decir que no somos una creación de este tipo? ¿Podría el estado final del universo descrito por Paul Davies desempeñar algún tipo de función en una "realidad base" más amplia? Aunque estas especulaciones pertenecen al ámbito de la filosofía, está claro que la ciencia revela un universo racional, comprensible y autorrealizado.

Exploremos un poco más esta idea, ya que para muchos es la cuestión más importante de la nueva narrativa cósmica. ¿Por qué el universo parece estar afinado para la aparición de vida inteligente?

El problema del ajuste fino

Para entender por qué una teoría intrínsecamente metafísica como la del multiverso fue adoptada por la corriente principal de la física, necesitamos una breve lección final de historia. El descubrimiento del aparente "ajuste fino" de las constantes físicas descubierto por los físicos teóricos en la década de 1970 creó un problema para el ateísmo que algunos científicos querían resolver desesperadamente. Los cosmólogos, como Sir Martin Rees y Paul Davies, explicaron que si el valor de un determinado parámetro de nuestro universo, como la intensidad de la fuerza gravitatoria, o la fuerza electromagnética, o la velocidad de la luz, se alterara ligeramente, no solo tendríamos un universo sin vida, sino que probablemente tampoco tendríamos planetas ni estrellas ni objetos físicos. Stephen Hawking escribió: "Las leyes de la ciencia, tal y como las conocemos en la actualidad, contienen muchos números fundamentales, como el tamaño de la carga eléctrica del electrón y la relación entre las masas del protón y el electrón... Lo sorprendente es que los valores de estos números parecen haberse ajustado muy finamente para hacer posible el desarrollo de la vida."[3]

Daniel Dennett, uno de los ateos y escépticos más respetados, describió así el misterio del ajuste fino en *Darwin's Dangerous Idea*:

> A medida que se ha ido conociendo más sobre el desarrollo del universo desde el Big Bang, sobre las condiciones que permitieron la formación de galaxias y estrellas y de los elementos pesados a partir de los cuales pueden formarse planetas, los físicos y cosmólogos se han visto cada vez más sorprendidos por la exquisita sensibilidad de las leyes de la naturaleza. La velocidad de la luz es de aproximadamente 186 000 millas por segundo. ¿Y si solo fuera de 185 000 millas por segundo, o de 187 000 millas por segundo? ¿Cambiaría eso algo? ¿Y si la fuerza de la gravedad fuera un 1% más o menos de lo que es? Las constantes fundamentales de la física —la velocidad de la luz, la constante de atracción gravitatoria, las fuerzas débil y fuerte de interacción subatómica, la constante de Planck— tienen valores que, por supuesto, permiten que se haya producido el desarrollo real del universo tal y como lo conocemos. Pero resulta que si en la imaginación cambiamos cualquiera de estos valores por la más mínima cantidad, planteamos un universo en el que nada de esto podría haber sucedido, y de hecho en el que aparentemente nada parecido a la vida podría haber surgido: ni planetas, ni atmósferas, ni sólidos en absoluto, ni elementos

> excepto hidrógeno y helio, o tal vez ni siquiera eso, solo un aburrido plasma de materia caliente e indiferenciada, o una nada igualmente aburrida. ¿No es maravilloso que las leyes sean las adecuadas para que existamos? De hecho, podríamos añadir, ¡casi no lo conseguimos! ¿Es este hecho maravilloso algo que necesite una explicación y, en caso afirmativo, qué tipo de explicación podría recibir?

Para consternación de muchos ateos, esto reabrió el debate sobre un diseñador cósmico. Pero este sería el dios del *deísmo*, que específicamente no es un creador que intervenga en el mundo físico, y eso incluye el mundo de los asuntos humanos. Esta postura no debe confundirse con el "movimiento del diseño inteligente", que defiende que determinados acontecimientos de la historia del universo, como el origen de la vida, requirieron un acto sobrenatural de Dios. Se trata de una etiqueta desafortunada que ha dado lugar a mucha confusión, porque una teoría totalmente física que implique a un creador, diseñador o programador inteligente que no intervenga es coherente con la ciencia.

Este modelo incluiría las teorías que proponen que vivimos en un universo simulado, ya que implican algún tipo de programador inteligente. Tales teorías son versiones modernas de la visión deísta de muchos gigantes de las matemáticas y la ciencia, como Isaac Newton, Gottfried Leibniz, James Clerk Maxwell, Arthur Eddington, Max Planck, Werner Heisenberg y Kurt Gödel, por citar solo algunos. La deidad de estos hombres de ciencia era *Dios, el arquitecto de las leyes y constantes físicas*, el inventor del universo mecanicista, que evoluciona y se desarrolla a medida que se desarrollan los procesos naturales. El famoso ateo Richard Dawkins admite alegremente que este concepto de Dios es razonable, porque Dios es simplemente una inteligencia suficientemente avanzada. Si podemos crear mundos simulados, no hay razón para creer que no se haya hecho antes. Dawkins dijo: "Podríamos tomar un dios deísta, el tipo de dios del físico —el dios de alguien como Paul Davies— que ideó las leyes de la física; Dios el matemático, Dios que armó el cosmos en primer lugar, y luego se sentó a observar cómo sucedía todo. El Dios deísta: creo que se podría argumentar de forma razonablemente respetable. No es un argumento que yo aceptaría, pero creo que es un debate serio que podríamos mantener."[4]

En la misma entrevista, Dawkins llegó a decir: "Usted podría persuadirme de que había algún tipo de fuerza creativa en el universo. Que hubo algún tipo de genio físico, matemático, que lo creó todo; el universo en expansión, ideó la teoría cuántica, la relatividad, todo eso. Usted podría persuadirme de eso."

Entonces, ¿es la constatación de que las leyes y las constantes están en cierto sentido afinadas para el desarrollo de la vida una prueba de la existencia de un diseñador inteligente? No necesariamente. Hay una explicación que ha contentado a la mayoría de los ateos, pero veremos que esta explicación viene con mucha carga filosófica.

Soluciones de ajuste

El problema del ajuste fino se explica de dos maneras distintas con dos versiones diferentes del *principio antrópico*, que corresponden a teorías físicas opuestas, ambas consideradas teorías inherentemente metafísicas hace un siglo porque ninguna es directamente comprobable, al menos en el momento actual. De nuevo, esto viola el requisito de Popper de que una teoría científica sea falsable. Sin embargo, esto no es excusa para ignorar las posibles explicaciones al misterio del ajuste fino, porque los misterios justifican teorías que podrían proporcionar explicaciones que resuelvan el misterio. Recuerde, la metafísica de hoy podría ser la física de mañana.

El *principio antrópico fuerte* dice que los parámetros del universo están afinados para que pueda producir vida y mente. En este modelo teleológico de la realidad, el universo evoluciona según un programa que garantiza que la vida se extenderá por el cosmos, ya sea para siempre o hasta que surja algo parecido a un Punto Omega cósmico. Según la versión fuerte del principio antrópico, la naturaleza tiene un diseño intencional y es intrínsecamente intencionada y significativa. Aunque este punto de vista pueda sonar místico, el ascenso de la vida en el universo y la tendencia del cosmos a autoorganizarse son procesos computacionales que se producen inevitablemente debido a un "código cósmico" que es análogo a un código genético, pero este plan de desarrollo está codificado en las leyes y constantes de la física.

Si nuestro universo es el único universo de la realidad, sería extremadamente improbable encontrarnos en un cosmos afinado por casualidad. El principio antrópico fuerte implica diseño y, por tanto, atribuye el ajuste fino de las leyes y constantes a algún tipo de creador o programador inteligente. Sean Carroll, que no apoya el principio antrópico fuerte ni cree que nuestro universo fuera creado por una inteligencia que tuviera la intención de producir un cosmos con vida, afirma sin embargo que el argumento del ajuste fino es "el mejor argumento que tenemos a favor de la existencia de Dios". En *The Big Picture*, Carroll admite abiertamente que "la existencia de vida proporciona, como mucho, un pequeño impulso a la probabilidad de que el teísmo sea cierto". Lo mismo podría decirse del deísmo, que se diferencia del teísmo en que si hay un creador, es uno que nunca interviene, por lo que las leyes de la física nunca se violan. Carroll considera que las doctrinas del teísmo y el naturalismo son fundamentalmente opuestas, aunque el deísmo y el naturalismo no tienen por qué serlo.

Que el creador imaginado por el deísmo sea un dios o un ser tecnológicamente avanzado (o una inteligencia colectiva) parece una cuestión puramente semántica, como señaló Freeman Dyson: "No hago ninguna distinción clara entre mente y Dios. Dios es aquello en lo que se convierte la mente cuando supera la escala de nuestra comprensión."[5]

De nuevo, no hay ninguna diferencia fundamental entre la idea de que nuestro universo es una simulación creada por seres inteligentes hiperavanzados y la idea de que fue creado por un dios con poderes inimaginables. Por supuesto, si el universo fue diseñado por un agente inteligente, esto plantea la pregunta: ¿Quién o qué creó a ese agente? Esto parece conducir a una regresión infinita que no gusta ni a los científicos ni a los filósofos. ¿La realidad en la que habita Dios también está afinada para la inevitable aparición de Dios? Si es así, nos enfrentamos al mismo problema que teníamos antes de invocar a Dios. Y, si de algún modo pudiéramos explicar cómo surgió Dios mediante procesos lógicos, entonces podríamos utilizar ese mismo mecanismo para explicar nuestro propio surgimiento y existencia, haciendo de nuevo de Dios una parte innecesaria de la explicación. Puesto que esta explicación del misterio del ajuste fino tiene algunos problemas importantes, pasemos a la alternativa, el *principio antrópico débil.*

El principio antrópico débil por sí solo no se pronuncia explícitamente sobre la cuestión, pero lo hace implícitamente. Es una tautología que simplemente dice que nos encontramos en un universo que parece finamente sintonizado para la vida, porque si las constantes fundamentales no fueran propicias para la vida, no habrían surgido agentes conscientes que pudieran plantearse tales cuestiones. Si hay observadores que pueden plantearse preguntas sobre su origen, esos observadores siempre se encontrarán en un mundo cuyas leyes y constantes tengan valores que permitan su existencia. En otras palabras, el ajuste fino de los parámetros de nuestro universo no debería sorprendernos: ¡es la única forma en que las cosas podrían ser, dado el hecho de que estamos aquí!

El enigma del multiverso

Entonces, ¿nos dice algo interesante el principio antrópico débil? Bueno, si asumes que solo hay un universo y que eso es todo lo que hay en la realidad, entonces tienes la carga de explicar por qué, de todos los universos posibles, el que existe resulta ser el que sustenta la vida y la conciencia y, si aceptas la tesis de este libro, el crecimiento indefinido de la complejidad y la creación continua de conocimiento. Pero si no asumimos que nuestro universo es el único que existe, el problema del ajuste fino parece desaparecer. La idea de un multiverso —una vasta colección de un número muy grande, si no infinito, de universos— proporcionó una solución lógica a los científicos y filósofos que se oponían a las implicaciones de apariencia religiosa del principio antrópico fuerte.

Según la explicación del multiverso, nos encontramos en un universo que parece estar intencionadamente afinado para la vida, pero eso es solo una ilusión, porque nuestro universo es solo uno de muchos en un multiverso abrumadoramente carente de vida. Según este modelo, existe un universo para cada combinación posible de valores de las constantes físicas y, por pura casualidad, unos pocos producen algo interesante, como la vida. Esta posición, popular entre los ateos, reduce una vez más el significado de la vida y restaura la idea de que la realidad en su totalidad carece de propósito y, en su mayor parte, si no totalmente, de sentido. Los agentes conscientes que pueden plantearse cuestiones existenciales son meros parpadeos en la inmensidad del espacio y el tiempo, anomalías destinadas a la fugacidad.

En la actualidad, muchos físicos teóricos y cosmólogos de renombre apoyan la idea de un multiverso cosmológico, a pesar de la incapacidad de probar la teoría empíricamente. Como los universos están *causalmente aislados* —es decir, no interactúan de ninguna manera—, es imposible medir directamente nada que esté fuera de nuestro universo. Qué interesante: ¡Una teoría inherentemente *metafísica* es aceptada como una teoría *física*! ¿Por qué? Porque parece ser la única buena explicación para el misterio del ajuste fino que no implica un creador inteligente.

Esto revela una profunda percepción que los filósofos han pasado por alto en la mayoría de los casos. La lección que hay que aprender es que, en un momento dado, no existe una línea divisoria clara entre lo físico y lo metafísico. Por la misma razón por la que una teoría metafísica como la del multiverso puede convertirse en ciencia, una teoría que postula un creador, lo que podríamos llamar una teoría sobrenatural, también puede convertirse en una teoría natural, si consideramos la posibilidad de que este creador habite su propia realidad física, de la que surgió por procesos mecanicistas. Volveremos sobre esta posibilidad en breve.

Aunque la explicación del problema del ajuste fino basada en el principio antrópico débil del multiverso satisface a algunos, como Max Tegmark, del MIT, muchos científicos y filósofos han señalado que esta explicación tiene su propio bagaje, y que muchas de sus implicaciones son más difíciles de digerir que la idea de que nuestro universo fue diseñado por una inteligencia. Según el modelo de Tegmark, en la inmensidad del multiverso, a pesar de carecer de vida en su mayor parte, existen todos los universos lógicamente posibles, que incluyen todos los que se pueden imaginar y todos los que no. Esto incluye universos en los que uno se dedica a ser payaso y universos en los que, por casualidad, un estadístico que intenta comprender las leyes de la probabilidad lanza una moneda al aire mil veces y todas salen cara. Puedes imaginarte lo distorsionada que puede estar la ciencia en un universo que casualmente presenta cadenas masivas de sucesos improbables.

En el multiverso de Tegmark, también hay universos en los que surgen seres inteligentes a través de la autoorganización y la evolución darwiniana y pasan a crear mundos simulados con agentes simulados que son funcionalmente indistinguibles de los agentes del "mundo real". En otras palabras, el multiverso es tan vasto que, aunque el fenómeno de la vida es relativamente raro, sigue habiendo tantos universos productores de vida que hay creadores de mundos, o programadores de mundos, en algunos de esos universos. Así, el *multiverso cosmológico* (en oposición al multiverso de "muchos mundos", que se discutirá más adelante) incluye universos que tienen diseñadores inteligentes y universos que producen diseñadores inteligentes. Así que, al menos para algunos observadores, la teoría de la simulación o la "teoría de Dios" —que ahora vemos que son esencialmente la misma cosa— sería cierta, pero sería *trivialmente cierta* y no la *verdad última*.

Esencialmente, la teoría del multiverso asociada al principio antrópico débil dice que "todo lo imaginable debe existir en alguna parte", y es difícil ver cómo esta es una solución superior al problema del ajuste fino que la propuesta por el principio antrópico fuerte. De hecho, la narrativa del principio antrópico fuerte puede existir lógicamente dentro del modelo del multiverso, lo que parecería problemático, aunque uno podría interpretar esto como que las dos versiones de la realidad son lógicamente compatibles.

Selección natural cosmológica

Ahora que hemos considerado las dos principales explicaciones del misterio del ajuste fino, ¿cuál es la más compatible con la nueva narrativa cósmica que se ha articulado en este libro? ¿Qué teoría explica mejor un universo autoorganizado en el que la vida no solo surge, sino que se extiende por todo el cosmos de tal modo que puede considerarse que todo el universo despierta a través de los agentes conscientes que sus leyes y parámetros han manifestado?

Un argumento estadístico contra la teoría del multiverso podría ser el siguiente: Si la explicación del multiverso favorecida por los ateos es correcta, y el universo carece de vida en su mayor parte, entonces debería haber un conjunto relativamente pequeño de universos favorables a la vida, aunque el tamaño de este conjunto podría ser asombrosamente enorme comparado con los números en los que estamos acostumbrados a pensar. Ahora bien, de todos los universos favorables a la vida, es de suponer que habrá universos en los que solo surja vida unicelular, y universos en los que surja vida inteligente pero no llegue a salir nunca del planeta, así como universos en los que la vida inteligente evolucione continuamente y se expanda para siempre. Paul Davies denomina universos *mínimamente biofílicos* a aquellos en los que la vida está permitida pero es transitoria e insignificante, y universos *óptimamente biofílicos* a aquellos en los que la vida influye en la evolución cósmica.

Los mundos mínimamente biofílicos son simplemente favorables a la vida, mientras que los mundos óptimamente biofílicos son teleológicos: evolucionan constantemente hacia una mayor inteligencia. Esta distinción es absolutamente crítica, porque si estamos de hecho en un universo óptimamente biofílico, como sugiere la nueva narrativa cósmica presentada en este libro, eso presentaría un gran problema para la explicación del multiverso y la versión débil del principio antrópico. ¿Por qué falla la solución del multiverso al problema del ajuste fino, dado que podemos ver que el proceso evolutivo en nuestro universo no tiene fin?

Es de suponer que los universos inteligentes requerirán un mayor ajuste, por lo que cabría esperar que el conjunto de universos mínimamente biofílicos sea mucho mayor que el conjunto de universos óptimamente biofílicos. En otras palabras, habrá muchos más universos en los que la vida surja pero sea transitoria y cósmicamente insignificante. Este es el punto crucial. Si hay un número mucho mayor de universos meramente favorables a la vida en comparación con universos completamente teleológicos, entonces estadísticamente esperaríamos encontrarnos en un universo donde la vida es transitoria y cósmicamente insignificante. El hecho de que habitemos un universo teleológico en el que la creación de conocimiento puede continuar (y presumiblemente continuará) para siempre parecería favorecer algún tipo de principio antrópico fuerte. La "suerte" no es suficiente.

Para quienes no estén dispuestos a aceptar las implicaciones casi religiosas del principio antrópico fuerte, existe una tercera alternativa que explicaría por qué los universos teleológicos son tan comunes que no debería sorprendernos encontrarnos en uno de ellos. Esta tercera opción también resulta estar completamente en consonancia con la naturaleza darwiniana de la realidad que ha sido el tema unificador de este libro. Además, es una explicación que encuentran atractiva nuestros ateos y escépticos de confianza, como Richard Dawkins y Daniel Dennett. Esta tercera vía la proporciona una teoría llamada selección natural cosmológica, y puede ser la mejor explicación que tenemos para nuestro misterio del ajuste fino, un misterio que se vuelve más misterioso cuando uno se da cuenta de que la vida es fundamental en la evolución a gran escala del universo.

Gracias a los trabajos de Stephen Hawking sobre las *singularidades*, ahora sabemos que los agujeros negros y el Big Bang tienen un atributo físico común. Ambos son puntos en los que la curvatura del espacio-tiempo se aproxima al infinito. Nuestro universo parece haber surgido de una singularidad (el Big Bang) y luego ha procedido a fabricar singularidades (formación de agujeros negros). La gran idea de Lee Smolin es que cuando se forma un agujero negro en nuestro universo, se crea un "universo bebé" al otro lado, mediante un nuevo suceso de Big Bang. Smolin especula que el universo recién creado heredaría los parámetros físicos (leyes y constantes) de su universo progenitor. Sin embargo, dado que la naturaleza es termodinámicamente ruidosa a un nivel fundamental, es de suponer que habría algo análogo a una mutación que causaría un pequeño ajuste o variación en las constantes o leyes del universo bebé, de modo que estaría más o menos afinado para el crecimiento de la complejidad. Daniel Dennett lo describe así:

> La idea básica es que las singularidades conocidas como agujeros negros son, en efecto, los lugares de nacimiento de universos hijos, en los que las constantes físicas fundamentales diferirían ligeramente, de forma aleatoria, de las constantes físicas del universo padre. Así que, según la hipótesis de Smolin, tenemos tanto reproducción diferencial como mutación, las dos características esenciales de cualquier algoritmo de selección darwiniana. Aquellos universos que por casualidad tuvieran constantes físicas que favorecieran el desarrollo de agujeros negros tendrían ipso facto más descendencia, que a su vez tendría más descendencia, y así sucesivamente...[6]

Si nos tomamos en serio esta idea, como han pedido cosmólogos respetados como Leonard Susskind, nos encontramos con un nuevo tipo de multiverso: Uno que comienza con un único universo, pero que crece constantemente a medida que se crean universos descendientes que se reproducen diferencialmente. Es un *multiverso darwiniano* que evoluciona y genera emergencias. Si la formación de agujeros negros es el método de reproducción, entonces la selección natural favorecería a los universos que fueran los mejores en la creación de agujeros negros. Lo más interesante de esta teoría es que, dado que las condiciones propicias para la formación de agujeros negros son las mismas que favorecen la vida basada en el carbono, por razones técnicas que Smolin explica en *The Life of the Cosmos*, este proceso de reproducción cosmológica produce inevitablemente universos biofílicos en los que la vida emerge como un fenómeno robusto.

Si se sigue la selección natural cosmológica hasta sus conclusiones lógicas, no solo favorece a los universos productores de vida, sino también a los universos con vida inteligente. En concreto, inteligencias con conocimientos tecnológicos que sepan diseñar agujeros negros, lo que se hace al servicio de la perpetuación de la vida. Esta posibilidad ha sido explorada por físicos como Louis Crane y Paul Sorensen, así como por el teórico de la complejidad James Gardner en su maravilloso libro de 2003 *Biocosm*. En *Physics Today*, Smolin escribió:

> Paul Sorensen propone una aplicación de la selección natural cosmológica (SNC) según la cual seres inteligentes estarían motivados para crear

> agujeros negros artificiales, lo que afinaría el conjunto de universos para favorecer aquellos que son hospitalarios para la vida inteligente. Louis Crane y Edward Harrison propusieron versiones de esa idea, aunque la versión de Sorensen es diferente al proponer que podría explicar por qué las leyes del universo son comprensibles para nosotros. Su idea es elegante, pero esperemos a que las pocas predicciones del SNC se comprueben y confirmen a fondo… antes de dedicarnos a especular sobre implicaciones que serán difíciles de comprobar[7].

Algunas de las superestrellas de la cosmología, como Alan Guth y Martin Rees, han especulado con que sería muy posible fabricar agujeros negros o universos bebé utilizando tecnología como la de los aceleradores de partículas en un futuro lejano. Si este método de creación es posible, entonces no hay razón para creer que la vida inteligente no lo logrará algún día. Y si lo logramos, y demostramos que tal cosa es posible, aumentaría la probabilidad de que nuestro universo sea también el resultado de ingeniería inteligente.

La selección natural cosmológica es coherente con la teoría unificadora de la realidad y hace que el darwinismo universal vaya más allá de lo universal. Es atractiva para los teóricos de la evolución porque explica cómo un universo complejo que está finamente sintonizado para la vida emerge de una realidad que comienza siendo simple: un universo sin vida que produce un agujero negro. Si bien algunos ateos pueden abrazar esta teoría como una refutación del principio antrópico fuerte, al reflexionar, también describe una realidad que es teleológica, o generadora de vida y con propósito. En el multiverso evolutivo descrito por la teoría de la selección natural cosmológica, la vida no solo emerge inevitablemente, sino que rápidamente llega a dominar el multiverso, de modo que el creciente conjunto de universos son en su mayoría, si no en su totalidad, universos óptimamente biofílicos que perpetúan aún más la vida y la mente. Así pues, este modelo de realidad tiene en última instancia la misma estructura teleológica que nuestro universo.

Parece que nuestras mejores explicaciones del misterio del ajuste fino describen una realidad en la que la vida, la inteligencia y la conciencia tienen un significado fundamental y crecen sin límites. Ahora podemos hacernos la pregunta: ¿Existe Dios? Sí, existe un proceso evolutivo que inevitable y continuamente creará mentes de creciente poder que son indistinguibles de los dioses. ¿Somos el producto de ese dios? Puede que lo seamos, y puede que lleguemos a serlo. Pero todos los dioses surgen como resultado de un proceso evolutivo abierto que crea formas funcionales de creciente sofisticación computacional. Por tanto, parece más acertado considerar al *propio* proceso como Dios. Desde el punto de vista del metanaturalismo poético, Dios es un algoritmo de eterna emergencia recursiva.

El sentido de la mecánica cuántica

Hoy se sabe que a escala cuántica —la escala microscópica que es imposible ver a simple vista— la realidad se vuelve extraña. Las partículas que no se observan ni se miden parecen existir en varios lugares a la vez, un fenómeno conocido como *superposición cuántica*. Esto significa que, a escala cuántica, un electrón (por ejemplo) no tiene una existencia concreta ni una ubicación bien definida en el espacio. Es como si los objetos físicos a este nivel estuvieran difuminados en una nube borrosa de existencia potencial, lo que hace que no esté claro si la palabra "físico" sigue siendo un adjetivo apropiado. Esta nube de posibilidades se describe mediante una estructura matemática denominada *función de onda*.

Pero cuando intentamos medir dónde está ese electrón, de repente la función de onda "colapsa" y el electrón, que antes estaba oculto, adquiere una existencia tangible en un punto preciso del espacio. La función de onda representa una distribución estadística que describe la probabilidad de que una posición posible se manifieste en relación con las demás posibilidades cuando el sistema cuántico es sondeado por el dispositivo de medición de un científico. Esto parece sugerir que la realidad no es totalmente determinista, sino que su evolución tiene un carácter aleatorio, probabilístico o estocástico. En el acto de medición, el sistema pasa a formar parte del mundo clásico —el mundo concreto que experimentamos— que, de algún modo, emerge del extraño mundo cuántico de la superposición.

La naturaleza de este colapso de la función de onda sigue siendo un misterio para los físicos, ya que no comprendemos del todo por qué la simple observación de un sistema cuántico obliga a la naturaleza a elegir un resultado definido y por qué se produce ese resultado específico en lugar de otros posibles. Este misterio se conoce como el *problema de la medida*, y los fundadores de la mecánica cuántica, Einstein entre ellos, consideraban que el problema era una de las cuestiones más significativas sobre la naturaleza última de la realidad.

Si la transición de cuántico a clásico solo se produce cuando se observa o mide un sistema cuántico, ¿significa esto que la realidad física no está realmente "ahí fuera" cuando no la estamos mirando o sondeando de alguna manera? Einstein dijo la famosa frase: "Me gusta pensar que la Luna está ahí aunque no la esté mirando." Al fin y al cabo, como cualquier otro objeto físico, la Luna está hecha de materia formada en el fondo por partículas subatómicas, que son sistemas cuánticos. ¿Por qué no está la Luna en un estado de superposición borrosa cuando no se la observa?

La otra ocurrencia cuántica de Einstein era "Dios no juega a los dados", y se refería al otro aspecto del problema de la medición. Si el resultado observado del proceso de medición es realmente aleatorio, parecería sugerir que la trayectoria evolutiva del mundo clásico que experimentamos está determinada, al menos parcialmente, por sucesos fortuitos. El futuro no estaría determinado con precisión, y aunque esto parece ser una buena noticia para ideas como el albedrío y el libre albedrío, por sí solo implica que lo que realmente ocurre en el futuro no es más que el resultado de tirar los dados.

Einstein tenía un gran problema con esta idea del azar en la naturaleza porque contradecía su religión —la religión del panteísmo, que ve a Dios en la armonía inherente y el orden desplegado del mundo natural, un mundo que él creía lógico y comprensible—. Se han propuesto varias "teorías de variables ocultas" que intentan demostrar que los colapsos de la función de onda no son verdaderos acontecimientos aleatorios y que el universo evoluciona de forma completamente determinista. Si pudiéramos encontrar una teoría de este tipo, sabríamos por qué una superposición cuántica determinada colapsa en un estado en lugar de en otro tras la medición. Sin embargo, todas las teorías de variables ocultas propuestas han sido refutadas por hallazgos experimentales, todos los cuales parecen sugerir que el colapso de la función de onda es un suceso verdaderamente probabilístico.

¿Cuáles son las posibles soluciones al problema de la medición que ofrece la ciencia moderna? Las soluciones más populares hoy en día son la interpretación de la mecánica cuántica basada en muchos mundos y un modelo de colapso de la función de onda conocido como *decoherencia*. Aunque estos modelos no son incompatibles, cada uno puede existir sin el otro, por lo que se explicarán como ideas independientes.

Cada vez son más los físicos que consideran atractiva la interpretación de los muchos mundos, ya que elimina por completo el problema de la medición. Según esta interpretación, no hay un colapso de la función de onda que elimine posibilidades en favor de un resultado definitivo. En lugar de ello, en el momento en que se produce una medición y percibimos un resultado definido en nuestra realidad, el universo se ramifica en una serie de universos paralelos, en los que cada universo representa uno de los posibles resultados especificados por la función de onda. Así, si eres un científico que realiza una medición en un sistema cuántico, después de la medición habrá un universo en el que hayas observado un resultado posible, y otro en el que hayas observado otro, y otro en el que hayas observado otro. En otras palabras, todos los posibles caminos que podría seguir la evolución del universo se realizan en alguna rama del multiverso de muchos mundos. En esta imagen, todo el multiverso sigue una trayectoria determinista en la que constantemente se producen ramificaciones, y lo único aleatorio es en qué universo te encuentras después de la medición. Sin duda es una idea extraña, pero ¿qué hay en la mecánica cuántica que no sea extraño?

Sin embargo, esta explicación plantea una serie de problemas. Por un lado, al igual que la teoría cosmológica de los multiversos, estos supuestos universos no son directamente mensurables, lo que hace que el modelo sea imposible de probar científicamente, al menos en la actualidad. El otro problema es que suena absolutamente descabellado: ahora hay un "tú" que existe en un número creciente de universos paralelos. Esto conduce de nuevo a la idea de que existen todos los universos lógicamente posibles, incluidos los universos en los que te convertiste en un payaso profesional, así como los universos en los que resolviste el problema de la medición.

Refutación de la hipótesis de los mundos múltiples

El mismo argumento estadístico que se utilizó para refutar la hipótesis del multiverso cosmológico puede utilizarse para refutar la hipótesis de los muchos mundos. Si la interpretación de los muchos mundos es correcta, no esperaríamos encontrarnos en un universo en el que la inteligencia evoluciona y se expande por el espacio de forma inevitable y sin fin. Hay muchos escenarios lógicos en los que la vida inteligente en la Tierra sigue sin salir del planeta por una razón u otra. Pero si la nueva narrativa cósmica presentada en este libro es correcta, y la complejidad adaptativa (la vida) no puede matarse ni contenerse porque está constantemente aprendiendo y adaptándose, entonces la trayectoria evolutiva de nuestro universo no es arbitraria ni aleatoria. Como resultado de la emergencia recursiva, el cosmos se autoorganiza continuamente y se mueve en la dirección de una complejidad y potencia computacional crecientes.

Encontrarnos en un universo con una trayectoria teleológica (un universo óptimamente biofílico) cuando la mayoría de los caminos concebibles a través del multiverso de muchos mundos son aquellos en los que la vida es transitoria (universos mínimamente biofílicos) parecería de nuevo altamente improbable. Así pues, o bien el multiverso de muchos mundos no existe, o bien todos o la mayoría de los mundos paralelos que albergan vida son también teleológicos y avanzan hacia una complejidad e inteligencia cada vez mayores. No podemos descartar esta última especulación, ya que es posible que cualquier mundo que cumpla la segunda ley de la termodinámica también genere una complejidad creciente en condiciones de desequilibrio. Si todo este razonamiento le parece descabellado, no es el único.

Afortunadamente, existe otra explicación alternativa que aborda los dos reparos mecánicos cuánticos de Einstein, y tiene que ver con el proceso de *decoherencia* mencionado anteriormente. La decoherencia explica por qué la Luna está realmente ahí, la miremos o no, y por qué la realidad externa existe independientemente de los observadores que construyen aparatos de medición para estudiar los fenómenos naturales. El mundo macroscópico que observamos a nuestro alrededor no contiene objetos a gran escala en una superposición de estados —a diferencia de una partícula subatómica, una silla está aquí o allí, pero no ambas cosas— porque las funciones de onda cuántica son constantemente colapsadas por sus entornos físicos, que podrían considerarse los dispositivos de medición de la naturaleza. Por ejemplo, un átomo cualquiera está en contacto en todo momento con un mar de partículas que chocan contra él y le obligan a adoptar un estado clásico u otro, en lugar de existir en un borroso estado intermedio. Y cuanto más grande es el sistema físico, más rápidamente su estado cuántico se decoherencia en un estado clásico.

Cuando las partículas de materia son empujadas fuera del equilibrio por un flujo de energía, o por una fuerza como la gravedad, forman agregados que se decohesionan rápidamente, de modo que el universo está constantemente colapsando la realidad cuántica y transformándola en realidad clásica. La decoherencia explica por qué no se necesita un observador consciente, ni siquiera un dispositivo de medición, para colapsar las funciones de onda: ocurre de forma natural todo el tiempo mientras el sistema cuántico no esté aislado de su ruidoso entorno.

Pero el concepto de decoherencia por sí solo no nos dice por qué se produce un resultado de medición concreto en lugar de otro, y no responde a la pregunta de si lo que ocurre es solo una cuestión de azar. Ahí es donde entra en juego el darwinismo cuántico, una interpretación nueva y de moda de la mecánica cuántica que encaja perfectamente en el paradigma del darwinismo universal, continuando la narrativa de que la realidad es fundamentalmente darwiniana. Si la teoría unificadora de la realidad puede explicar tanto el problema del ajuste fino como el de la medición, será más merecedora del título de teoría del todo que cualquier otra teoría anterior.

La transición de lo cuántico a lo clásico: una forma de selección natural

El darwinismo cuántico afirma que el mundo clásico surge del mundo cuántico porque la mayoría de los sistemas cuánticos son sistemas *abiertos* que interactúan con el entorno que los rodea, lo que provoca decoherencia. Pero el resultado a escala clásica que surge de esas interacciones no es seleccionado al azar por la naturaleza. En concreto, un estado cuántico se convierte en un estado clásico que representa la configuración más estable entre ese sistema cuántico y los sistemas con los que interactúa en el entorno. El colapso de la función de onda se debe a un proceso de selección natural conocido como *einselección*, que significa *superselección inducida por el entorno*.

Wojciech Zurek, el físico del Laboratorio Nacional de Los Álamos pionero del darwinismo cuántico, afirma que el estado clásico del sistema que se selecciona del menú de posibilidades descrito por la función de onda es el estado que tiene la entropía interna más baja, que es también el estado que produce la mayor entropía ambiental. Estos estados preferidos se denominan *estados punteros*, y representan la información de la función de onda que ha sobrevivido al colapso cuántico inducido por el entorno. En otras palabras, la transición cuántica-a-clásica es una forma de selección natural, y el mundo clásico evoluciona presumiblemente hacia el mundo más estable y organizado de entre todos los mundos posibles.

Según Zurek, el estado del sistema que sobrevive al colapso es también el que mejor imprime su información en el entorno. Es otra forma de decir que el sistema seleccionado es el que está más correlacionado con su entorno y mejor adaptado a él. Como explica el periodista científico Philip Ball en la revista digital *Quanta*, las pruebas experimentales recientes apoyan la teoría del colapso de la función de onda del darwinismo cuántico, aunque se necesitan más estudios para comprobarla.

Desde la perspectiva del "universo computacional" defendida por Seth Lloyd, se podría ver el universo como un ordenador cuántico gigante que utiliza el poder computacional de la superposición cuántica para calcular la trayectoria del mundo que, por término medio, aumenta la complejidad y la funcionalidad. En este modelo, hay tanto *azar como necesidad*: es decir, la realidad tiene una naturaleza probabilística o estocástica, pero los resultados están estadísticamente sesgados hacia estados meta que pueden describirse mediante atractores.

La formación inducida por la gravedad de estructuras de no-equilibrio como estrellas y planetas, ambos requisitos necesarios para universos con vida tal y como la conocemos, puede verse como emergencias que ocurren como resultado de la selección darwiniana de ciertos estados cuánticos posibles sobre otros. Si esta historia es cierta, entonces Einstein estaba más en lo cierto que equivocado cuando dijo: "Dios no juega a los dados". Dios *sí* juega a los dados, pero *la partida está amañada*. La trayectoria de la evolución cósmica que surge de todas esas interacciones probabilísticas es predecible, no en detalle pero sí en líneas generales. Todos los caminos parecen conducir inevitablemente a la aparición de una mente cósmica, ya que el universo calcula el camino teleológico a través del reino de lo posible.

Antes de pasar a la mecánica cuántica, debo señalar que en el modelo de realidad propuesto por el metanaturalismo poético, en el que hay verdaderas emergencias en las que surgen nuevas entidades causales, puede haber lugar para más de una interpretación de la mecánica cuántica. Cuando surgen agentes procesadores de información, las reglas pueden funcionar de forma algo diferente. En un modelo multinivel de la realidad, el darwinismo cuántico podría describir la lógica del colapso de la función de onda antes de la aparición de los agentes, mientras que otra interpretación podría explicar el colapso de la función de onda inducido por los agentes. Dos enfoques para resolver el misterio de la mecánica cuántica que explican las acciones de los agentes son el *bayesianismo cuán-*

tico y la *mecánica cuántica relacional*. La mecánica cuántica relacional, ideada por Carl Rovelli, afirma que la realidad clásica surge de las correlaciones que se crean entre sistemas que interactúan, como los sistemas cuánticos y su entorno.

Como aprendimos en el capítulo seis, Rovelli demostró que la adaptación darwiniana por selección natural construye correlaciones entre un sistema y su entorno, lo que produce la información adaptativa en un sistema que crea la voluntad biológica. Quizá sea posible que las soluciones de Zurek y Rovelli al problema de la medición converjan en el mismo proceso fundamental. *El bayesianismo cuántico*, o abreviado *QBismo*, es otra interpretación de la mecánica cuántica que está filosóficamente alineada con la nueva narrativa cósmica presentada en este libro, y es única porque habla del papel de la experiencia. Su fundador, Christopher Fuchs, describe así la solución del QBismo al problema de la medida:

> En el QBismo, una medición es una acción que realiza un agente para obtener una experiencia. El resultado de la medición es la experiencia así obtenida. El resultado de la medición es, por tanto, personal para el agente que realiza la acción de medición. En este sentido, la mecánica cuántica, al igual que la teoría de la probabilidad, es una teoría de usuario único. Una medición no revela un valor preexistente. Más bien, el resultado de la medición se crea en la acción de medición[8].

Aunque no es obvio que todas estas interpretaciones diferentes puedan formar parte de una explicación subyacente que conecte el colapso de la función de onda con la evolución cósmica y la creación de conocimiento, no sería sorprendente descubrir consiliencia entre ellas. La teoría unificadora de la realidad, que dice que la realidad es una historia de despertar cósmico, tiene el poder de revelar esa consiliencia. Juntos, la selección natural cosmológica y el darwinismo cuántico amplían la síntesis evolutiva integrada de modo que la doctrina explica los fenómenos naturales desde las escalas más pequeñas a las más grandes. Los físicos no podían ver la nueva narrativa cósmica porque solo observaban partes y no enteros, partículas y no procesos. Los valores precisos de las constantes fundamentales son los que tienen que ser para que funcione el algoritmo darwiniano de variación y selección.

¿Qué significa para la humanidad un universo autoorganizado?

Dado que el paradigma de la teleología cósmica sugiere que el destino del universo y el destino de la vida inteligente están íntimamente entrelazados, tiene algunas implicaciones interesantes para la ética y la moral. La mayoría de los filósofos contemporáneos argumentarían que cualquier propósito que atribuyamos a la vida es inherentemente subjetivo y, por tanto, no es real en ningún sentido objetivo. La suposición común es que "no se puede obtener un 'debería' de un 'es'", lo que significa que lógicamente no podemos extraer lecciones morales de ningún hecho de la naturaleza. Pero esto se basa en la noción miope y parroquial de un universo indiferente a la vida.

Dado que el universo tiene una tendencia intrínseca a autoorganizarse en un estado cada vez más complejo, de las leyes fundamentales de la naturaleza surge un propósito colectivo para la vida inteligente. Como humanos, estamos hasta cierto punto cableados para vernos a nosotros mismos como algo separado y distinto de la naturaleza, pero esta intuición es engañosa. Somos, en nuestra propia esencia, manifestaciones complejas de la naturaleza y un testimonio de las leyes físicas que impulsan la creación continua de novedades, tanto en la forma como en la función. Si alcanzar un estado de máxima complejidad es el objetivo intrínseco de la naturaleza, se deduce lógicamente que la vida sensible, manifestaciones autoconscientes de la naturaleza que se comportan con intención, debería esforzarse por actuar en general de acuerdo con esta tendencia innata, algo para lo que hemos sido programados genéticamente mucho antes de que nadie fuera consciente de ello, debido a la selección natural. Es la naturaleza teleológica del universo la que crea un contexto cósmico que infunde sentido y propósito a la vida, y ese propósito es dotar al cosmos de inteligencia y experiencia prosperando, multiplicándose y expandiéndose.

Como se decía en la introducción, aunque las leyes y constantes de la física parecen haber trazado esta trayectoria evolutiva para la vida en el universo, la dura verdad es que el éxito existencial no está en modo alguno garantizado para el *Homo sapiens*. No hay ninguna ley o fuerza de la naturaleza que impida a nuestra civilización destruirse a sí misma. El hecho de que los humanos seamos, al menos hasta cierto punto, agentes autónomos con capacidad de acción y voluntad significa que nos corresponde a nosotros decidir entre la extinción y la trascendencia, pero tenemos todos los incentivos para trabajar hacia la segunda y alejarnos de la primera.

Mediante el esfuerzo colectivo de la humanidad, a través de nuestro progreso intelectual, cultural y tecnológico, podemos seguir ayudando al cosmos en su gran proceso de despertar. Promover la conciencia de nuestro propósito cósmico emergente facilitará el progreso tecnológico y social exponencial que puede permitir que la vida progrese continuamente y que la biosfera se extienda hacia el cosmos.

El camino hacia Omega

Esta agenda cósmica establece hitos claros para la humanidad y un código ético racional. Este código se basa en la premisa de que tenemos la responsabilidad de hacer lo que es bueno para la red viviente, que incluye no solo a los humanos sino a toda vida sensible, así como a la biosfera, ya que la vida depende críticamente de ecosistemas enteros para sobrevivir. Si nos preocupamos por el futuro de nuestros hijos, y de sus hijos, tal tarea es una obligación moral. Si queremos ver un universo que no sea frío y sin vida, sino cada vez más sensible y creativo, también es una obligación espiritual.

Muchos asumen que, cuando se llega a los detalles de la naturaleza, una visión espiritual del mundo es simplemente incompatible con una científica. Aunque esta es la suposición más común, no podría ser más errónea. La espiritualidad se refiere simplemente a un sentimiento de conexión con algo más grande que uno mismo, y no tiene nada que ver con lo sobrenatural. Citando de nuevo a Carl Sagan, "la ciencia no solo es compatible con la espiritualidad, sino que es una fuente profunda de espiritualidad."[9] Einstein no solo compartía esta opinión, sino que también creía que el único camino hacia la verdadera iluminación espiritual era el sendero que recorremos cuando perseguimos el descubrimiento científico. "Cuanto más avanza la evolución espiritual de la humanidad, más seguro me parece que el camino hacia la auténtica religiosidad no pasa por el miedo a la vida, ni por el miedo a la muerte, ni por la fe ciega, sino por la búsqueda del conocimiento racional."[10]

Entonces, ¿cuál es el sentido de la vida y de la existencia según esta nueva visión del mundo? En su libro *Vital Dust*, el premio Nobel Christian de Duve da una respuesta satisfactoria a esa pregunta:

> Si el universo no carece de sentido, ¿cuál es su significado? Para mí, este significado se encuentra en la estructura del universo, que resulta ser tal

> que produce pensamiento a través de la vida y la mente. El pensamiento, a su vez, es una facultad por la que el universo puede reflexionar sobre sí mismo, descubrir su propia estructura y comprender entidades inmanentes como la verdad, la belleza, la bondad y el amor. Tal es el significado del universo, tal como yo lo veo.

Pero para realizar su significado y propósito trascendente, el cosmos necesita nuestra ayuda. Como dice James Gardner en su libro *Biocosm*: "El universo, sin duda estaría de acuerdo De Duve, no puede exhibir por sí mismo el milagro del pensamiento consciente ni sus mejores manifestaciones: la verdad, la belleza, la bondad y el amor. Para hacerlo, el universo necesita urgentemente la ayuda de humildes mortales como nosotros."

Entonces, ¿qué podemos hacer ahora mismo para ayudar al universo en su proceso de despertar cósmico?

Más allá de la autoconciencia, existe un nivel superior de conciencia que pueden alcanzar los agentes inteligentes denominado *metaconciencia*. Este nuevo nivel de autorreferencia se referiría a la conciencia de la autoconciencia, pero también indicaría que el agente comprende que forma parte de una red más amplia de agentes que forman parte de un todo interdependiente e interconectado al que llamamos biosfera y, más concretamente, cerebro global. Desde el punto de vista conductual, la metaconciencia significa que uno es consciente de su poder causal y opta por optimizar su toma de decisiones para que sus elecciones sean coherentes con sus objetivos a largo plazo y con los objetivos de la sociedad en la que uno está inmerso.

La metaconciencia debe cultivarse conscientemente para que emerja plenamente en un agente, y cuando la conciencia de la conciencia de la conciencia se generalice, la sinergia resultante llevará a la humanidad a nuevas cotas. Pero la metaconciencia no es un lujo; si no tomamos conciencia de que la única forma de superar nuestros retos existenciales colectivos es trabajando juntos, nuestra civilización fracasará. Por tanto, aunque las naciones deben conservar sus identidades individuales —recordemos que la diversidad es la fuerza—, también deben alinear sus intereses comunes, lo que produce sinergias al minimizar los conflictos y promover la cooperación. La complejidad y la capacidad computacional óptimas proceden de un equilibrio entre diversidad o diferenciación e integración o conexión.

Para alinear intereses, debemos tener una visión común del mundo, y puesto que "teleología cósmica" es un término cargado, quizás un nombre mejor para la visión del mundo presentada en este libro sea "perspectiva cósmica", que no es muy diferente de la religión imaginada por Sagan y Einstein. Sagan dijo: "Una religión, antigua o nueva, que hiciera hincapié en la magnificencia del universo revelada por la ciencia moderna podría ser capaz de extraer reservas de reverencia y asombro apenas aprovechadas por las religiones convencionales. Tarde o temprano surgirá una religión así."[11]

"Religión" es otro término cargado, pero una ideología espiritual guiada por la ciencia y ayudada por la tecnología, que tenga una moral universal y un objetivo existencial compartido, será la visión del mundo del futuro. Tiene que serlo si queremos que nuestra civilización sobreviva. Bajo la perspectiva cósmica, no hay "nosotros contra ellos", solo hay "nosotros". Puesto que todos formamos parte de un todo interdependiente, nuestro objetivo debe ser intentar conseguir *el mayor bien para el mayor número de personas.*

Aunque el sueño de una religión cósmica puede sonar irremediablemente idealista para algunos, creo que es una visión del mundo sumamente razonable y alcanzable, hacia la que cualquier sociedad iluminada acabará avanzando. Un estudio de 2017 que encuestó a más de seiscientas personas descubrió que las experiencias psicodélicas, al disolver el ego y el marco ideológico de cada uno, cambiaban de forma fiable las creencias y actitudes políticas de las personas hacia otras que podrían describirse como más compasivas y progresistas[12].

En concreto, los individuos se volvieron más contrarios al autoritarismo y más preocupados por el bienestar de los demás y de la naturaleza. Así, cosas como la iluminación científica y los estados superiores de conciencia nos acercan naturalmente a la perspectiva cósmica al revelar la naturaleza interconectada de nuestra sociedad. No estoy sugiriendo que todo el mundo mayor de dieciocho años coma setas mágicas esta noche, aunque sería un experimento fascinante. Lo que digo es que necesitamos un reseteo cognitivo, y podemos hacerlo simplemente pensando en nosotros mismos como ciudadanos globales del superorganismo planetario llamado Gaia.

Nuestro principal objetivo colectivo debe ser la hiperconexión. Cada año aumenta exponencialmente el número de formas de conectar socialmente con los demás, incluso con los que se encuentran en los lugares más remotos, lo que permite un flujo de información cada vez mayor. Esto promueve inevitablemente una mayor conciencia social y un mayor intercambio de conocimientos. También es un hecho matemático que el aumento del número de conexiones entre nodos incrementa la potencia computacional de una red. Si la civilización humana es ahora realmente una red neuronal masiva, en la que cada individuo y cada dispositivo actúan como un nodo o neurona, eso significa que los medios sociales tienen la capacidad de crear poderosos efectos de red. Debemos utilizar todas las herramientas de la era de la información e inventar otras nuevas. El poder de la tecnología de cadenas de bloques para facilitar la aparición de sistemas autoorganizados de todo tipo apenas está empezando a explorarse.

Sí, el mundo tiene algunos problemas graves, pero si no tuviéramos problemas, nunca nos veríamos obligados a encontrar nuevas soluciones. Los problemas impulsan el progreso. Aceptemos nuestros últimos retos existenciales y unámonos para resolverlos. Es hora de olvidar nuestras diferencias y pensar en nosotros mismos solo como humanos, comprometidos en una lucha biológica y moral común. Si la perspectiva cósmica y la filosofía del metanaturalismo poético, o alguna cosmovisión similar de la evolución y la emergencia, pueden tender un puente entre la cosmovisión reduccionista y las religiones del mundo, entonces podemos ser optimistas y pensar que un nuevo nivel de orden y funcionalidad surgirá del actual mar de caos.

El conocimiento es iluminación, el conocimiento es trascendencia y el conocimiento es poder. La tendencia al desorden descrita por la segunda ley requiere que la vida adquiera conocimiento para siempre, dándonos a todos un propósito individual y colectivo al crear la restricción que nos obliga a crear. Al tomar conciencia de nuestro propósito emergente, podemos vivir vidas más significativas, en armonía unos con otros y con las aspiraciones de la naturaleza. No eres un accidente cósmico. Eres un imperativo cósmico.

AGRADECIMIENTOS

Este libro es el resultado de las innumerables conversaciones que he mantenido a lo largo de los años con amigos, colegas y científicos que, como yo, buscan continuamente comprender la naturaleza de la vida, la mente y el cosmos. Lo más inspirador fueron las conversaciones con el Foundations of the Mind Guild, un club de neurocientíficos, físicos, investigadores del origen de la vida e informáticos que se formó en el Instituto Krasnow de Estudios Avanzados de la Universidad George Mason en 2008 y duró hasta 2016, cuando su fundador, Harold Morowitz, falleció a la edad de ochenta y ocho años. Además de ser el editor fundador de la revista *Complexity* y presidente emérito del Consejo Científico del Santa Fe Institute, Harold era un auténtico polímata y un querido amigo cuya ciencia y filosofía determinó en gran medida el contenido de este libro.

Las conversaciones con otros científicos del Santa Fe Institute también fueron esclarecedoras, y por ello estoy en deuda con Eric Smith, David Wolpert y Simon Dedeo. Los neurocientíficos Adam Safron, Erik Hoel, Daniel Toker y Marco Lin me dieron mucho que pensar. Kevin Schmidt, George Buzzell, Dan Roberts, Darren Kelley, Mo Allaham, Justin Misik, Kathryn Woehrle, Erik Anderson, Greg Bittle, Christian Hofer, Nathan Damweber, Dennis West, Steve James y Vidur Mishra han aportado valiosos comentarios a lo largo del proceso de redacción. Nadine Kabbani, James Glattfelder, Matjaz Leonardis, Bob Cantrick y Daniel Friedman también aportaron ideas útiles.

Muchas gracias a mi agente, Giles Anderson, a Glenn Yeffeth y a todo el equipo de BenBella por arriesgarse con una gran idea. A mis editores,

Alexa Stevenson y Jodi Frank, por su paciencia, apoyo y alto nivel de exigencia. Gracias a Oliver Juan y Johannes Grenzemann de Infinity Maps por crear las ilustraciones que inspiraron las imágenes del libro, y a Francesca Lorenzini y Devin Watson por la perfecta portada.

Por último, pero no por ello menos importante, debo dar las gracias a mi familia por el apoyo y los ánimos durante un largo y agotador proceso de escritura: mi madre y mi padre, Gloria y Hossein; mi hermano, Alex; mi mujer, Anielka; mi hijo, Julien, que nació cuando este proyecto estaba terminando; y su peludo hermano mayor, el gato Seymour, que siempre estuvo a mi lado.

Terminaré esta sección de agradecimientos con una cita del prefacio del libro de Harold Morowitz de 2002 *The Emergence of Everything: How the World Became Complex*, ya que expresa el espíritu de este libro:

> Estamos claramente en los inicios de la visión de la ciencia desde la nueva perspectiva de la emergencia. Creo que nos permitirá comprender el desarrollo evolutivo de nuestro universo, nuestro sistema solar, nuestra biota y nuestra humanidad. Este ensayo pretende presentar algunos de los conceptos que se están poniendo de manifiesto. La perspectiva es en gran medida científica, pero siguen apareciendo ciertos elementos más filosóficos y teológicos. No ofrezco disculpas.

NOTAS

Capítulo 1

1. Thomas Henry Huxley, *Evidence as to Man's Place in Nature* (Williams & Norgate: 1863).
2. Francis Crick, *Life Itself: Its Origin and Nature* (Simon & Schuster: 1981).
3. Carl Sagan, "The Abundance of Life-Bearing Planets", *Bioastronomy News* 7, no. 4 (1995): 1-4
4. Christian de Duve, *A Guided Tour of The Living Cell* (W. H. Freeman & Co.: 1984).

Capítulo 3

1. Ilya Prigogine, *The End of Certainty: Time, Chaos and the New Laws of Nature* (Free Press: 1997).
2. Elan Stopnitzky y Susanne Still, "Non-equilibrium Odds for the Emergence of Life", *arXiv*, arXiv:1705.02105 [physics.bio-ph], https://arxiv.org/abs/1705.02105v1

Capítulo 4

1. Harold Morowitz y Eric Smith, "Energy flow and the organization of life", *Complexity* 13, nº 1 (octubre de 2007): 51-59, doi:10.1002/cplx.20191.
2. Sara Walker, "The Origin and Nature of Life on Earth: The Emergence of the Fourth Geosphere", *Physics Today* 60, n.º 9 (septiembre de 2017): 58, doi:10.1063/PT.3.3694.
3. Olivia P. Judson, "The Energy Expansions of Evolution", *Nature Ecology & Evolution* 1 (abril de 2017), doi:10.1038/s41559-017-0138.
4. M. J. Russell et al., *Natural and Laboratory-Simulated Thermal Geochemical Processes*, ed. R. Ikan, (2003), 325-388. R. Ikan, (2003), 325-388; W. Martin & M. J. Russell, Phil. Trans. Roy. Soc. B, publicación en línea, doi:10.1098/rstb.2006.1881 (2006)
5. William James, *The Principles of Psychology* (Henry Holt and Company: 1890).

Capítulo 5

1. Edward C. McIrvine y Myron Tribus, "Energy and Information", *Scientific American* 225, no. 3 (septiembre de 1971): 179-190.
2. "John Maynard Smith—20th Century Biology as a 'Science of Information' (95/102)", https://www.youtube.com/watch?v=78ikxE5-POY.
3. Artemy Kolchinsky y David H. Wolpert, "Semantic Information, Autonomous Agency, and Non-Equilibrium Statitical Physics", *Interface Focus* 8, n.º 6 (diciembre de 2018), doi:10.1098/rsfs.2018.0041.

Capítulo 6

1. David Deutsch, "David Deutsch on the infinite reach of knowledge", entrevista TED, https://www.ted.com/talks/the_ted_interview_david_deutsch_on_the_infinite_reach_of_knowledge/up-next?language=en.
2. Daniel Dennett (@danieldennett), Twitter, 15 de octubre de 2019, 16:59, https://twitter.com/danieldennett/status/1184212103969869825.
3. Freeman J. Dyson, "Energy in the Universe", *Scientific American* (septiembre de 1971).
4. Pietro Gori, *Nietzsche's Pragmatism: A Study on Perspectival Thought* (De Gruyter: 2020), 10.
5. Karl Popper, "Evolutionary Epistemology" en *Open Questions in Quantum Physics*, ed. Gino Tarozzi y Alwyn van der Merwe (Springer: 1985): 395-413.
6. Ibid.
7. Ibid.
8. Konrad Lorenz, *Behind the Mirror: A Search for a Natural History of Human Knowledge* (Harcourt, Brace: 1977).
9. Terrence W. Deacon, "Shannon-Boltzmann-Darwin: Redefining Information (Parte I)", *Cognitive Semiotics* (septiembre de 2007), doi:10.1515/cogsem.2007.1.fall2007.123.
10. Richard Dawkins, *The Selfish Gene* (Oxford University Press: 1976).
11. Karl Friston, "The mathematics of mind-time", Aeon, mayo de 2017, https://aeon.co/essays/consciousness-is-not-a-thing-but-a-process-of-inference.
12. François Jacob, *Of Flies, Mice, and Men* (Harvard University Press: 1998).
13. David Deamer, *First Life: Discovering the Connections Between Stars, Cells, and How Life Began* (University of California Press: 2011).
14. Terrence W. Deacon, "Shannon-Boltzmann-Darwin: Redefining information (Parte II)", *Cognitive Semiotics* (2007), doi:10.3726/81600_123.
15. Carlo Rovelli, "Meaning and Intentionality = Information + Evolution", en *Wandering Towards a Goal: How Can Mindless Mathematical Laws Give Rise to Aims and Intention?* (Springer: 2018).
16. Ibid.
17. Toby Shannan y David Krakauer, "David Krakauer", 2021, en *Ideas at Work with Toby Shannan*, https://podcasts.apple.com/us/podcast/ep-5-david-krakauer/id1509519346?i=1000477690144.

Capítulo 7

1. "Brian Greene: The Search for Meaning in an Evolving Universe", *New Scientist*, https://www.youtube.com/watch?v=-o0TJy67Gi8.
2. Bloggingheads.tv, "Science Saturday: A Plan to Dye One's Whiskers Green | John Horgan & David Deutsch", 5 de abril de 2018, https://www.youtube.com/watch?v=y3Afrwe-Yyg&t=2s.
3. Sara Walker, "The Descent of Math", en *Trick of Truth: The Mysterious Connection Between Physics and Mathematics?*, ed., A. Aguirre, B. Foster y Z. Merali (Springer: 2016).
4. TED, "Alex Wissner-Gross: A New Equation for Intelligence", 6 de febrero de 2014, https://www.youtube.com/watch?v=ue2ZEmTJ_Xo&t=329s.
5. "Brian Greene: The Search for Meaning in an Evolving Universe", *New Scientist*, 7 de abril de 2020, https://www.youtube.com/watch?v=-o0TJy67Gi8.
6. Freeman J. Dyson, "Time Without End: Physics and Biology in an Open Universe", *Reviews of Modern Physics* 51, nº 3 (julio de 1979).

7. BrightSight Speakers, "Sean Carroll: God Is Not a Good Theory", 10 de junio de 2015, https://www.youtube.com/watch?v=Vs8seDbzNl8.
8. David Deutsch, *The Beginning of Infinity: Explanations That Transform the World* (Penguin Books: 2012).
9. Freeman J. Dyson, "Time Without End: Physics and Biology in an Open Universe", *Reviews of Modern Physics* 51, nº 3 (julio de 1979).
10. Seth Lloyd, "The Computational Universe", en *Information and the Nature of Reality: From Physics to Metaphysics*, ed., P. Davies y N. H. Gregersen (Cambridge University Press: 2014), 125.
11. Ray Kurzweil, *The Singularity Is Near* (Viking: 2005).
12. Ibid.
13. Richard Dawkins, "Review: Human Chauvinism", *Evolution* 51, nº 3 (junio de 1997), doi:10.2307/2411179.
14. S. J. Gould, "On replacing the idea of progress with an operational notion of directionality", *Evolutionary Progress* (University of Chicago Press: 1988), 319-338.

Capítulo 8

1. E. T. Jaynes, *Probability Theory: The Logic of Science* (Cambridge University Press: 2003).
2. Karl Friston, "The Mathematics of Mind-Time", Aeon, mayo de 2017, https://aeon.co/essays/consciousness-is-not-a-thing-but-a-process-of-inference
3. Steven Pinker, "The Second Law of Thermodynamics", Edge, 2017, https://www.edge.org/response-detail/27023.
4. Adrian Bejan, *Design in Nature: How the Constructal Law Governs Evolution in Biology, Physics, Technology, and Social Organization* (Doubleday: 2012).
5. *Frontiers*, "Empowering Robots for Ethical Behavior", *ScienceDaily* (julio de 2017).
6. John Naughton, "Ashby's Law of Requisite Variety", Edge, 2017, https://www.edge.org/response-detail/27150.
7. Robin L. Carhart-Harris y otros, "The Entropic Brain: A Theory of Conscious States Informed by Neuroimaging Research with Psychedelic Drugs", *Frontiers in Human Neuroscience* (febrero de 2014), doi:10.3389/fnhum.2014.00020.
8. Christof Koch, "Is Consciousness Universal?", *Scientific American* (enero de 2014).
9. F. Heylighen y C. Joslyn, "The Law of Requisite Variety", Principia Cybernetica Web, 31 de agosto de 2001 (modificado el 31 de agosto de 2001), http://pespmc1.vub.ac.be/REQVAR.html.
10. Eric J. Chaisson, *Cosmic Evolution: The Rise of Complexity in Nature* (Harvard University Press: 2002).
11. Roger Lewin, *Complexity: Life at the Edge of Chaos* (Collier: 1993).

Capítulo 9

1. Paul Davies, *The Cosmic Blueprint* (Simon & Schuster: 1989).
2. "Self-organization in cybernetics", Wikipedia, consultado el 21 de diciembre de 2021, https://en.wikipedia.org/wiki/Self-organization_in_cybernetics
3. Harold J. Morowitz, *The Emergence of Everything: How the World Became Complex* (Oxford University Press: 2004).
4. Paul Davies, *The Fifth Miracle: The Search for the Origin and Meaning of Life* (Simon & Schuster: 2000).

5. Ernst Mayr, "The Objects of Selection", *PNAS* 94, nº 6 (marzo de 1997): 2091–2094, doi:10.1073/pnas.94.6.2091.
6. Erik P. Hoel, "Agent Above, Atom Below: How Agents Causally Emerge from Their Underlying Microphysics", en *Wandering Towards a Goal: How Can Mindless Mathematical Laws Give Rise to Aims and Intention?* (Springer: 2018).
7. Susanne Still et. al, "The Thermodynamics of Prediction", *arXiv*, doi:10.1103/Phys RevLett.109.120604.
8. Roger Lewin, *Complexity: Life at the Edge of Chaos* (Collier: 1993).

Capítulo 10

1. Bloggingheads.tv, "Science Saturday: A Plan to Dye One's Whiskers Green | John Horgan & David Deutsch", 5 de abril de 2018, https://www.youtube.com/watch?v=y3Afrwe-Yyg&t=2s.
2. Jerry A. Fodor, *A Theory of Content and Other Essays* (Bradford Books: 1992).
3. Christof Koch, "Is Consciousness Universal?", *Scientific American* (enero de 2014).

Capítulo 11

1. "Reflections on Free Will: A Review by Daniel C. Dennett", samharris.org, 26 de enero de 2014, https://www.samharris.org/blog/reflections-on-free-will.
2. Sara Walker, "Bio from Bit", en *Wandering Towards a Goal: How Can Mindless Mathematical Laws Give Rise to Aims and Intention?* (Springer: 2018).
3. U. Maoz et al., "Neural Precursors of Decisions That Matter-An ERP Study of Deliberate and Arbitrary Choice", *eLife* (octubre de 2019), doi:107554/eLife.39787.
4. Steve Paulson, "The Spiritual, Reductionist Consciousness of Christof Koch", *Nautilus*, 6 de abril de 2017, https://nautil.us/issue/47/consciousness/the-spiritual-reductionist -consciousness-of-christof-koch.

Capítulo 12

1. Ned Block, "On a confusion about a function of consciousness", *Behavioral and Brain Sciences* 18, nº 2 (junio de 1995), 227-247, doi:10.1017/S0140525X00038188.
2. Adam Safron, entrevista del autor a través de Zoom, 10 de julio de 2021.
3. U. Maoz et al., "Neural Precursors of Decisions That Matter-An ERP Study of Deliberate and Arbitrary Choice", *eLife* (octubre de 2019), doi:107554/eLife.39787.
4. Simon DeDeo, "Mutual Explainability, or, a Comedy in Computerland", FQXi, 19 de abril de 2020, https://fqxi.org/community/forum/topic/3492.

Capítulo 13

1. Christof Koch, "Is Consciousness Universal?", *Scientific American* (enero de 2014).
2. Paul Davies, *The Goldilocks Enigma: Why Is the Universe Just Right for Life?* (Houghton Mifflin: 2008).
3. Stephen Hawking, *A Brief History of Time* (Bantam Books: 1998).
4. raschau, "Richard Dawkins on Deism: Has Science Buried God? (2011)", enero, 19, 2019, https://www.youtube.com/watch?v=jBOGfFTMlNo.
5. Freeman J. Dyson, *Infinite in All Directions* (HarperCollins: 2004).

6. Daniel C. Dennett, *Darwin's Dangerous Idea: Evolution and the Meanings of Life* (Simon & Schuster: 1996).
7. Lee Smolin, "Black holes in cosmological natural selection", *Physics Today* 67, nº 10 (2014), doi:10.1063/PT.3.2529.
8. Christopher Fuchs y Ruediger Schack, "QBism and the Greeks: Why a quantum state does not represent an element of physical reality", *Physics Scripta* 90, nº 1 (diciembre de 2014), doi:10.1088/0031-8949/90/1/015104.
9. Carl Sagan, *The Demon-Haunted World: Science as a Candle in the Dark* (Ballantine Books: 1997).
10. Albert Einstein, *Out of My Later Years* (Gramercy: 1993).
11. Carlo Rovelli, "Meaning and Intentionality = Information + Evolution", en *Wandering Towards a Goal: How Can Mindless Mathematical Laws Give Rise to Aims and Intention?* (Springer: 2018).
12. Matthew M. Nour, Lisa Evans y Robin L. Carhart-Harris, "Psychedelics, Personality and Political Perspectives", *Journal of Psychoactive Drugs* 49, nº 3 (abril de 2017): 182-191, doi:10.1080/02791072.2017.1312643

ÍNDICE

A

Abiogénesis, 24-25, 44, 49, 50, 55, 57-64, 66, 85, 119, 183

acceso a la conciencia, 251

Acción, *véase también* teleología

- características de, 90-92
- como término, 27-28
- conciencia *vs* 223, 236-237
- e información 78-79, 85-86
- inconsciente 228
- naturaleza de 65-70
- niveles de 221-223, 224-225
- y computación, 52
- y energía 66-71
- y libre albedrío 208-209, 212-213, 221-225
- y mente, 116
- y robustez 74

ADN, 75

aptitud disipativa, 152

actualización bayesiana, 101, 103, 113, 261

adaptación del comportamiento 102-103

adaptación disipativa, 50-51, 150, 181, 183, 187

adaptaciones estructurales, 114

adicción, 256

adquisición algorítmica, 228

adquisición de información, 77

Aeon, 141, 170

agencia inconsciente, 228-229

Agente arriba, átomo abajo: Cómo emergen casualmente los agentes de su imperecedera microfísica (Hoel), 230-231

agente causal, 226, 254

agentes hiperbiológicos, 265

agujeros negros, 249, 281-283

Albantakis, Larissa, 81, 249

Algoritmos, 79, 83, 99, 103, 106

Allen Institute for Brain Science, 128

Alma, 207, 208, 245

Aminoácidos, 54-55

Antiaccrecimiento, 122-123

aprender

- ontogenética, 180
- filogenético, 180
- ensayo-error, 102-103, 196

aprendizaje adaptativo, 102-106

aprendizaje automático, 114, 119, 142, 153, 156

aprendizaje filogenético, 180

aprendizaje ontogenético, 180

área de la cara fusiforme, 246

Área de Wernicke, 246

Aristóteles, 84, 90, 96, 226, 233

ARN, 24, 54, 57

arquitecturas modulares jerárquicas, 246

arquitecturas von Neumann, 246

Ashby, W. Ross, 85

Asimov, Isaac, 41, 266

Ateísmo, 274

atractores

- comportamiento, 249
- caos limitado por, 47-49
- y complejidad, 271
- y sistemas cibernéticos, 84
- y surgimiento de la vida, 66
- lejos del equilibrio, 148, 230
- y aptitud, 186-187
- estados de meta como, 289
- y sistemas jerárquicos, 235
- y bucles, 170-171
- neural, 249-250
- no equilibrio, 39, 81, 155, 171, 178
- y autoorganización, 180

autoamplificación, 54, 63, 159, 173

autocatálisis, 53-55, 65, 184

autocatálisis colectiva, 184

automantenimiento, 173

automodelación, 236, 259

autoorganización
y el darwinismo, 155, 181, 187, 188, 279
molecular, 50
principio de, 171, 177
espontáneo, 44-47, 186-187, 192
autoorganización recursiva, principio de, 176-177, 180, 203, 259, 262
autopoiesis, 54, 173
autorreferencia, 206, 234, 236, 240-241
autorreplicación, 24, 53, 60, 195
autosimilitud, 182
atractores de no equilibrio, 39, 81, 155, 171, 178
Azar y la necesidad (Monod), 289

B
Baars, Bernard, 249
Bacon, Francis, 131
Ball, Philip, 289
Barbour, Julian, 267
Barrow, John, 267
Batman Begins, 102
Bayes, Thomas, 131, 174. véase también Bayesianismo universal
Bayesianismo cuántico (QBismo), 290
Bayesianismo universal, 17, 110, 261
Bejan, Adrian, 150
Bergson, Henri, 90
Bertalanffy, Ludwig von, 85, 131, 202
Big Bang, 29, 89, 274, 281
Big Crunch, 268
Biocosmos (Gardner), 282
"Bio from Bit" (Walker), 161
biosfera
y complejidad adaptativa, 14-15
como conjunto autocatalítico, 183-184
desarrollo de, 66
evolución de, 113, 116, 118, 120, 131-133
y el libre albedrío, 13
como organismo, 195
Bitcoin, 197
bits (información), 75, 76, 201
Block, Ned, 252
Boltzmann, Ludwig, 34-39
Bostrom, Nick, 205
Breve historia del tiempo (Hawking), 266
bucles
Gödeliano, 239-246
y niveles, 170
y segunda ley de la termodinámica 171
extraño, 172
bucles extraños, 172

C
cálculo
y agencia, 69-70
de la información biológica, 73-75, 79, 80, 85
y adaptación disipativa, 50-51
distribuida, 196-197
eficacia de, 149-151
emergente, 118-119
y experiencia, 257-258
orígenes de, 116, 120
y las teorías de Popper, 97
cuántica, 92, 126
cálculo causal, 162, 174, 226
cambios de paradigma, 220
Campbell, Donald, 106
Campbell, John, 113
canales de flujo de energía, 49, 143, 166
canales disipadores, 49
caos, 13, 41, 47, 63, 86, 107, 113, 131, 145, 155, 161, 171, 186, 189, 270
caos determinista, 111, 212, 229
carga eléctrica, 31, 274
Carhart-Harris, Robin, 158, 163, 232
Carnot, Sadi, 31-33
Carroll, Lewis, 148
Carroll, Sean, 169
causalidad
ascendente, 210, 225, 229-230
consciente, 253
niveles de, 223-228
descendente, 224-225, 226, 227
causalidad mental, 224, 225, 228
Células Bénard, 47
células de convección, 47
Centro Johns Hopkins de Investigación Psicodélica y de la Conciencia, 251
Cerebelo, 248
cerebro

y causalidad agente, 228-229
Hipótesis bayesiana del cerebro, 103, 235
capacidad de cálculo de, 83-85
como ordenador, 214-215, 216, 239, 243
y la conciencia, 246-249
Puntos de vista de Descartes sobre, 207
y el libre albedrío, 253, 254-255
global, 177, 183, 188, 196, 197, 258, 263, 293
y espacio de trabajo neuronal global, 249-250
y entropía de la información, 158
y modelización integrada del mundo teoría, 251-253
e integración de la información, 216
y observadores, 235-238
Opinión de Rovelli al respecto, 116
y autorreferencia, 240-241
Chaisson, Eric, 160-161, 173
Chalmers, David, 220
Cibernética: O el control y la comunicación en el animal y la máquina (Wiener), 84
cibernética
como campo de estudio, 131
como término, 84
ciclo del ácido cítrico, 58
ciclo del ácido tricarboxílico (TCA), 58-59
ciclo de Krebs, 58-59
ciclo del TCA. véase ciclo del ácido tricarboxílico
ciclo TCA reductor, 59
ciencia, 11-12, 26, 75, 79, 81, 91-99, 100-101, 121, 125, 126, 166, 192-193
ciencia cognitiva, 211
ciencia de la complejidad, 13, 49
circuitos de retroalimentación, 263
circuitos de retroalimentación negativa, 84, 172
circuitos de retroalimentación positiva, 53, 172, 186, 212
civilizaciones, 161, 184,
civilizaciones fracasadas, 176
Clausius, Rudolf, 151
"código cósmico", 203
cognición
consciente e inconsciente, 221-223
aparición de, 85
y epistemología evolutiva, 106-107, 130-131
modelo mecanicista de, 239
como término, 83
colapso de la función de onda, 284-286
"colapso a la vida", 66
complejidad adaptativa, 14-15, 141, 142, 160, 167, 168-169, 178, 266, 286
complejidad. *véase también* complejidad adaptativa
y abiogénesis, 73
y autocatálisis, 53, 54, 55, 60, 65
y el darwinismo, 136, 161
de los ecosistemas, 146-148
flujo de energía como medida de, 160-162
evolución como mecanismo para, 23-24, 188-189
"irreductible", 272-273
estado máximo de, 269-270
medidas de, 156-163, 216-217
y aparición de nichos, 158-159
phi como medida de, 162-163
y segunda ley de la termodinámica, 28, 29, 32, 40-41, 123, 125
y autoorganización, 259, 260
y teoría unificadora de la realidad, 125
Complejidad (revista), 173
Complejidad: La vida al borde del caos (Lewin), 135
complejidad computacional, 137
comportamiento adaptativo, 103
comportamiento de búsqueda de energía, 116
comportamiento dirigido a objetivos, 116
comprobación de hipótesis, 168
Conant, Roger, 156
conciencia
acceso, 252
y agencia, 91, 124, 222-223
y cerebro, 246-249
definición, 275-276
efectos de los psicodélicos en, 158
y circuitos de retroalimentación, 263-264
teoría del espacio de trabajo neuronal global de, 249-250
"difícil problema de", 216, 220
como información integrada, 216-219
teoría del modelado integrado del mundo de, 251-253
correlatos neurales de, 252

fenomenal, 252
y metanaturalismo poético, 169
como autoconciencia, 245-246
estudio de, 205-208, 216
como término, 203-205, 222-223
conciencia. véase también autoconciencia
de animales, 207
y daño cerebral, 214
y conciencia, 203-205
y evolución, 129
e inteligencia, 257
y autoorganización, 291-294
de los sistemas simples, 69, 91
conciencia fenoménica, 252
condiciones alejadas del equilibrio (sistemas alejados del equilibrio), 45-46
y adaptación, 108-109, 143-144
para sistemas cibernéticos, 230
equilibrio dinámico, 171
y aparición de la vida, 55, 57-60, 73
y evolución, 265
y segunda ley de la termodinámica, 40, 41
y autoorganización, 46
y resolución de problemas de cálculo, 81-85
Conductismo, 213-214
configuraciones estables, 109-110
conjetura y refutación, 99, 105, 142, 168
conjuntos autocatalíticos, 54-55, 60, 62, 117, 183-184
conjuntos neuronales, 246
conocimientos
evolución y acumulación de, 146-149
evolución y creación de, 105-107
crecimiento de, 169
necesidad de, 92-95
como término, 81
Consciente: breve guía del misterio fundamental de la mente (Harris), 209
Consiliencia, 290
Constante de Planck, 274
constantes físicas, "ajuste fino" de, 274-275
contrafactuales, 222
control
cognitivo, 224, 257, 259
consciente, 210, 217
con esfuerzo, 223-224
informativo, 228
compatibilismo, 225
corrección de errores, 76, 108, 113, 143, 145
cosmología, 128, 153, 201, 270, 283
cosmovisión cultural, 189, 191, 195
Crane, Louis, 282-283
creación de conocimientos, 114, 116
Creacionismo 25-26, 44, 91, 107, 109, 272
Crick, Francis, 25, 75, 213, 215, 216
Cristianismo, 25-26, 207, 235
Crooks, Gavin, 50
Crutchfield, James, 119

D

Darwin, Charles, 11, 12, 17, 21, 51, 86, 106, 108-109, 131-132, 136, 144, 161, 165, 181
Darwinismo
y complejidad, 137, 161
y adaptación disipativa, 117
neural, 195
visión de Popper, 105-106
cuántica, 288
y segunda ley de la termodinámica, 142
y autoorganización, 155, 180-181, 187, 191, 279
social, 136
universal, 119, 130-131, 136, 144, 163, 165, 168, 201, 261, 283, 288
darwinismo cuántico, 288-290
darwinismo neural, 195
darwinismo social, 136
Darwinismo universal: El camino del conocimiento (Campbell), 113, 163
Davies, Paul, 167, 174, 203, 228
Dawkins, Richard, 79, 110, 130, 135, 181, 275, 281
daño cerebral, 214
Deacon, Terrence, 107, 108, 113, 143
Decoherencia, 285, 287-288
DeDeo, Simon, 257, 297
de Duve, Christian, 292, 293
deGrasse Tyson, Neil, 202
Dehaene, Stanislas, 249
Deísmo, 275, 277
Dennett, Daniel, 250, 251
densidad de la tasa de energía, 161

desacoplamiento causal, 232
Descartes, René, 96, 205-208, 230, 232, 236
destino, 121, 223, 253, 257-260, 291
determinismo, 210-211, 212-213, 225, 233
determinismo biológico, 233
determinismo causal, 210
determinismo científico, 210
determinismo duro, 211
determinismo físico, 233
determinismo metafísico, 210
Deutsch, David, 267
desorden
  entropía de Boltzmann como medida de, 34-35, 37, 111, 155
  y adquisición de información, 77
  como plazo, 30
Dios, 181, 194, 212, 272-277, 279, 279, 283, 285 *véase también* ateísmo
diseño funcional, 112-113, 168
diseño inteligente, 273, 275
disipación, 32-33, 34, 37, 48
Dobzhansky, Theodosius, 86
Dornhaus, Anna, 133
Dretske, Fred, 115
dualismo de la propiedad, 226
dualismo mente-cuerpo, 207
duro problema de la conciencia, 220
duro problema de la realidad, 220
Dyson, Freeman, 260

E

Eddington, Sir Arthur, 203, 275
Edelman, Gerald, 195
efecto mariposa, 64, 173, 213, 230
Eigen, Manfred, 54
Einselección, 288
Einstein, Albert, 41, 106, 132, 146, 203, 267, 284-285, 287, 289, 292, 294
élan vital, 28, 90
"El concepto de información en biología" (Smith), 115
el demonio de Descartes, 205
el demonio de Laplace, 210
El demonio en la máquina (Davies), 54
"El destino final de la vida en un universo en aceleración" (Freese y Kinney), 268
El diseño en la naturaleza (Bejan), 150-151
Electrones, 274, 284
El fenómeno de la ciencia (Turchin), 185-186
El fenómeno del hombre (Teilhard de Chardin), 186
"El libre albedrío ha muerto, enterrémoslo" (Hossenfelder), 208
Ellis, George, 212
"El crecimiento de la complejidad estructural y funcional durante la evolución" (Heylighen), 184
El panorama general (Carroll), 270
El principio del infinito (Deutsch), 268
El tejido de la realidad (Deutsch), 112
El Universo inteligente (Hoyle), 25
$E = mc^2$, 31, 41
emergencia causal, 226, 230-231, 232
emergencia recursiva, 186, 284, 287
En casa en el universo (Kauffman), 26-27
En el frío: Flujo de energía, termodinámica y vida (Schneider y Sagan), 151
energía. *véase también* energía libre
  y agencia, 65-71
  y la entropía de Boltzmann, 34-35, 37-38
  y adaptación disipativa, 50-51
  primera ley de la termodinámica, 28
  como organizador fundamental, 27-28
  no-equilibrio, 39, 48
  segunda ley de la termodinámica, 30-35
  fuentes, 265-269
energía libre
  extracción colectiva de la biosfera, 184-185
  y complejidad, 160-161
  y definiciones de entropía, 29-30, 33
  evolución como proceso a disipar, 165-167
  aptitud como capacidad de absorción, 51
  aptitud en términos de, 151
  principio de la energía libre de Friston, 130, 187
  e información, 74
  en la síntesis evolutiva integrada, 139, 144, 146
  capacidad de utilización de la vida, 70-71, 93-94
  para los sistemas vivos, 40-41
  en el metabolismo, 57-58
  en sistemas abiertos, 43-44, 171

y origen de la vida en la Tierra, 60-62, 65-69
en universo autoorganizado, 203
y autoorganización espontánea, 45-48
suministro de, en el cosmos, 267-269
progreso tecnológico y, 266
energía solar, 40-41, 62, 148, 166
England, Jeremy, 50-51
ensayo y error, 102, 103, 104, 105, 117, 165, 168, 196
entelequia, 90
entropía
configuracional, 37, 38
información, 74, 77, 158
negativo, 139
Shannon, 75, 111, 156, 162
Estadísticas, 37-38
como término, 29-30, 37
térmico, 34, 37, 41, 45
e incertidumbre, 154-155
entropía configuracional, 37-38, 40-41, 73
entropía de Boltzmann, 34, 37, 111, 155
entropía de la información, 37, 77, 158, 218
entropía de Shannon, 77, 111, 139, 156
entropía estadística, 37, 77
entropía negativa, 139
entropía térmica, 33, 37-38, 40-41, 43, 66, 74, 93, 140, 160-161
enzimas, 57, 58, 60
epifenómenos, 12, 121, 134
epigenética, 138
epistemología, 143
epistemología bayesiana, 174
epistemología evolutiva, 17, 144, 201, 226, 261
epistemología evolutiva-darwinismo universal-bayesianismo universal (marco EE-UD-UB), 131
equilibrio dinámico, 171
equilibrio termodinámico, 139, 146, 152, 154, 165, 171
error de predicción, 103, 187, 212
Escala: Las leyes universales de la vida, el crecimiento y la muerte en organismos, ciudades y empresas (West), 195
"Escapando de Planilandia: Cuando cae el determinismo, cae también el reduccionismo" (Mitchell), 231
Escépticos, 270, 274
Esferas Dyson, 266
espacio de configuración, 48, 99, 112, 155, 186
espacio de trabajo global, 249-250, 253, 256
espiritualidad, 292
estado de sueño, 219
estado estacionario, 47, 152, 171
estados punteros, 288
estado ontológico, 258
estados cerebrales, 197
Esta visión de la vida: Completar la revolución darwiniana (Wilson), 194
¿Estás viviendo en una simulación informática? (Bostrom), 205
Estrellas, 232, 266, 267, 274
estructuras disipativas, 46, 47, 48-49
estudios de imagen cerebral, 215
eugenesia, 135
evolución
biológico, 11, 23-24, 58, 63-64, 105-106, 110, 112, 144, 160, 166, 265
y complejidad, 187-188
cósmico, 258-259, 262-263, 266, 269, 270, 280
y capacitación, 153-154
como motor de inferencia, 119
y creación de conocimientos, 104-108
meta-, 196-187
teoría original, 23-24
y segunda ley de la termodinámica, 166-171
evolución biológica, 173
Evolución cósmica: El surgimiento de la complejidad en la naturaleza (Chaisson), 173
Evolución creadora (Bergson), 129
Evolución emergente (Morgan), 129
experiencia subjetiva, 157, 177, 197, 204, 217
explosión de la inteligencia, 265

F

Falsabilidad, 272, 276
"fantasma en la máquina", 207
fenómenos emergentes, 221
fenómenos emergentes irreducibles, 273

filogenia, 105
filosofía posmoderna, 96
física
nuevas leyes de, 272
no-equilibrio, 48
física del no equilibrio, 48
fisicalismo, 208
fitness, 110, 137, 150-151 *véase también* la supervivencia del más apto
flujo de energía, 117
Flujo de energía en biología (Morowitz), 58, 60
fMRI (resonancia magnética funcional), 215
Fodor, Jerry, 211
Freese, Katherine, 267
Fridman, Lex, 245
Friston, Karl, 103
Fuchs, Christopher, 290
fuentes hidrotermales, 59
fuerza entrópica causal, 161
Fuller, Buckminster, 149
funciones de onda, 287
futuro, previsibilidad del, 212

G
Gaia (hipótesis Gaia), 192-194
Gardner, James, 282
Gazzaniga, Michael, 226
Gibbs, Josiah, 37
Göbekli Tepe, 189
Gödel, Escher, Bach: una eterna trenza de oro (Hofstadter), 174, 244
Gödel, Kurt, 203, 239, 240, 241-243, 275
Golding, William, 193
Gould, Roy, 203
Gould, Stephen Jay, 134-135
Gradientes, 31, 35, 36-37, 60
gravedad (fuerza gravitatoria), 274
Gran Consiliencia, 202
Gran Mancha Roja (Júpiter), 45
Greene, Brian, 122, 124-125, 169, 202
Guth, Alan, 283

H
Hameroff, Stuart, 243
Harari, Yuval Noah, 190
hardware neuromórfico, 249
Harms, William, 143
Harris, Sam, 209
Hasta el fin de los tiempos: mente, materia y nuestra búsqueda de sentido en un universo en evolución (Greene), 122
Hawking, Stephen, 266, 274, 281
Heisenberg, Werner, 203, 211, 275
Heliotropismo, 68
Helmholtz, Hermann von, 104
Heylighen, Francis, 159
Hidrógeno, 275
Hilbert, David, 240
Hiperinteligencia, 196, 269
hipótesis bayesiana del cerebro, 103
Hipótesis de la Reina Roja, 148
hipótesis del azar, 25-26
hipótesis de simulación, 205
Hoel, Erik, 81, 182, 226, 230, 231, 232, 297
Hofstadter, Douglas, 172, 174, 175, 234, 244, 245, 250
"holgura causal", 212
Horgan, John, 208
Hossenfelder, Sabine, 272
Hoyle, Fred, 25
Huracanes, 45, 68, 81
Huxley, Thomas, 21

I
IA, 99, 103, 142, 168, 253, 255, 257, *véase* inteligencia artificial
IBM, 151, 232
Ilustración, 97
Imperial College de Londres, 158
Incertidumbre, 76-77, 166, 211
y entropía, 154-155
principio de Heisenberg de, 211
y selección natural, 109-112
y phi, 217
y método científico, 97, 99, 101
definición de Shannon, 75-77, 96
y teoría unificada del cerebro, 103
independencia del sustrato, 181-182, 195
indeterminación cuántica, 212
indeterminismo, 211-212
individualidad, teoría de la información de, 217

inferencia, 74, 98, 101, 252,
Inferencia bayesiana, 252
información
  y agencia, 81-82, 84-85
  conciencia como integrada, 216-218
  mutua, 114-115, 217
  semántico, 139
  teleosemántica, 113, 139
información adaptativa, 129
información genética, 57, 75, 80, 142
"Información, física, cuántica: La búsqueda de enlaces" (Wheeler), 201
información integrada, 216
información intencional, 81
informática digital, 214, 239, 243, 249
informática distribuida, 196-197
información mutua, 114, 115, 217
información semántica, 115
infosfera, 197
Innato: Cómo el cableado de nuestros cerebros da forma a lo que somos (Mitchell), 231
Instituto de Cuestiones Fundamentales (FQXi), 114
Instituto de Investigación Scripps, 54
Instituto de Santa Fe, 60
integración de la información, 179-180
inteligencia artificial (IA), 99, 103, 142, 168, 253, 255, 257
"Interacción mente-cerebro: Mentalismo, Sí; Dualismo, No" (Sperry), 226
Internet, 263, 264
Internet de los objetos, 196
interpretación de muchos mundos (hipótesis de mundos múltiples), 286
Investigaciones (Kauffman), 132

J

Jacob, François, 111
James, William, 69, 226
Jaynes, E. T., 140
Journal of Consciousness Studies, 254
Journal of Theoretical Biology, 184
Judson, Olivia, 147

K

Kant, Immanuel, 96
Kauffman, Stuart, 132
Kelly, Kevin, 93
Kelvin, Lord, 203
Kinney, William, 268
Koch, Christof, 128
Kolchinsky, Artemy, 81
Krakauer, David, 120
Krauss, Lawrence, 268
Kurzweil, Ray, 15

L

"La aparición de nichos como procesoautocatalítico en la evolución de los ecosistemas" (Kauffman et al.), 184
La aparición de todo (Morowitz), 121
Laboratorio Nacional de Los Álamos, 288
La conciencia: Confesiones de un reduccionista romántico (Koch), 128
La conciencia explicada (Dennett), 250
La diversidad de la vida (Wilson), 159
La humanidad en un universo creativo (Kauffman), 268
"La irracional eficacia de las matemáticas en las ciencias naturales" (Wigner), 92
La navaja de Occam, 146
Landauer, Rolf, 151
Lane, Nick, 66
La nueva mente del emperador (Penrose), 243
La peligrosa idea de Darwin (Dennett), 274
Laplace, Pierre-Simon, 90, 174, 209, 210-213, 225, 259
Las aventuras de Alicia en el país de las maravillas (Carroll), 148
Las grandes transiciones de la evolución (Smith y Szathmáry), 177
La singularidad está cerca (Kurzweil), 265
"La termodinámica de la predicción" (Still et al.), 118
"La última pregunta" (Asimov), 41
La vida en evolución (de Duve), 192
La vida del cosmos (Smolin), 270
Leibniz, Gottfried, 275
Lewin, Roger, 135
Ley de Ashby de la variedad requerida, 157
ley de la variedad requerida, 157

Ley de Moore, 93
ley natural, 65, 179, 262
Leyes del movimiento de Newton, 90
Libet, Benjamin, 253
libre albedrío, 13, 16, 91, 121, 204, 208, 211-212, 221-230, 253-257
Límite de Landauer, 149
Lloyd, Seth, 183
lóbulos frontales, 250
Locke, John, 96
Lorenz, Edward, 212
Lorenz, Konrad, 106
Lovelock, James, 193
Lucas, John, 243

M
Macroestados, 35, 36, 231-232
Mantas de Markov, 60, 150, 189
máquina de vapor, 31
máquinas de Turing, 239
Margulis, Lynn, 151
Marx, Karl, 139
materialismo y materialistas, 12, 208, 226, 227, 243
matemáticas, 174, 180, 182, 221, 226, 239, 240-243, 272, 275
Matrix (película), 205
Maxwell, James Clerk, 275
Mayr, Ernst, 176
mecánica estadística del no equilibrio, 49
mecánica cuántica, 92, 201, 211-212, 243, 284-285, 289-290
mecánica cuántica relacional, 290
mecánica estadística, 37, 49, 64, 81, 91, 130, 140, 158, 162, 228, 232, *véase también* mecánica estadística de no equilibrio
mecánica estadística social, 263
memes, 126
memoria genética, 85
mente(s)
  y agencia, 116
  consciente, 221-223
  global, 197, 263-265
  máquinas contra, 243
  significados de, como término, 221-222
  inconsciente, 221-222, 254
mente consciente, 221-222
mente inconsciente, 221-222, 254
Mente y cosmos (Nagel), 271
Mesopotamia, 191
Metabolismo, 24, 49, 53, 57, 58-59, 172
Metaconciencia, 293
Metaevolución, 196
metanaturalismo poético, 220, 223, 242, 259
metaorganismos, 185
metasistemas, 185
método científico, 97
método de la duda, 205
microestados, 231
Miller, Stanley, 55
Mitchell, Kevin, 231
modelos internos, 85
modelos mentales, 197
monismo multinivel, 226
Monod, Jacques, 22
Morgan, C. Lloyd, 129, 226, 227
Morowitz, Harold, 173
muerte por calor, 267
multiverso, 272
multiverso cosmológico, 278-279
multiverso darwiniano, 282
Musk, Elon, 206
mutación(es), 23-24, 62, 75, 105, 107, 112-113, 136, 142, 148-149, 150, 195, 281, 282

N
Nagel, Thomas, 204
NASA, 178
Naturaleza, 206
Naturaleza Ecología y Evolución, 147
Naturaleza Nanotecnológica, 50
naturalismo poético, 169-170
Naughton, John, 157
Nautilus, 119
Neuroimagen, 256
Neuronas, 83, 261, 264
Neurociencia, 103
Newton, Isaac, 275
Nichos, 24, 137, 141, 147, 148, 158-159
Niveles, 170, 175-177
Noble, Denis, 230

Noosfera, 197
numeración de Gödel, 240
nuevas leyes de la física, 272

O
"ojo de la mente", 224
Ontogenia, 105
organismo(s)
  biosfera como, 195-196
  descerebrado, 84, 157, 158, 225
  sociedades como, 176
  super-, 178, 180-181, 183, 185, 195-197, 283
organismos sociales, 135
Origen y naturaleza de la vida en la Tierra (Smith y Morowitz), 185
origen de la vida, 228

P
Packard, Norman, 161
Pagels, Heinz, 203
paisaje fitness, 84
panpsiquismo, 204
paradigma(s), 11, 34, 121, 201
paradoja del mentiroso, 240
partículas subatómicas, 221, 285
paso a nivel, 245, 252
patrones, 256
Pauli, Wolfgang, 203
Pearl, Judea, 230
Penrose, Roger, 243
Phi, 158, 159, 162-163, 217, 257, 264
Physical Review E, 51
Physics Letters B, 268
Physics Today, 282
Pigliucci, Massimo, 138
Pinker, Steven, 141
Planck, Max, 203, 275
Platón, 96, 108
plasticidad sináptica, 236
Plotkin, Henry, 143
poder causa-efecto, 162
poder causal, 144, 148, 163, 167, 170
Polani, Daniel, 153
Polvo vital (de Duve), 26
Popper, Karl, 97-101, 102, 104-106, 108, 130-131, 168, 212
postura intencional, 111
potencia de cálculo, 175
potencial de preparación, 253
predestinación, 259-260
predicción, 22, 85, 271, 283
Prigogine, Ilya, 117
primera ley de la termodinámica, 29, 33
principio antrópico, 276-277, 278-279, 280-281, 283
principio antrópico débil, 277
principio antrópico fuerte, 278
principio de autoorganización, 171
principio de autoorganización recursiva, 177
principio de la energía libre, 110, 187, 235
principios de reflexión, 182
problema de medición, 284-285, 286, 287
problema del ajuste fino, 274, , 276-277, 283, 288
Programación del Universo (Lloyd), 183
progreso evolutivo, 114, 129, 132, 133, 134-135, 136
propiedades emergentes, 194, 203
protocélulas, 58, 60
psicodélicos, efectos sobre la conciencia, 158, 232
psicología cognitiva, 215
punto omega, 269, 276

Q
Quanta, 289
"¿Qué es la conciencia?" (Koch), 248
¿Qué es la vida? El aspecto físico de la célula viva (Schrödinger), 272
Quimiotaxis, 69, 84, 156, 233, 254

R
Ramstead, Maxwell, 187
Reacciones, 53-54, 57-59
Reacciones Belousov-Zhabotinsky, 47
realidad, problema difícil de, 205
realizabilidad múltiple, 231
"Reconciliando emergencias: Un enfoque teórico de la información para identificar la

emergencia causal en datos multivariantes" (Rosas), 232
Rees, Sir Martin, 274, 283
religión y religiosidad
ateísmo y ciencia, 134
cósmica, 292-293
y Descartes, 207
y ciencia, 125-126
y teleología, 131-132
guerra entre la ciencia y, 204
resonancia magnética funcional (fMRI), 215
Reviews of Modern Physics, 268
revolución digital, 89
robustez, 119
Romeo y Julieta (Shakespeare), 69
Rosas, Fernando, 232
Rovelli, Carlo, 81, 113, 114, 116-117, 290
Russell, Bertrand, 240
Russell, Michael, 59
Ryle, Gilbert, 207

S
Safron, Adam, 251
Sagan, Carl, 11, 15, 26-27, 151, 178, 179, 292, 294
Sagan, Dorion, 151
Salge, Christoph, 153
Sapiens: Breve historia de la humanidad (Harari), 190
Schneider, Eric, 151
Schrödinger, Erwin, 39, 167, 203, 272
Scientific Reports, 51
Secuencia de Fibonacci, 182
segunda ley de la termodinámica
interpretación de Boltzmann, 91, 93
y teleología darwiniana, 139
y estructuras disipativas, 46-47, 48
empoderamiento y, 153-154
y entropía, 30-31, 33-34, 36
en un universo en constante expansión, 267
y evolución de la inteligencia, 123-124
problema existencial que plantea, 109, 142, 169, 268
y la forma física, 186-187
formulación de, 11-12
y emergencia jerárquica, 165-169
como impulso para el aprendizaje, 111, 145, 295
ley de la variedad requerida y, 138, 157-159
bucles y, 170-175
y la interpretación de muchos mundos, 285-287
y el precio del cálculo, 151
y progreso, 120, 127
relación entre vida y, 60-61, 141
en el universo autoorganizado, 202-203
y mecánica estadística, 37-39
Selección bayesiana de modelos, 119
selección natural
y abiogénesis, 64
evolución biológica mediante, 23-24
ventaja computacional aprovechada por, 244
y conciencia, 230-231
y teleología cósmica, 131-134
cosmológica, 280-283, 290
y einselección, 288-290
y flujos de energía, 161
como corrección de errores, 16, 143-145
y progreso evolutivo, 134-136
evolución a través de, 188-189
y el aumento de la inteligencia, 80
y creación de conocimiento, 105-108, 114, 116, 121-122, 130-133
maximizar la aptitud con, 151-152
y metaevolución, 196
y selección natural, 52
y autoorganización, 155, 187
en el universo autoorganizado, 291
como aprendizaje por ensayo y error, 165
comprender la biología con, 86
selección natural cosmológica, 280-283, 290
Seth, Anil, 232
Shakespeare, William, 69, 78
Shannon, Claude, 75, 76, 77, 78, 79, 80, 81, 84
Simon, Herbert, 176
simulaciones por ordenador, 50
Sin Dios: La Iglesia del Liberalismo (Coulter), 109
síndrome de Cotard, 257
sinergia, 163, 185-186, 217, 293
singularidades, 281-282

síntesis evolutiva ampliada, 138
síntesis evolutiva integrada, 138, 139, 144, 150
impulsores de la complejidad adaptativa en, 144-146
empoderamiento en, 153-154
sobre el flujo de energía, 160-161
entropía e incertidumbre en, 154-153
aptitud en, 151-152
y teorema del buen regulador, 156
y ley de la variedad requerida, 157-158
medición de la complejidad, 156-157
selección natural y complejidad en, 146-147
aparición de nichos, 158-160
aprendizaje filogenético y ontogenético en, 141-142
poder predictivo de, 140-141
coste termodinámico de la vida en, 149-153
canales de flujo de energía inestables en, 143-144
sistemas computacionales, 82
sistemas dinámicos, 13-14, 272
sistemas disipativos, 172
sistemas de no equilibrio, 39
Smith, Eric, 60-61, 64, 109, 143, 185, 297
Smith, John Maynard, 79
Smolin, Lee, 267
Sobre el origen de las especies (Darwin), 11
sociedades, como organismos, 135
Sorensen, Paul, 282-283
Soy un bucle extraño (Hofstadter), 174
Spencer, Herbert, 136
Sperry, Roger, 226-227
Still, Susanne, 52
Strogatz, Steven, 29
Sumerios, 191
Superorganismos, 185
superposición cuántica, 284-285
supersistemas, 185
superveniencia, 230
supervivencia colectiva, 191
supervivencia del más apto, 109
supervivencia de lo estable, 110
Susskind, Leonard, 282
Sync: La ciencia emergente del orden espontáneo (Strogatz), 29
Szathmáry, Eörs, 177

T
Tálamo, 252, 247
tecnología blockchain, 197
Tegmark, Max. 92, 243, 279
Teilhard de Chardin, Pierre, 128-129, 186, 197, 264, 269, 271
teleología, 84, 181, 291, 293, *véase también* acción
cósmico, 131-134, 271-272, 291, 293
darwinista, 120, 127, 139
y evolución, 108, 110, 111, 129-132
y la hipótesis Gaia, 192-193
idéntica a la agencia, 84, 89, 104
natural, 271
y principio antrópico fuerte, 276
como término, 84, 89
teleología cósmica, 131, 176, 271, 272, 291
teleología darwiniana, 120, 127, 139
teleología natural, 203, 271
teleosemántica (información teleosemántica), 81, 113, 139
"¿Tenemos libre albedrío?" (Libet), 254
teorema de Bayes, 101, 174
teorema de incompletitud, 239, 241-242, 244
teorema del buen regulador, 156
teoría computacional del universo, 127
teoría de la información, 75, 264
teoría de la información de la individualidad, 217
teoría de la información integrada, 158, 162, 216, 218-219, 230, 243, 264
teoría de la modelización integrada del mundo, 251-253
teoría de la probabilidad, 37, 290
"Teoría de Dios", 279
teoría del cerebro unificado, 103
teoría del control, 156, 176
teoría del control óptimo, 176
teoría del espacio de trabajo neuronal, 249, 251, 252
teoría del espacio de trabajo neuronal global (GNWT), 249, 251, 252
teoría de los sistemas unificados, 131
teoría del todo, 16, 94, 121, 138, 141, 142, 288, *véase también* teoría unificadora de la realidad
teoría unificadora de la realidad, *véase también* síntesis evolutiva integrada

sobre, 16-17
agencia, conciencia y libre albedrío en, 222-223
conceptualización del progreso en, 127-129
selección natural cosmológica y, 280-281
emergencia y, 165, 168, 173-174
base epistemológica de, 94-95
y progreso evolutivo, 129-131, 134-135
evolución en, 120
marco para, 261
y el cerebro global, 263
y el teorema de Gödel, 242
Gran consiliencia y, 202
mundo internamente integrado y, 262
y la vida en el cosmos, 267
e hipótesis de los muchos mundos, 288
problema mente-cuerpo y, 201, 207
selección natural en, 131-134
Bayesianismo cuántico, 290
modelos reduccionistas frente a, 122-125
transitoriedad de la vida en, 125-126
termodinámica
primera ley de, 29, 33
aptitud desde la perspectiva de, 151-153
cuarta ley de, 132-133, 154, 166
no equilibrio, 58, 60, 64-65, 86, 136, 155, 171, 178, 272, 289
y física del no equilibrio, 49-55
segunda ley de (*véase* segunda ley de termodinámica)
estadística, 77, 119, 157, 178-179
teoría general de sistemas, 202
"Teoría matemática de la comunicación" (Shannon), 76
teoría mente-cerebro, 227
teorías de variables ocultas, 285
termodinámica del no equilibrio, 49, 136, 183
termodinámica estadística, 77, 120, 156
Tipler, Frank, 268
Tierra
complejidad de, 38-40
aparición de la vida en, 57-70
fuentes de energía, 147-148
evolucionar más allá, 178-181
condiciones alejadas del equilibrio de, 45, 46, 49, 65
vida más allá, 178-179
y segunda ley de la termodinámica, 123-124
como sistema disipativo autoorganizado, 60
"Todo buen regulador de un sistema debe ser un modelo de ese sistema" (Ashby y Conant), 156
toma de decisiones, 230, 254-255, 293
Tononi, Giulio, 81
Trabajo, 31
transición cuántica a clásica, 288
transiciones de fase, 17
transiciones evolutivas, 135
trastornos mentales, 256
Tras miles de millones de años de monotonía, el universo se despierta (TEDTalk), 92-93
Turchin, Valentin, 185
Turing, Alan, 239

U
Universidad McGill, 187, 235
Universo, 21-23
y determinismo causal, 210
como sistema adaptativo complejo, 246
como ordenador, 289
y energía, 40-41
y entropía, 30, 34-35, 43-46, 141, 161, 171
destino de, 267-270
ajuste fino de, 274-278
e hipótesis Gaia, 192-194
naturaleza orientada a objetivos de, 270-273
e inteligencia, 89-92, 121-124
y la vida, 25-30, 125, 162-163, 169-170, 178-179
como sistema autoorganizado, 155, 202-203, 291
como trabajo en curso, 127-129
Universo absurdo (blog), 270
universo autoorganizado
importancia para la humanidad, 291-293
despertar de, 201-203
universos bebé, 283
universos biofílicos, 282
universos mínimamente biofílicos, 287
universos óptimamente biofílicos, 280-281
Urey, Harold, 55

V

Van Valen, Leigh, 148
variedad necesaria, ley de, 156-157
Veissière, Samuel, 235
velocidad de la luz, 274
vías metabólicas, 61
Vibrio cholera, 84
vida
  aparición de, 11
  extraterrestre, 22
  leyes de, 149-151
  origen de, 21, 49, 54, 55, 59, 63, 67, 228-229
  resistencia de, 69-70
  y autorreplicación, 60
vida extraterrestre, 22, 26, 67
visión reduccionista del mundo, 13, 17, 21, 22, 44, 133, 206
von Neumann, John, 246, 249, 77

W

Walker, Sara, 61-62, 81, 123, 161, 209, 226, 228, 232
Watson, James, 75
West, Geoffrey, 195
Wheeler, John Archibald, 201
Whitehead, Alfred North, 240
Wiener, Norbert, 105
Wigner, Eugene, 92, 125
Wilson, David Sloan, 138, 194
Wilson, E. O., 94, 159, 162, 176, 184, 202
Wissner-Gross, Alexander, 123, 153, 154, 161, 166
Wolpert, David, 297
Wright, Robert, 137, 188

Z

Zurek, Wojciech, 288-289

$S = k. \log W$

El trabajo editorial en este libro
concluyó con su impresión
en octubre de 2024.